十四堂人生创意课 2

【全三册】

创意→创造→创世

李欣频 著

北京联合出版公司
Beijing United Publishing Co.,Ltd.

图书在版编目（CIP）数据

十四堂人生创意课：全三册 / 李欣频著. —北京：北京联合出版公司，2019.7

ISBN 978-7-5596-3169-5

Ⅰ.①十… Ⅱ.①李… Ⅲ.①人生哲学—通俗读物 Ⅳ.① B821-49

中国版本图书馆 CIP 数据核字（2019）第 070845 号

十四堂人生创意课：全三册
作　　者：李欣频
选题策划：木晷文化
策划编辑：朱　笛
责任编辑：楼淑敏
特约编辑：曹　海
营销编辑：黄思维
封面设计：今亮后声

北京联合出版公司出版
（北京市西城区德外大街 83 号楼 9 层　100088）
河北鹏润印刷有限公司印刷　　新华书店经销
字数 426 千字　　880 毫米 ×1230 毫米　　1/32　　21.75 印张
2019 年 7 月第 1 版　　2019 年 7 月第 1 次印刷
ISBN 978-7-5596-3169-5
定价：119.00 元（全三册）

CONTENTS 目 录

第一篇 进阶创意学：站在原点看新的可能

第二篇　创造学：站在新的点上看无限可能

第三篇 创世学：在无限可能的点上看最好的可能

推荐序

创意从心开始

南方朔　台湾作家 / 诗人 / 评论家 / 新闻工作者

“创意”是当代的新观念、新语汇和新课程。但正因它是一种“创”，一种从无而有，从一样变成不一样的过程，也就难免羚羊挂角，踪迹难寻。谈论创意，本身就是个创意。

然而，尽管创意难以言说，它却有一些基本的逻辑和氛围，那就是要有一种创造者的心灵，这种心灵由自由、想象、豁达、才性等组成，当然还必须靠博识与执着来垫底。

在这里先来讲一个曾上过美国版《商业周刊》封面的故事：前些年，当今最大的家庭用品公司宝洁做了一个重大改变，把该公司的创意研发部门大幅裁缩，除了极少例行工作外，其他皆外包。理由是：在公司庞大的制度和制度文化下，原有的创意研发部门已被不知不觉地制度化了。要有真创意，必须打破制度。

宝洁公司的例子虽然很实际，很低阶，但却很有延伸讨论的真意。近代著名人类学家玛丽·道格拉斯乃是“制度理论”的开创人物。她在名著《制度如何思考》中指出，制度本身即是个生命有机体，它首先会进行分类、选别，然后会造成记忆和认同，最后则是把一切不合制度的全部窒息淹没。书中有一段：“制度的构造有如信息复杂性的形式，过往的经验全被制度的规则包装成胶囊，作为未来的准绳。制度的加码能力愈强，则它管控不确定性的本领也就愈大，未来的行为也将更符合它的规定，当这些配套完成，无序和混沌即告消失。制度是个熵的极小化之装置。它最先笨手笨脚照规章办事，但到最后却可储存所有它要的信息。当一切都被制度化，历史和其他储存之设计就再也不需要了，制度成了全部。”

因此，创意的对手即制度，制度不容许意外，不容许比它高的事物。制度靠着不自由来运作自己，创意心灵要做的，就是跳出制度，比它走得更远更高更久。

而李欣频的这本书，从低阶的“创意”始，到高阶的“创世”终，天马行空，逸兴遄飞，其实所谈的就是那最终极的创意心灵和创意人生。

集画家、诗人、神秘主义者、政论家于一身的威廉·布莱克在《天堂与地狱的婚姻》里写过：“打扫干净知觉的门扉，则万事万物将会以它无限的面目向人们现身；人们过去总是关闭起自己，直到从洞窟的裂缝间看到万事万物的微影。”在这个创意的时代，对自由常保悬念，能经常清扫知觉的门扉，让胸中藏有丘壑，或许就可像惊奇魔法师般，把令人倦怠的一样变成灿烂的不同。这或许就是创意由心开始的真谛！

自　序

这本书是未来的我，写给现在的自己

在出版了《十四堂人生创意课 1》后，我的人生有了巨大的转变——应接不暇的媒体通告、演讲邀约、读者来信，让我变得异常忙碌，特别是一年上百场的巡回演讲与课程，这些年的时间不是在飞机上，就是在火车里。我眼前的风景线，从一人书房变成了百人演讲厅，从自己对自己说话，变成了对众人说话。

与此同时，我的生命也遇到好几次峰回路转，得到不少新的省思与启示，浮出了许多与当年《十四堂人生创意课 1》非常不同的观点，迪拜之旅可说是催生这本创意书出世的重要燃料舱。

这本书原定在《十四堂人生创意课 1》出版后第二年就要出版，却因为忙碌而一再耽搁，当时计划写的本来是：《十四堂人生创造课》，后来很快又领悟到“创世”的层面，于是，等到创世的原料充足，以及密集演讲告一个段落后，我开始着手进行这本书的整理：

四大箱零散的演讲笔记、专访报道、上课录音、随手纸条，光回顾就花了整整一星期。

《十四堂人生创意课2》（原书名《推翻李欣频的创意学》），是在农历2007年2月进行书写的。当时，并没有那么完整的架构，隐约只有："创意"→"创造"→"创世"三个层次。当我在写终极创意第一层时，心中还不知道第二层会是什么，等到第一层完成了，第二层才清楚浮现；等到第二层写完了，第三层才清楚浮现……就这样，边写边向未知探险，眼前永远只有一百米清楚的视线，最终会到哪儿，我完全没有概念，就像是层层闯关的冒险游乐园，也像是进行一场没有地图、没有路标的旅程。虽然本书体例上已经不是"十四堂课"了，但是因为从内容上是对《十四堂人生创意课1》的补充，相当于续集，所以仍然沿用前一本的书名。

书写过程中，意外看到了电影《笔下求生》（*Stranger than Fiction*），以及《吸引力法则》（*Law of Attraction*）、《米尔达之书》（*The Book of Mirdad*）等书，让我从第九层之后进展神速，启动更澎湃的书写之流，仿佛自己只是个倾听者、记录者，只负责打字和加标点符号，像是在帮别人整理书稿似的毫不费力。就这样，一连闯到第十二关，直达终点——过年期间除了与家人吃了一次除夕年夜饭外，其他时间几乎一天十八小时，埋首于书稿与满地堆积如山的数据之中，从一气呵成的三万字初稿，逐渐修改成近七万字的全书规模，可说是我写作以来最巨大的工程。

这段时间陪我的，是好友 LY 的全心支持，偶尔亲自带来温德德式烘焙坊的各式巧克力蛋糕、美仕唐纳滋的豆香波堤、星巴克的热可可……让我有足够的体力与毅力，继续挑灯夜战。陪我的还有电影《蚂蚁的尖叫》（*Scream of The Ants*）中唯美清幽的配乐，它把我锁进那源源不绝的写作之流中，让我欲罢不能。

我还记得完成三万字、十二个终极创意层的初稿时，自己在家里尖叫了足足五分钟之久，就像登山几天几夜终于到达顶峰，看到第一道晨曦时，只能以尖叫发泄“攻顶后小天下”的兴奋之情。

十二层，就像天空中的十二个星座、一年的十二个月份、时钟上的十二个数字、圆桌上的十二位骑士，我透过这十二层阶梯，从有限的已知，一路探索进浩瀚的未知，在越来越喜出望外的书写旅程中，遇见了更高、更大的自己——之前写《十四堂人生创意课1》的我，已经被淹没在无边无际的海潮巨流之中，这就是原书取名为《推翻李欣频的创意学》之故。

我很高兴在《十四堂人生创意课 1》出版的四年之后，全新、更勇敢、更有力量的自己，有能力把旧的我，无畏无惧地大举推翻掉了——如果说《十四堂人生创意课 1》是过去的自己写给学生的，那么这本《十四堂人生创意课 2》，就是“未来的我”，写给“现在的自己”看的书。

感谢加利利旅行社彭老板，全力协助我在迪拜的采写工作；感谢在学学文创上过我灵魂创意学与出版创意学课程的同学们；感谢曾看我的书以及这本书的所有读者；感谢所有聆听过我演讲的听众与媒体记者们（你们的专注，是我启动灵感泉流的关键动力）；感谢默默在身后支持我的家人；感谢自己完成了这项艰巨但美好到无法言传的书写工程……最后要感谢来自上天的灵感与书写之流，让我深深地臣服在这股伟大的创造力量之下，感动不已。

创世

在无限可能的点上看最好的可能

以全新的全观视野，创造自己、众人、万物集体合演新局面的剧本。

创造

站在新的点上看无限可能

创造出源于自己更独特、更高竿的剧本，并演得淋漓尽致。

创意

站在原点看新的可能

从一个原定的剧本，尝试出不同演法，而展演出不同的效果、结果。

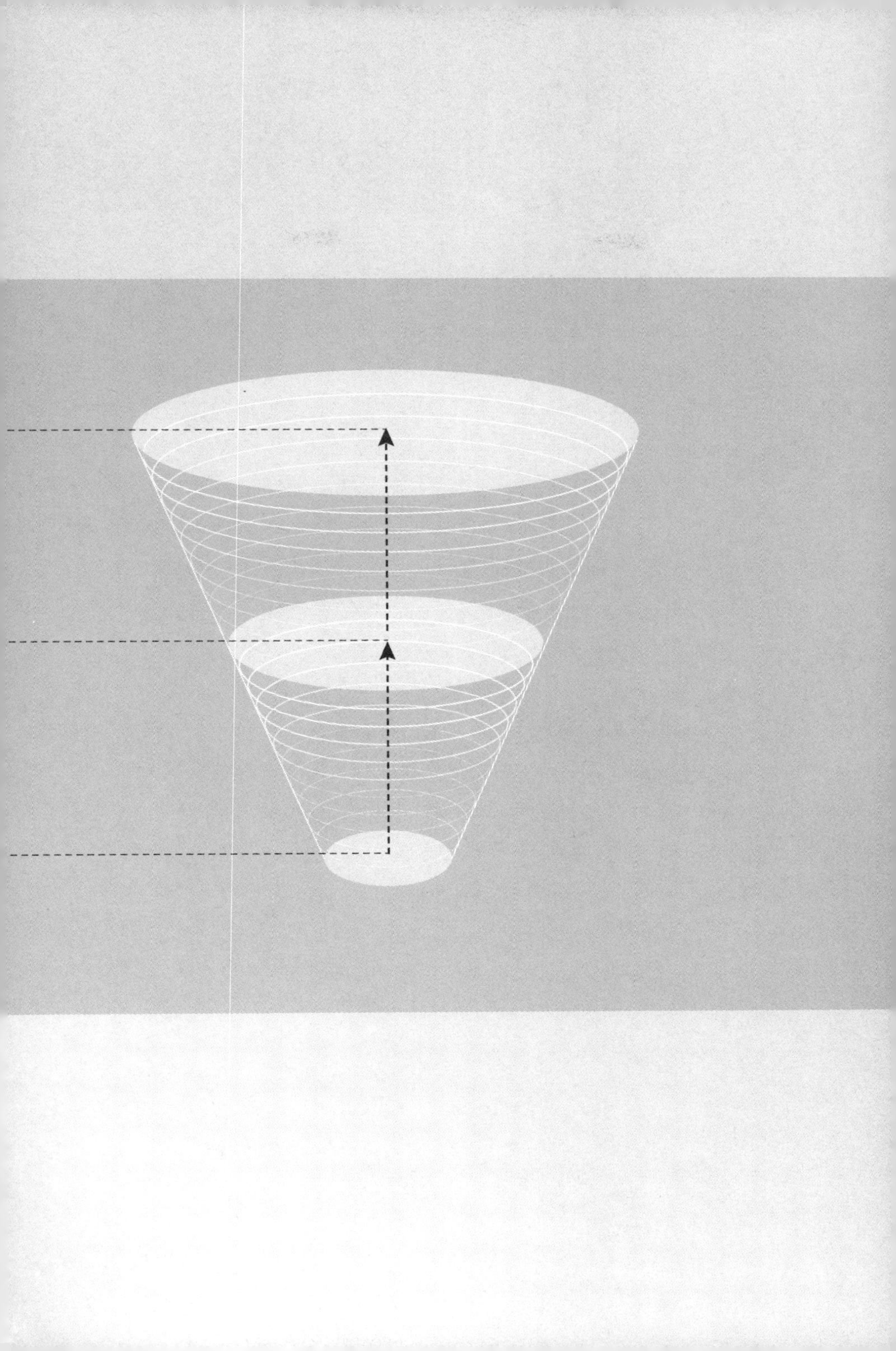

第一篇

进阶创意学：站在原点看新的可能

终极创意第一层

删光所有人，只留下自己

终极创意第二层

抽丝剥茧找出自己的模式，彻底冲换惯性思维

终极创意第三层

拥有每日新生感官，欢迎各种灵魂附体

终极创意第四层

开启自体运转世界的主动能，进入心想事成的圆满新纪元

终极创意第一层

删光所有人，只留下自己

Delete（删除）现在的自己，reset（重置）新版自己

无论我们活到几岁，是住在大家庭，还是独居；是在学校念书、企业里工作、合伙创业，还是创办个人工作室，都很难脱离“人际关系”。而这些越来越嘈杂、挥之不去的人际声音，正是开展个人创意能量版图的最大障碍，活得越久，这些声音就把我们绑得越喘不过气，不仅施展不开，最恐怖的是已经成了万年制约，即便是身在可以完全自由挥洒的空间，却仍是噤若寒蝉、畏首畏尾，最终还是选择了与大家一致的安全做法。于是，这个环境就被“人言可畏”的氛围定型了下来，想突破的人，必须有非常大的勇气才行。

在这样的环境下，做小规模的创意改变，基本上是无济于事的。因为这些轻量级的转变，根本来不及应付一日数变、游戏规则瞬间巨变的大环境，想要活下来，必须彻底换掉已被“教条”与“惯性”捆绑到脑死的思维，换掉“担心别人会怎么看自己”的眼

睛，换掉主词永远是“我的老师说……我妈说……我的好友说……我老板说……”的话语系统——小时候在学校，老师就是唯一的标准，被老师喜欢，自己就会觉得骄傲，觉得比没被老师喜欢的学生高一等；如果不被老师喜欢或是认可，就很容易被其他同学看不起，只能逼自己更努力一些、争气一些；考试成绩好的学生会很得意，成绩不好、考试没过关或是不及格的学生就自卑，觉得自己矮人一截——这种讨好、努力符合“老师标准”，到了职场上“老师”就替换成“老板”，于是老板就成了另一套新标准，继续钳制着我们的价值观。

我的观点是：自从离开学校、考试制度之后，必须真实地对自己的一切负全责，没人有权力审查我、考核我、评判我，但我会对自己做反省与觉察，这是拿回自己力量最基本的一步。所以每一个人都应该拿回自己的力量，对自己的生命负全责，不需要再努力迎合任何人的标准，或是拿着谁的认可就开始骄傲自大起来，甚至开始批判论断别人。每一个人的人生道路是如此之不同，绝不可能有单一标准，否则就是把人矮化为标准化罐头。建议大家可以看电影《云图》，这是一部谈论“自主自由意志生命权回归自己”的电影。

如果要用一个比较极端的方法，就是先把目前这个已经重度失能的自己完全delete，以出远门旅行的方式，或是到一个可以彻底断绝外在联系的地方，把原来深受高压束缚的自己，丢在原来的旧时空不带走，连原来的名字、资产、期望，抑或是一些负债、人际、问题、烦恼……都先留在原地不去管它，就当是自己已经彻底死了，不要再拿昨天的剧本继续过活，到全新的地方让自己重新投胎，重新开始人生。即使只能重生几天，也能让你的灵魂脱胎换骨，有了新的眼光与态度，就能瞬间转变你的旧身份、旧生活。

全然新生的自己，周围没有半个人

在新的旅程或是新的空间里，替自己接生，并欢迎自己重新诞生。然后开始思考，接下来一切都是全新的、空白的，自己一无所有，周围没有半个认识的人，也没有任何包袱，就当自己被丢到无人的荒岛上，或是无人的外星球，只有自己，没有别人，无父无母，无敌无友，眼前的世界都是自己可以全新定义的——从现在开始，不会再有任何人教导你、评断你、干涉你，你可以彻底地目中无人，肆无忌惮地过日子。当你不再需要为任何人做什么的时候，作为全新版的自己，最想要做什么？最想要享受什么？最想要完成什么？请把它们都列下来，这些就是你的生命核心点，亦是你此生终极不灭的创意动力。

举一个极端的例子，电影《香水》[①]中的香水师格雷诺耶，心中有了人间最终极的香味版本，他竭尽一切努力与代价，将那瓶原本只存在他脑海中的香水做了出来——整部电影，就是艺术家专心面对、苦苦追寻、最终成就心中最完美作品的过程。一旦完成了，全世界自然会臣服在那终极的版本之下，他完全不必预设要追赶的竞争者与竞争目标，眼前只有“自己”，以及“未来的自己”而已。

这在魔术师电影《致命魔术》中，亦有相同的概念：当某位魔术师把焦点放在研究、破解对方的技法时，一开始就注定输了，因为他已经掉入对方的游戏规则中，在对方的阴影之下再怎么努力，也不可能超越眼前这位一心只想挑战自己的魔术师。换句话说，只要不上到对方的擂台，你就不可能输；只要站在自己的舞台上，专心玩出自己的天地，就一定赢——套句《重新想象》作者汤姆·彼得斯的问法：“消费者愿不愿意把你的品牌，刺青在他的身上？”

也就是说，最完美的版本早在创作者的心中，而不在别人的建议或看法里：相信自己是幸运的，只要一心一意倾听自己、专心完成自己就好，不必理会别人说什么。一旦看到了那终极的版本，你

---

① 电影《香水》（*Das Parfum*），改编自德国小说家聚斯金德的同名小说《香水》。

就可以义无反顾地将它完成，其他的杂音完全不必理会，因为那些都是路障，接下来，听自己的导引就行了。

我们已受限于自出生以来既定的名字、性别、身份、期望、责任……到后来，大家看起来就像是罐头工厂生产出来的产品，每个人都很像，不仅表情像、衣着像、说话样子像、吃饭样子像，连走路样子也很像——但其实每个人应该要非常与众不同，以自己的独特性走自己的步调；从街上看去，应该要像是经历一场不同人种的万花筒。当每个人都复活了，活出自己独特的创意，世界会比现在有趣70亿倍！

无害但有效的虚拟死亡，是“忧郁创意学”起死回生的关键动能

回到前面“先delete，后reset”的那部分。现在有太多人被抑郁症所折磨，每年自杀率节节攀升，死亡人数高到令人不寒而栗，损失了无以计数的社会成本。很多人第一个反应就是怪罪经济、抱怨社会、追溯家庭，而实际上我们都知道于事无补；很少人会去思考，在这环境的背后，究竟是要给我们怎么样的生命契机？

抑郁症是生命最难得、最宝贵的蜕变时机之一，就像蝉蜕壳、毛毛虫化蛹成蝶，蜕变的过程很痛苦、也很接近死亡，那是因为原来的有限肉体，已不够承载现在想要更宽广自由的灵魂，于是必须立即脱去旧生活、旧思维——没有一只蝉或毛毛虫，在蜕变时知道自己下一秒会变成什么，但只要一心努力突破旧壳，就能成功地活出新版本的自己，从爬行地面到翱翔天际；可是很多人无法顺利通过如此可贵的生命蜕变过程，因为他们困在旧壳中，以为那就是永远的黑暗，是他们的绝望把自己杀死了，可惜没见到出蛹之后，就能以一双新生的翅膀离地飞翔，俯视万花遍地的美丽新世界。

忧郁，是最难得、最巨大，也是爆发力十足的创意动程：先杀死不满意的自己，置之死地而后生，多出来的新生命，就有了无包袱、肆无忌惮的轻盈与自由。不过不必让自己真的去死，而是以“虚拟死亡”的方式，帮助自己脱胎换骨，再度重生。

当我亲身穿过忧郁深谷时，试验过很多种让自己脱困的可能，“虚拟死亡”是我目前试过，极端但很有效的方法，一次又一次地，以更深切面对死亡的勇气，将深陷黑暗的陡峭谷底，削化、抚填成平滑的弧线，就像是可以让直排轮滑鞋顺势滑飙到半空中、惊喜又刺激的旋跳滑坡道——以俯冲低谷的反弹力，瞬间转升到高峰，这也是将“低陷之苦”转为“自在高飞”的最大动力（见图1），亦是“delete→reset”（删除→重置）的强效版：“die→reborn”（死亡→重生），当你顺利穿越死亡低谷，成功地在艳阳下重生后，创意的力道与生命视野就截然不同。

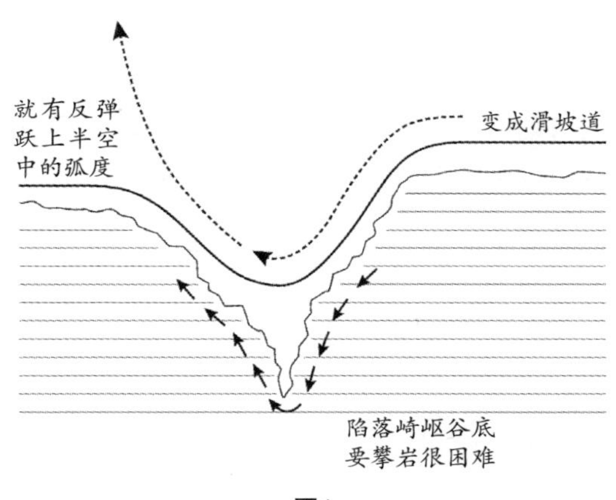

图1

每一次失败，就是原我的小死，但死亡才是人生终极的挑战，因为一切名利、人际全化为乌有，连身体都带不走。只要你能克服对死亡的恐惧，并借着近距离面对死亡的勇气，把原来受困受怕的自己剥离干净，那么失败就微不足道了——这部分，可以参考电影《笔下求生》：男主角哈罗德·克里克在得知自己将死，被迫放弃原本规律不变的生活后，开始把所有时间，放在自己喜爱的吉他上，也因此改变了他的生命质地，生活从机械精算般的步调，蜕变成了鲜活生动的日子，这就是死亡给他的最大反转生命轨迹的动力。

每天的安静期，每周的安静日

当你过得很匆忙，每天必须与人大量交谈，这样的高速生活，会让你的思考、言语开始进入无意识的自动反应系统，久了就会麻木。所以每日的reset变得非常重要，就像是定期清洗机器，除了“keep walking”（永不止步）外，最重要的还要“keep quiet”（保持安静）。

改编爱因斯坦相对论的公式：

$E=MC^2$

可以是：

$\text{Enlightenment}=\text{Meditation}\times\text{Courage}^2$（启迪=冥想×勇气^2）

“keep walking”需要倍量，甚至有面对死亡的勇气，“keep quiet”则是每日固定的安静时刻。《商业周刊》第999期《有钱人的大脑秘密》中有个例子：一个打坐超过1万小时的僧侣，其左侧额叶的活动频率，是美国威斯康星大学神经心理学家戴维森20年研究以来最高的，而这部分也是影响成就与富裕的“理性脑”部位，也就是说，唯有“勇动”与“沉静”双全，生命才能展现出“全然清悟”的状态。

无论是在等车、洗澡、睡前，每日请至少留20分钟的全然安静、全然独处的宝贵时间，不要讲话或是接打电话，彻底地宁静与放松，听舒缓的音乐或是看与心灵相关的书籍，思考今天一整天的收获与启示是什么。每周则需要有半天或是一天的独处全静日，也就是说，安静的时间越多，能量恢复得也越完全，就比较不会有虚耗殆尽的情形发生。这部分，可进一步阅读《聪明才智：以创意回应当下》的后记“透过静心找回聪明才智”。

等到定期的安静日做到一定程度，接下来就可以每时每刻进行独处，甚至在打扫房子时也可以静心——想象自己原本是一无所有的流浪汉，现在突然继承了这个空间、这些事物、这些关系、这些钱财，自己一样一样地清点打扫，一一检视自己拥有的，就不会再把焦点放在自己缺乏的部分，就能惜福满足地感激生命、善用资源。

终极创意第二层

抽丝剥茧找出自己的模式，彻底冲换惯性思维

习性不变是创意最大的杀手，先填表找出自己的思考惯性

每日的“虚拟死亡”，就像是例行净身，只能逐日清洗掉部分的积习尘垢。其实最快、最有效的方式，就是空出一个完整的时间，大约是一星期到一个月，彻底找出哪些思考模式已经被定型化了，因为这些定型的思维，就像是身上越长越大的肿瘤，阻碍了新生创意的产出，妨碍了与新鲜世界的交流，也让生活越来越喘不过气来。

找出这些模式，就像拿手术刀解剖自己一样，必须有面对病灶、向自己开刀的绝大勇气。

我自己的做法是，先列一张空白的表格，把自己从出生到现在遇到的重大挫折一一写下来，像是一份大事记似的，包括：“发生了什么事”“自己的受挫感觉是什么”“如果要帮这件事分类，或是起个标题，那会是什么”。（见表1）

表1

事件标题	何年何事	受挫感觉

首先将何年、何事逐一写下来，并回想那受挫的感觉是什么，等到整份写完了，再去逐一思考这些“事件标题”，比方：这是一个关于“信任与背叛”的事件，这是一个“加害者与受害者”的事件，这是一个“爱与被抛弃”的事件，这是一个“控制与自由”的事件，这是一个“误解与百口莫辩”的事件……然后再把同一类的“事件标题”放在新的单子。（见表2）

表2

事件标题	发生细节	自己与事件相关人的互动模式为何	这事件后来的结果	自己得到的启示
加害者与受害者	2000年3月	……	……	……
加害者与受害者	2005年8月	……		
加害者与受害者	2012年10月			

将同一类事件放在一起，有助于找到在面对类似事件时，自己固定的反应模式是什么，而这个固定的反应模式，往往会把我们带进相同的结果而不自觉，这就是创意流动最大的障碍。因为这些沉

痾，就像是牢牢绑住灵魂的绳子，即便身处可以大肆挥洒创意的空间，却也作茧自缚、动弹不得。

举例来说，当你觉得自己老是“被害者”时，你就会不自觉地吸引各式各样的“加害者”前来，与你一起演对手戏；如果你老觉得自己“被冤枉”，你就是一直在吸引“误解”你的人出现；如果你常觉得自己是“被抛弃者”，眼前无论是谁，他都会不知不觉地变成想“弃离”你的人；如果你常觉得自己“被控制”，很不自由，就是因为你内在的依赖性，吸引了“控制者”前来——要去问自己，为什么老是一再吸引这样的人、事、物？自己身上有哪些不自觉的特质与沟通模式，让这样的情形一再发生？自己的负面念头有多么密集，以致反复召唤出这样的状况？这样的概念被称为“吸引力法则”（Law of Attraction）。

其重点可以摘要成：

你就是灵性存在，拥有无限创造的潜能！

你的思想，形成你的振动频率，而此振动吸引并创造了你的生活！

吸引力法则，就是所有事物，都因你的振动而来到你面前。

没有人可以否认你什么，或是准许你什么。

为了到达你想去的地方，你不必去你不想去的地方；你可以从你所在的地方，前往你想去的地方。你无法由一个不快乐的旅程，抵达一个快乐的终点。你体内的每个细胞，都和创造性生命力有直接关系，每一个细胞都在独立地做出响应。当你觉得喜悦，所有的回路都会开放，生命力就能完全接收到。当你感觉有罪、自责、害怕或愤怒时，回路就会受到阻碍，生命力就不能有效地流动。怀着喜悦创造一样东西，然后将你的振动和它保持一致，宇宙必定会找出把它带给你的方法，这就是吸引力法则的承诺。

你想什么、你感觉什么，和你得到什么总是相配的。无论你想什么，宇宙都有能力提供，任何事物，没有例外。所以，你就是思想的魔术，让事情发生并不是你的工作，梦想它并让它发生才是你的工作，吸引力法则会让它发生。

宇宙并不知道你正在提供的振动，是你观察到的事物、你记得的事物，还是你想象的事物。它只是单纯地接收振动，并用与之相配的事物做出回应。当你提供一个振动，各种宇宙力量就在协同运作以满足你，你真的就是宇宙的中心。

如果在你的经验中，注意到他人身上一些你不喜欢的地方，这只有一个原因：你用你的注意力在持续召唤它们。

因为不了解吸引力法则，经由你的旧习惯，你已和你不喜欢的人，取得了振动上的和谐，而且因为你一直持续给他们振动，而持续召唤他们前来。

别人无法在你的经验中振动，所以他们无法影响你经验的后果。他们能有他们的意见，但除非他们的意见影响了你的意见，否则他们的意见毫无意义。千万人可能反对你，但这并不能对你产生负面影响，除非你反过来反对他们。千万个反对你的人，正在影响着他们自己的振动、影响他们经验中正在发生的事物、影响他们自己所吸引的人……但这仍然不会影响你，除非你反过来反对他们。

无论你在想什么，你真的就是在计划一个未来事件。当你在担忧，你就是在计划，烦恼就是在用你的想象力，创造出你不想要的事物。

当你在感激，你也是在计划……你到底想计划什么呢?

每当你在赞美，每当你在感激，每当你对什么感觉良好时，你就是在告诉宇宙："请再多来一些，请再多来一些！"你无须再另外口头声明这样的意图——如果你允许你的塞子浮起，所有美好的事物都会流向你。宇宙富含你所想要的一切事物，它并不是在考验你，而是在慷慨地给予你。你是谱曲者，你是定义者，你经由充满喜悦的期望，而得到这些。

“吸引力法则”在影片《我们到底知道多少？》[①]《秘密》[②]中都有具体实例，可以帮助你看到：自己正在吸引什么样的模式前来，进而去打破、重设自己的模式。

金·雀丝妮的《通灵工作坊》中亦提到：“在了解因果轮回之前，我们只知道加害者是伤害行为的发生因，却不知被害者同样吸引了加害者；更深一层的解释是，双方都在寻找对方，以便学得一课，或是恢复平衡，也可能是为了中和一个毁灭性的欲望（通常是无意识的），此一欲望将两人绑在一起。”

接着，再根据表2去回想：在事件当时，如果自己换一个全新的态度去面对（例如：把对方视为是善意的、值得信任的、充满爱的），对方是否也会改变？这件事的结果有没有可能会变好？如果这是你人生的考题，你从这些事件学到什么？这件事若会成为自己的重大蜕变，那会是什么？……这些反思与发现，可以写在“自己

---

① 《我们到底知道多少？》（*What the Bleep Do We Know!?*），是从量子物理学的角度，分析人定型化思维模式。

② 《秘密》（*The Secret*），由《心灵鸡汤》《相信就可以做到》《与神对话》《你有能力拥有一切》等书的作者们，分享他们宝贵的“心想事成”秘诀。这部是我个人认为最重要、绝对不可错过的影片，请第一时间看到，生命就会立即转化。而这部影片的原著《秘密》，中译版已问世。

另外，其他“心想事成”的相关书籍还包括：《荷光者》《再创造自己》《白宝书》《解读地球生命密码》《活在喜悦中》《创造金钱》等，可以作为延伸阅读之书单。

得到的启示”那一栏，然后把启示栏放进自己的记事本中，随时随地提醒自己——这就是显现创意障碍的照妖镜，也是铲除障碍的锋利宝刀。

“失斧疑邻”这成语告诉我们，你投射什么样的思维在别人身上，他就会如实地变成那个样子，就像冯小刚的电影《天下无贼》，一个憨厚的大男孩傻根，身怀多年攒下的巨额储蓄返乡，火车上全是高明的贼，但傻根完全没把身边的人当贼，都当成要帮助他的贵人，于是坐在他身边的贼，就很难对这个纯真的好人下手，甚至开始保护他，不让其他的贼偷走他的钱——我们之所以受挫、受害，有很大的比例，是不自觉的负面意识所引来的，一旦把这负面的投射灯关掉，往往冲突或灾难就自动解除。

此外，可找《拜伦·凯蒂的转念作业》①或是《细胞记忆》②，亦有可以马上找出自己惯性思维模式与障碍的好方法。

创意并不只是解决客户或公司的问题而已，最重要的功能是

---

①《拜伦·凯蒂的转念作业》，其中有一项是：列出自己最讨厌的人的特质，然后反思自己身上隐藏的这种特质，然后彻底破除……以后就不会再遇到这类型的人；就算遇到，你也会看到他可爱的部分，对他完全改观，一旦你对他的态度改变，两人的磁场也同步转变，彼此对抗的对手戏就瞬间中止，他就不会在你面前，呈现出那样的人格特质，于是，你就过关了。亦有影片《拜伦·凯蒂工作坊》。

②《细胞记忆》，苏菲亚·布朗、琳赛·哈理逊著。

解决自己的问题。也就是说，如果创意能让你换个方式看世界，让眼前的生命困境因此转出一条生路，而你也就能换个方式看客户问题，很快找到突破性的解决策略——如果把自己当成一家公关公司，在面临人生紧急问题时能随时应变、立即解决，这样反复练习，将成为你处理其他人、其他事的独特创意应变系统。

此外，可以比照电影《笔下求生》的剧情，分出另一个“同步旁白你的生活”的自己，帮助你随时觉察到自己的每个念头、每个动作、每次与人沟通的状态，并随时问自己：这个念头、这句话、这个动作、这个反应，正在帮自己创造什么——这也是让你很快看到惯性思维模式，进而改变的有趣实验法。

相反词造句法：逆解惯性，转出一条创意生路

以我之前处理诚品书店的个案为例，当时要为诚品图书礼券写一篇文案，我的第一个念头：图书礼券？那就得到诚品书店才能使用，而且受限于开关店的时间，以及书店里卖的品种……真不自

由！如果是我，宁可拿现金。即便很没感觉，但文案必须写出来，我得限期找出能让我写得既愉快又流畅的切入点才行，于是我突然想到，如果把“礼券是不自由的”，硬是转成“礼券是自由的”，我可以找到支持这概念的例证吗？

当我开始锁定“礼券是自由的”前提之后，果然发现，有了这个礼券，就可以有“选择自己喜欢之书”的自由、有“在任何一家店买书”的自由、有“在任何一天买书”的自由——于是文案就完成了：

诚品图书礼券——个人篇
新欲望法则：兑现图书礼券的十二种方法

一月一日，兑现村上春树的“弹珠玩具”，

二月十四日，兑现罗兰·巴特的“恋人絮语”，

三月八日，兑现西蒙·波伏娃的“女性自觉”，

四月四日，兑现小王子的“想象力”，

五月五日，兑现聂鲁达的“灵感”，

六月六日，兑现波德莱尔的“忧郁”，

七月七日，兑现莎士比亚的“爱情”，

八月八日，兑现傅雷的“家书”，

九月十六日，兑现张爱玲的“一生”，

十月十日，兑现加西亚·马尔克斯的“秋天”，

十一月十一日，兑现米兰·昆德拉的“玩笑”，

十二月三十一日，兑现卡尔维诺的“世纪预言”，

延长送礼的有效期限，

取代入口即化的蛋糕，及美丽不过三天的花束，

一年三百六十五天，全省十一家诚品书店，

随时可兑换一生智慧的即期支票。

诚品图书礼券，让您的心意在字里行间，陪他/她一辈子。

——《广告副作用》

同理可证，如果眼前的案子，让你觉得困难重重，就先把障碍点一一列出来，然后把这些叙述句，全变成反义句，包括：这案子很麻烦、业主很啰唆、款项很难结、沟通很不顺、商品很无趣……全部转成：这案子很简单、业主很友善、结款很顺畅、沟通无障碍、这商品真好玩——从这个新思考面向，去找很多的证据来证明，并让自己真切地去相信，且以这样的信念去处理这个案子——依我的经验，以这样的思考处理案子，会以近乎奇迹的方式进展顺利，双方合作愉快。

再把这“相反词”方法，进一步用在生活上——你可以写下对自己的担忧或不满，比方：觉得自己很丑、很胖、不健康、不被爱、很孤单、没创意、没钱、没才华、没机会、没意义、无用、不快乐……一股脑地全写下来，然后逐一写下相反词，这些句子，就是你为自己重新设定的新生命程序代码：我很美丽健康快乐、很有创意才华财富、很多机会人脉、充满了意义与影响力、很多人爱我关心我……然后就带着这组新的程序，去过接下来的每一分、每一秒，去面对每一个人、每一件事，你就会发现，整个世界都瞬间改变了，变成了你最想要的版本——这并非是自我欺骗，而是强迫自己看到惯性视点以外的其他可能，而不再只是看到自己脑中所以为的世界。

例如一百颗棋子之中，有九十九颗白棋，一颗黑棋，有的人会说他看到了一颗黑棋，却没注意到其他九十九颗白棋。用“相反词”方法，是让那位老是看到黑棋的人，去找是否真有白棋的事实——这也是让偏狭的视点，被强迫拉广、拉高的方法。的确，只要视点往高层拉，站在全景的水平线上，就会发现什么都有。

在《蜕变占卜卡》里有一个很特别的故事，亦是“相反词”的经典例子：某位老人拥有一匹很美的马，国王想买，他却不卖；没多久他的马被偷了，大家都笑他傻，他却很乐观地等待后续发展；马在十五天后，带了十二匹马回来，所有人都恭喜他，他也不盲目乐观，果然他儿子因驯一匹野马而摔断腿；当大家开始同情他时，十五天后发生战争，所有的男丁都要赴沙场打仗，只有这位残疾的儿子得以留在老父身边。

也就是说，看似不祥的事，后面隐藏着美丽的祝福；看似幸运的事，背后留有一个考验等待度过——每样人、事、物都有好坏两面，眼前遇到你觉得倒霉的事时，你就要反向思考，如果这件事是好的，究竟是好在哪里？

如果能练就到：事发的第一时间，不去急着下定论，而是看到了这两个面向，以及背后的寓意，那么，视野广了，创意的可能性也就瞬间扩增了。

这部分，如果还有兴趣，可以细看《秘密》这部影片，当你了解自己拥有巨大的转换力与创造力，你的生命就会瞬间展现出连你也无法想象的丰富全貌。亦可上网搜索日本企业明和电机，转绝境为生机的精彩历程。如果还要更进一步发挥“相反词”的生命蜕转力，可以在刚刚提过的《拜伦·凯蒂的转念作业》中继续练习[①]。

给出你所缺乏的，让能量顺流进来

进一步运用“反向力”，来创造自己的丰富：“如果你感到缺乏什么，就去给出你所缺乏的：如果你需要朋友，就成为别人的朋友；

---

①《拜伦·凯蒂的转念作业》中的反向思考练习：“反向思考”提供一个机会，让你对一向信以为真的事物，采取相反的视点——把所以为的加以反转，就会产出其他你未注意到的可能，而这些新发现的可能，有助于你很快找到这件事一直在重蹈覆辙的关键理由，也会带给你一针见血的启发。反向思考练习每一种说法，都可以反转成针对自己、针对别人的部分，也可以转成相反的说法。以“尼克待我不公平”为例：

→反转成针对别人：我待尼克不公平。

→反转成针对自己：我待我自己不公平。

→反转成相反的陈述：尼克待我公平。

→反转成针对我的想法：我这想法是不公平的，特别是针对尼克。

然后在生活中，替以上四段反转句，各找出至少三个实例，来证明是否为真。

如果你孤单，就去让某个人不孤单；如果你饥饿，先让别人吃饱；如果你悲伤，就去安慰别人；当你需要爱，就先爱自己，以及无条件地爱别人；如果你缺乏自由，就去给别人自由，给自己自由。”[①]

当你向外给出，宇宙能量自然会补充进来。也就是说，当你觉得匮乏，正是因为你没给出去，内部已经没有空间，所以能量流不进来——这是反向操作，让自己从匮乏到富足的好方法。

见微知著，一叶知秋：把今天放大一百万倍，会是什么结局

我们常都忽略了，自己的一个心念，一个惯性动作，会有怎样的后果？会对周围的人、事、物，产生怎样的影响？

我自己常用的方式是：每天沐浴时，或是入睡前，回想今天一整天，动了哪些念头、做了哪些事、说了哪些话、吃了哪些东西……看自己把一天的生命，以怎样的比例，分配在哪些地方

① 《来自灵界的答案》，苏菲亚·布朗、琳赛·哈理逊著。

上——然后把这些全部放大、加乘一百万倍后的结果会是什么?

假设你今天抽了一根烟，就想如果抽到第一百万根，会有怎样的后果。今天恨了一个人，如果恨到第一百万个人，自己会变成怎样的状态。然后就去看，自己是否真的要这样的结果。如果不要，再重设你的生活惯性。每当你又要开始这些思考，或是进行这些动作时，就去想那样的后果是自己不要的，便马上切换到自己新设定的频道，让自己的生活立即转向。

这部分，可以延伸去看电影《蝴蝶效应》、《蝴蝶效应2》、《我们到底知道多少？》、《被嫌弃的松子的一生》（请细看：松子在生命哪些重要的关键点上，做出了错误的决定，以致她的命运急转直下）、《人生遥控器》（男主角以遥控快转人生，想把困境都快转过去，却发现每日点点滴滴所累积出来的最大悲剧，就在人生最末处等着他，无法反转）、《另一个人的生活》……这些片子，提供了更深入或是更客观的角度，协助你看到自己“滴水穿石”的惯性，进而去打破或转换模式——这就是继终极创意第一层“只留下自己”后，进入第二层“彻底冲换惯性思维”的阶段。

终极创意第三层

拥有每日新生感官，欢迎各种灵魂附体

重新诞生，每日启用一套新的感官配备

接续第一层提到的，“虚拟死亡”之后的重新诞生、感官重新苏醒的概念——这部分，之前在《十四堂人生创意课1》第三堂中，提过电影《爱的五种方式》：试着想象，如果你只剩下一个月的视力、一个月的听力、一个月的行动力……你最想要看什么？写什么？听什么？做什么？

电影《蚂蚁的尖叫》里有一段很美却很极端的画面：印度师父带孩子们到恒河尸体焚化场边，以耳朵听死亡的声音、以鼻子闻死亡的味道。当这些孩子们下课后，全脱了衣服兴奋地跳到恒河里玩水，死亡近在咫尺，但他们自“死亡”学到处在当下、及时行乐的活力，很让人动容。如果能每日晚上“虚拟死亡”一次，早上“重新诞生”一次，这会是旧感官迅速汰换最快捷的方法：每晚让负荷沉重、深受制约的思维感官全部死掉，经过一场仿佛是死亡般的深度睡眠后，孕生出全新的、从未听闻过任何声音的耳朵；甫睁开的

双眼，面前的一切，都是此生第一次看到的，尚未被命名、尚未被赋予功能、个性，一切就等着你来全权设定……

只要有一套全新的感官配备，你就能轻松体验新版的世界游戏。当你体验到眼前的一切都是全新的，就能恢复如婴儿般的纯真、无限的自由、无尽的可能、无穷的创意，你就彻底恢复了原有的强大创造力，光是呼吸、吃饭、喝水、走路、看景[①]……就已经非常不同于以往，因为你正在创造每分每秒全新的生命经验，你正在享受那经验所带给你的惊奇喜悦，而这股巨大的原生能量，让身边的人不得不注意到你的非凡，开始被你的一举一动所吸引，开始绕着你转、需要你、聆听你、观察你……

当你懂得以想象力来认识自己、创造自己，越来越喜欢独处，无处不怡然自得时，表示你的新世界是很有趣的，不再被外在的人、事、物所吸引，也不可能继续追着外面的浮光掠影到处跑。你把自己的生活，变成了充满惊奇且无法预言的旅程，周边越来越多的人开始对你的生活好奇，在你创作的新乐园中流连忘返。从此，

---

① 可以延伸阅读《感官复苏工作坊》，查尔斯·布鲁克著。书中提到："时间和空间，在子宫的世界里是不存在的……自我生命的意义，是无须假手一位权威的人，而是揭开权威为我们所编织的面纱，用我们的双手去抓这个世界，用我们的心灵去体验这个世界，最重要的是，开始用我们的眼和耳去直观这个世界，只有恢复我们品尝的能力，我们才能辨五味、察言观色。"

你将完全自由，因为你已经有了自我深稳的轴心，全世界都在绕着你转。

引一段汤姆・彼得斯的话："不要做正常人，这个世界太多正常人了……想象比知识重要……要有戏剧性的改变，否则就灭亡……"对有创意的人而言，每天让一个大无畏的灵魂活回来，每天都是全新的开始，体验自己是无所不能的创造者，一天就是一场惊天动地的创世纪！

欢迎不同的灵魂进来附体，或是"虚拟附身"去生出创意

如果发现自己在重新启用感官时，还是难免会回到过去的惯性模式，那么可以试试这个更极端的方法："附身"——每日可以帮自己在出门前，设定新的性别、年龄、籍贯、个性、职业……然后就用这新的身份，去过今天的日子。

即便今天的行程与昨日没有什么不同，但因为灵魂换了，所以就有不同的过法——比方，今天以"纽约人，28岁，男，艺术家"

的身份，去过与昨天一样的生活，因为有了不一样的感官，即便日子一样，感觉却全然不同；体验不同了，收获也大不同。

于是，你将不再受限于既有的身份，你可以是任何人、任何个性兴趣、任何星座血型、任何文化信仰……你衍生出了亿万种的可能。

这样的练习，即便只是从家里走到地铁站，也都能有比带原思维远赴一趟北极，有着更深刻的体悟。换句话说，旅行并非是增加创意的方法，你带怎样的感官态度去生活或旅行才是关键。这也是我每次在演讲时会提到的：在旅行时，把自己变成当地人，用当地人的感官去生活，而不是用观光客的视线框架去旅行。于是，每一次的旅行，就像是一次后天混血的过程，因为全身输换过了大部分的当地血统——越多国的旅行，就成了拥有越多国血统的混血儿，灵魂的轮廓既深且美，并拥有全球视野……这些在《旅行创意学》中会进一步诠释。

这种“附身”的方法，在创意工作上是非常重要的。当我在写广告文案时，我会把自己“附身”在目标消费者身上，去真实地体验：怎么起床、醒来会做的第一件事、穿衣、饮食、生活、工作、交友、谈话、兴趣、购物、休闲、听什么音乐、接触哪些媒体、看什么节目等等，就这样虚拟一趟“附身”下来，很多的点子，包括整个案子应该用哪些媒体，用什么方式接触到消费者，用什么口气与他们说话，用什么字眼、主题、画面可以吸引到他们的目光……这些答案，就像电脑瞬间跑出了整份图像文案似的，不仅能很快、很准地将文案写好，连整个营销企划案都一起生了出来。

接着，还要做一项工作，就是“附身”在广告主身上，去想象他一天的生活：他对什么有兴趣？对什么反感？他习惯的沟通方式是什么？他在乎什么？期待什么？……这些体验过一遍之后，就能很快拟定提案策略，即便是一份相同的文案，向不同的客户解说时，很快就能找到不同的提案方式，做准确且有效的沟通说服。

倘若在临时的会议场合，一下子面对各式各样的人，必须马上应变出各种沟通方式。于是，平时这种“虚拟附身”的练习，就已经储存了各样态的生命经验值。这部分在《十四堂人生创意课1》粗略提过，可以在看电影时，把自己当成是主角、对手、导演、摄影、制片，让自己全方位地附体在这部片各个迥异的生命视点中；或是在看世界风俗纪录片时，把自己“附体”在各个人种身上，同步体验他们怎么生活、怎么沟通、怎么庆祝、怎么与环境共处；在看动物影片时，把自己附体在爬虫、海鱼、飞鸟身上，去体验陆、海、空不同形体官能下的世界样貌。“虚拟附身”的练习，能让自体的框限瞬间融化，而这些深刻附体的对象，就是越设越多、越来越广的生命频道，让自己可以瞬间切换到多元的生命体中去思考。

同理心增强了，沟通就越容易，也比较不会遇到像电影《通天塔》那样，语言与理解，成了人与人之间最大的鸿沟与障碍。

“虚拟附身”，还可以参看在《十四堂人生创意课1》提过的电影《傀儡人生》或是《土拨鼠之日》①，不同的灵魂、个性、心态，进入同一个身份、同一具身体里去过同一天，会展现出不同版本的人生成果。

如果遇到生命中不得不去面对的人、事、物，比方：反目成仇的同事、过去结怨的债主，或是情绪正在气头上的客户，有两种附体方式，可以瞬间转换剑拔弩张的情势——想象自己附体在对方身上，感其所感，思其所思，于是你就能很快明白，他愤怒的话语背后，其实可能带着一个巨大的恐惧，害怕你会伤害他，所以先以攻击式的语言与表情出招。一旦你看透了这点，就不会被他牢牢牵制住，也不会与他玩起互相攻击与防卫的对手戏。

---

① 电影《土拨鼠之日》（*Groundhog Day*），描述了一位愤世嫉俗的气象播报员，奉命到一个小镇，现场报道当地非常有名的“2月2日土拨鼠节”，他一直在抱怨这个节日很无聊，报道完就匆匆赶回家，却在路上遇到暴风雪，只好被迫返回小镇留宿一晚，没想到，醒来时还是2月2日这一天……就这样无限期地重过这一天无数次。于是，他从不解、愤怒到接受、欣然体验重复的这一天，直到他学会了全然地、好好地活在今天、善用今天（因为反正也没有明天），时间才又开始启动，继续地运转下去——就像轮回，即使朝代时空更迭，我们仍是一直以同样的剧本，同样的模式，在演同样的人生，直到有一天学会了用新的方式、新的心态、新的体悟过相同的日子时，就可以瞬间改写整套轮回的戏码，开始过着全新的生命日子。

接着，你要瞬间转变局势，因为他恐惧，所以你要把自己调整成非常善意、毫不防备的面貌：把自己附身在他所爱的人身上，以那样的面貌和态度与他沟通，让那股战事一触即发的磁场失去攻防的能量，瞬间转为温暖与信任的局势。对方也一定会改变，两人便开始共创出新的沟通氛围，战场变成道场，一场可能的危机就因为你的通透，瞬间转为契机，敌人变朋友。

如果对方是在失去理性的状态上（例如：正在疯狂发飙的客户、同事、朋友、家人，等等），此时自己的稳定就变得非常重要。遇到自己无法解决的问题时，可以想象专家“附身”在自己身上：如果从专家的角度来看，自己的生活与空间怎么改造？自己的关系怎么改善？自己的困境怎么转化？可以参见电视节目《拯救贫穷大作战》《全能住屋改造王》《酷男的异想世界》……练习如何以专家的角度，客观察看并解决自己的问题。用他们的眼睛，看着眼前这位丧心病狂的人，用他们的思维与表情，来响应当下失控的局势，这也是让自己能瞬间跳脱的方法，至少不是救火不成反自焚，而是以高度的智慧与冷静，将情势反转——也就是说，这个“附身”的练习，小到可以很快地产出创意点子，大到瞬间浇熄生命战火，都是很有用的。

平时从家到学校或是到上班的地方，也可以观察研究，哪些店可能会倒闭、哪些店进驻后会有商机？快倒闭的店问题出在哪里？

如果你是专家该怎么挽救？或是在看灾难新闻时，设身处地想一下，如果是自己遇上了突发状况，该怎么利用当下的有限资源，随机应变……这些都是虚拟附身最好的练习题！

终极创意第四层

开启自体运转世界的主动能，进入心想事成的圆满新纪元

做生产者，不做消费者

从出生至今，我们受大众媒体的影响很大，很多的价值观被潜移默化，成为一个奴性化的消费者，这也让我们被媒体资源拥有者继续操弄着思想、价值、消费、行为而不自觉。

当你觉察到这点，就要跳出那奴性的圈套，恢复自己的自主权，有意识地不再当被动的消费者，而是主动的生产者——当我们被某部电影、某个影集、某场艺术展、某篇新闻、某个广告、某本小说、某部漫画、某趟旅行、某件物品、某个人……瞬间吸引、起了反应，甚至动心、沉迷其中，就要让自己立即跳出来，看自己究竟是哪个部分被触动了？是被以什么样的手法与主题触动了？究竟是被挑起了什么记忆、什么生命感动？……要去进一步探索触动背后的程序码是什么，去找出眼前人、事、物畅销或是成为话题的真正原因是什么，并启动自己同步产生出新灵感、新点子或是新作品。

举我自己的例子：在看电影时，手上一定会有一本空白记事本，每当看到有感觉的地方，就会当场记录下来——左页记录感动我的画面、对话、音乐或情节，右页写下当场引发了我哪些创作灵感。我在品尝一杯好喝的咖啡时，第一个反应不是在想：咖啡真好，明天还要再来喝，而是赶紧把一首诗、一段小说情节、一篇文案写下来。

另一个在旅行中的例子：当我住在迪拜七星级帆船酒店（Burj Al Arab）时，我不只是一个享受奢华的消费者，而是放大我所有最敏锐的感官，像个间谍似的，观察并探究这家酒店，为何是全世界瞩目的顶级酒店？建筑、装潢、空间、营销、服务、餐饮、氛围……究竟在哪些方面、哪些细节，至今仍立于不败之地？去挖掘出成功背后的秘诀与力量——这样的方法，亦可用在观看各行各业有成就之人的传记、纪录片、电影、专访报道上，以有如X光般的透视力，去找出这些人鲜活的原创生命力，并汇入自己的动能库之中，如此，你就会成为能量源源不绝的生产者、创造者、受益者，而不再只是被影响、被鼓动、被操弄的消费者而已。

当我看到不是很喜欢的电影、书或是产品时，我不会浪费时间抱怨或批评，而是开始认真地想，如果到了我手上，我能怎么改善？如何起死回生？抱怨或批评，只会让自己布满负面的能量，只会内损而毫无建设性，唯有化批判为改进的动力，整个世界才会越来越好，这就是“与其诅咒黑暗，不如燃起蜡烛”的真义。

喜悦地身历其境，是心想事成的关键

当你已经将前三个创意层的状态完成了，接下来，就要开启源源不绝的动力，以进入越来越广大浩瀚的八个创意阶层。换句话说，这阶段就是最重要的动能层，一旦启动了，表示你已在音速甚至光速的航程中，成功地开创了属于自己的世纪，也设下了自己的游戏规则，不必再受环境与他人的影响，开始准备进入全演化的超时空旅程了。

这些动能来自哪里？其实前面提过，“死亡”是找到这动能的重要钥匙，也就是说，人总是在面对死亡之际，才去正视自己的生命意义与价值，才去发现自己为了担忧生存这件事，浪费了非常多宝贵的能量，就如同《采访上帝》这部影片中提到：“人们对未来充满忧虑，却忘记现在。于是，他们既不生活在现在之中，又不生活在未来之中。他们活着的时候，好像永远不会死去，但死的时候，又好像从未活过。”

重温第一层提到的电影《笔下求生》，男主角哈罗德·克里克在得知自己将死，被迫放弃规律的生活后，把剩余的时间留给自己喜爱的吉他，开始追求爱情、享受生活，他从机械般地过日子，变成了鲜活生动地享受生命，仿佛是复活了一般——这就是死亡在即，逼得他得把握当下每分每秒有限的时光；因为没有了无限期的明天，自己最想做的事，瞬间就成了第一优先的事，而这就是他生命重新开启的关键动力。这动力，让他有了新阶段的生命版本，就像是电玩游戏通过了第一关，这自体的终极动能，会带领他进入第二关，也就是从“创意”进入到“创造”的新阶段。

《秘密》这部影片的结论：没有你应该做的事，只有你想做的事。你可以在每年即将结束之刻想一下，如果明年是自己的最后一年，你最想做的事是什么，然后将这些事列为优先完成的事项，如果要更细微，就是每个月、每周或每日去做一件自己从未做过，可能很疯狂或是害怕，但会让自己非常开心满足的事；或是到一个你从未去过的地方；或是去感谢、影响、改变、帮助另一个人的生命……而这件事、这个地方、这个人，让你深深觉得，能活到今天是非常值得的，这样生命张力就会与昨日截然不同。

《白宝书》中提到：“只需片刻去想象幸福，你的身体将感到喜悦，也只需片刻去扮演一个没有朋友的可怜虫，你就会感到伤心和自怜，你丝毫不差地正如你所想……你所想的每件事，都会在你的生活中发生……透过思想，你明天的一切，是由你今天的想法所拟定的……没有任何意外或偶然的事，没有人是别人意志或设计的受害者。每件发生在你身上的事，都是你曾想过并在生活中感受过的。每件发生的事，都经由想法和情感注定，然后以一个有意图的行动发生，别无例外——你想过的每件事、你有过的每个幻想、你讲过的所有话，都已经在发生或将要发生，因此你得到你所讲的，你是你所想的，你成为了你对自己的判断……你的想法创造了你的命运，你的每个感受创造了你人生之路。无论你想什么、感觉什么，它们都会在你的人生中如是出现……你明明可以为自己创造出一朵花①，但你现在为自己创造了什么呢？不幸、烦恼、可怜、苦恼、憎恨、分歧、自我否定、老化、生病、死亡，你把自己想入了绝境，你把自己想得一文不值，你把自己想失败，你把自己想生病，你把自己想进死亡。”

所以，请慎选你正在看的新闻、电视节目、报纸、广告，慎滤你投出去的自我形象（你所投出去的，别人就会那样看你），慎

---

① 当我想到要买花布置家，下午演讲完就意外收到读者的花束；我想买一条十字架项链，傍晚开会时突然有人当面送我；我正想买一些世界音乐，下午茶会时合作伙伴就送我一大箱……这样的例子，真的每天都在发生。但我自己也同样在扮演这样的角色，有时我无意中讲的一段话，正回答了某位学生前段时日的疑惑。

思你的一言一字一行（例如你在微博、微信、博客上的显示文字，你所发出的电子邮件、短信，你所讲过的话），也请重看过去所做的一切，再来看看现在的你，你如何创造出了今日的你，你就会明白，你每分每秒的思维反应或动作，都将具体地变成未来真实的你。

这动能之巨大，远远超乎你能想象的，可别以为只是趋吉避凶、完成自己梦想这么简单，意念可以创造一切，包括物质、事件……没有什么你不能成为的，没有什么你做不到的，你丢出来的心愿，就像是向宇宙下订单似的，很快就会收到回应——这部分，在影片《秘密》中，讲述得非常清楚，简单的原理就是：把能量全部投注在你想要的版本上，千万不要去想你不要的版本，然后把自己活在“已经完成心愿”的状态，而且要在全然的喜乐、爱、自由、幸福中去感觉“已经满足”的能量，感觉整个世界、整个宇宙的资源，都在支持你这个心愿；然后，全天候地安住在这样的喜乐之中，不要让怀疑的能量抵消了它成真的轨迹；当你感觉很好，就会吸引更多更好的感觉前来；当你开始感激，更多会让你感激的事会接踵而来。这种身历其境、全像真实般的想象力，其实就是心想事成的关键，如同爱因斯坦所说：“想象就是一切，它就是生命的预览。”

到了这个层次，就能以意念创造真实，没有什么不能被创造出来的。如果说魔法是巫师的力量，那么，心想事成，就是人的浩瀚创造力。

某位印度大师说过：“所有负向的感情都需要能量，它们会使你精疲力竭；所有正向的感情与态度是能量的发电机，它们会创造出更多的能量……如果你是快乐的，整个世界都会带着能量流向你，整个世界与你一起笑，但当你哭的时候，就只有你一个人在哭。”

挪威维格兰露天雕刻公园（Vigelandsparken）明信片上，写着一段很棒的文句：“Guard your thoughts, they become words. Choose your words, they become actions. Understand your actions, they become habits. Study your habits, they mould your characters, it will be your fate.”（保卫你的思想，它们将变成你的语言；选择你的语言，它们将成为你的行为；了解你的行为，则会成为你的习惯；研究你的习惯，将塑造你的性格，而这就是你的命运。）

想象，是心灵的肌肉，会让意念具体运作出真实甚至是物质。《通灵工作坊》曾谈道：“梦想成真，是以积极的想象取代幻想，以机会代替限制，以信念代替恐惧，以希望代替担忧，以自我表达代替压力，以感恩代替抱怨。”简・罗伯茨在《灵魂永生》第五章“思想如何形成物质”中提到：“情感、思想或是心念的强度，是决定实质化的重要因素……如果你是个性情非常热烈的人，以生动的情绪去思想，这些心念会很快地被形成实质事件。”总结来说，就是：“只要让当下的感觉美好，你就掌握了任何你想要的力量。”[①]

当这个“心想事成”的力量启动了，整个宇宙会具体且真实地彰显你的心念，你只要把能量专注在你喜欢的事情上，自然地，金钱[②]、人脉、机会，就瞬间大量且全方位地被吸引而来，为你完成一切的一切，当你聆听心的召唤，世界都听你的——不要再浪费时间去做自己不想做的事，那样的事只会耗损自己的生命热忱，等到生命之火被磨灭了，所有的资源也会马上离你而去。

以我为例，每当要开始写一本书之前，我就已经把自己安置在书已经完成的状态——感觉刚拿到新书的喜悦，感觉到这本书的厚度、封面质感，感觉新书发表会后的轻松喜乐……写广告文案也是，与客户开完第一次会议后，就已经看到整个广告成形的样貌，看到人们接触到这些广告的神情……虽然当时还没开始写半个字。

这种“预视能力”非常重要，这是最强有力、最有效率的创意成真法。之前我在与声乐家、建筑师三方对谈时，他们也不约而

---

① 改写自《有求必应：22个吸引力法则》，杰瑞·希克斯、埃斯特·希克斯著。

② 影片《秘密》中提到：“你无法透过对外在物质的追逐，而得到内在的幸福，必须先感到内在的幸福喜悦，它便会自然吸引外在对应的丰盛富足流向你。”亦可延伸阅读《创造金钱》，萨娜娅·罗曼、杜恩·派克著；《活在喜悦中》，萨娜娅·罗曼著。

同提到：翻开一整页琴谱，还没细看，整篇的音乐就立即在耳边响起；当看到一块空地，眼前浮现的，就是一整栋已经完工的建筑，以及人住在里面的情形——这就像小说家，还没开始动笔写，就已经看到故事里的人怎么生活、说什么话、做什么梦……作者只是像记者般记录下来。

以迪拜为例，酋长穆罕默德亲王，在大部分土地还只是一片沙漠时，他已经看到未来富裕繁荣的面貌——正因为清楚看到了，所以对他而言，没有任何困难挡在眼前，立即且无疑地放手去做，有状况就马上处理，丝毫没想过有任何问题会阻碍这些画面成真。换言之，当一个人活出他独特的创意时，他的魅力就能牵动全世界，这部分，我们留到第九层中的“迪拜创意学：迪拜如何以弹丸之地，做世界大梦”再细谈。

最有趣的“心想事成”实例：我在看了探索频道（Discovery）和国家地理频道（National Geographic Channel）介绍迪拜七星级帆船酒店时，心动的我，就把美丽的帆船酒店照片，设置成电脑的桌面；走在屋里，就感觉自己正走在帆船酒店的房间中；睡觉的时候，就当自己正睡在帆船酒店的床上……就这样约一星期，加利利旅行社找我写形象广告文案，我一上他们的网站，发现他们主力行程就是去迪拜，于是当我完成了文案，也交换到了：在帆船酒店住三晚、在迪拜七日的旅行。

更进一步来谈怎样运用“心想事成”的力量——如果想去迪拜帆船酒店，不要以“祈使句”许愿：“我想去迪拜帆船酒店”或是“我会‘去得成’迪拜帆船酒店（这句潜藏着：也有可能‘去不成’）”，而是要以“现在式”来真实感受“我现在正在帆船酒店里……”感受自己身在其中快乐地享受、兴奋地体验，不要让丝毫的怀疑，抹去这个美好的体验之流。进一步说，就是不要让你的“祈使句”有蕴藏“相反句”的可能，例如：我要他爱我（蕴藏了爱的相反词：恨），我要他活（蕴藏了生的相反词：死），我希望变得更美（蕴藏了美的相反词：丑），我希望小孩能安静下来（蕴藏了静的相反词：动），我希望富有（蕴藏了富的相反词：穷），我希望与他变成朋友（蕴藏了友的相反词：敌），我要成功（蕴藏了成的相反词：败），我要被尊敬（蕴藏了荣的相反词：辱）——爱恨、生死、美丑、动静、贫富、敌友、成败、荣辱，都是一体两面，换句话说，在偏执思考惯性下要用“相反词”思考（请见第二层），目的是为了让你看到常被你忽略的另一面；但在运用“祈使意念”时，则要超脱二元思考，跳到更高的绝对层面上去运作，把自己放在“爱已在”“富已成”“梦已真”的现在式之流里，如此，“心想事成”才能启动独一无二的力量。

与万事万物的能量合一，活出一个最有Power（能量）的创造者，可以重新设定甚至有意识地设计自己的生命，随时随地真实体验、享受、感激自己所想的。当你的意志想要创造怎样的世界时，整张蓝图、整个资源、所遇到的人、事、物，通通会照着你的意愿走，迅速在你身上形成独立的宇宙系统，你就可以得到任何你要的——前提是，你必须“真的”知道自己要什么，以及清楚知道以后的影响会是什么，这部分，可以去看一部有趣的电影《冒牌天神》，也可以进一步去看钵颠阇利《瑜伽经》的启示[①]。

最重要的是，不让任何框架遮蔽了无限可能的视野——这就是展现生命奇迹的秘诀，也是人类所拥有的最强大魔力。关于《秘密》的更深度解读，可参看《秘密的副作用：〈秘密〉里还有十个你不知道的秘密》。

---

① 引韦恩·戴尔谈论《瑜伽经》（*Yoga Sutra*）的一段文字，作为以上所述之更进一步启发：

问问自己：“什么时候觉得最满足？什么时候觉得自己不平凡，像个伟大的人？”不管你的回答是什么，你会发现它都与“服务”有关。当你让“自我”消失，并愿意接受启发，投入不只利于自己的非凡目标时，你将会知道该做什么。

记下生活中你觉得最受鼓舞（启发）的活动，请先不要评判它们是重要的，还是无意义的，不论是和小婴孩玩、整理花园、装修你的车、唱歌或是静坐，你只要把它们记在本子上即可。

利用这张清单，找找看世界上有哪些人，每天真的只靠做这些事来谋生。不管你喜欢什么，它都可以转变成让你的意识向四方伸展的非凡目标——让新的力量和自己的天分动起来，这会带给你一项讯息：自己是比想象中更伟大的人。倾听那召唤你走向非凡的内在声音，把别人认为你生命该做什么的杂音过滤掉。重点是要从内在受到启发（inspired），而非外在；否则这个字就要变成“外发”（outspired）了！记住埃默森的话：处处发现美好，这是测量精神健康的尺度。试一下，看看才能和天分怎么醒活过来。

自给自足，是让自己瞬间拥有终极最强版本的秘诀

除了为特殊目标，让自己身历其境，运用“心想事成”的力量之外，平时就要让自己处在“自给自足”的状态：自己不会什么，需要别人帮忙的，试着自己去做做看，不要第一时间惯性地去求人，形成依赖别人的状态。自己缺什么，先想办法自己给自己，自己让自己满足。

如果每件事都要仰赖别人帮忙解决，就等于自我阉割。一个常找伴诉苦的人，不知道怎么独立解决问题，久了就完全失能，朋友也跑了，有更多苦无处可诉，成了恶性循环。

换一种思考吧——把自己当成唯一活着的人，自己必须无所不能[①]。需要什么，就去学什么；学什么，就把自己当成早就会了，现在只是去回想，如此，就会学得很快；如果一直告诉自己这很难、

---

① 这种“无所不能”的意志力，曾帮助我在研读一本很有趣但挺艰难的书时，突然为自己发明了一种“意识流阅读”法：就是逐字念出某一段很难懂的句子，就当成念出密码般，一念完，就像按下enter键（回车键），进入让大脑全部空白的状态，完全不要思考，之后所接收到的第一个直觉性讯息，就是了；有点像哈利·波特穿过凡人看不见的九又四分之三站台，这是一种很好玩的 “穿透性阅读 ”法，但必须等到完成终极创意第五层“全面培养超能力，进阶到新版的感官系统”后，才能收获成效。

我很笨，永远不可能学会。

这样“自给自足”的练习，会让自己的能力越来越强，同时也能吸引同样“自体满足”的人一起合作，1+1大于11，便能产生更强大的能量与力量。举个生活中的实例：如果你想要未来的伴侣有钱，请先让自己已经在很有钱的状态；如果你希望将来有个很爱你的伴侣，请先让自己处在很爱自己、被爱包围的状态；如果你希望有个很棒的小孩，先让自己处在已经有了很棒小孩的父母状态；如果你希望有个很开明大方的老板，或是工作伙伴，就让自己处在已经是在这样工作团队中的状态……以此类推。

简单地说，你想要吸引什么，就让自己先变成什么——让自己身处在那样的圆满之流中，每分每秒正享受那状态，于是那样的真实就会被创造出来。[①]

这部分，在《秘密》这部影片中，有许多案例可以佐证，其中一个案例提到一位罹患乳癌的女子，她在得知自己罹癌后，决定重

---

① 亦可延伸阅读尼尔·唐纳德·沃尔什的《与神对话》：“思考一下你想成为什么样的人？你想做什么？想拥有什么？不要去思考其他的可能性，释放所有的怀疑，拒斥所有的恐惧……一种全然的确定，一种将某事当作是真实般完全接受……是一种强烈而不可置信的感恩状态，它是一种事先的感激，而那也许是最大创造的关键：在创造之前便对它感到感激……所有的大师都明白：那件事已经做到了……享受并庆祝所有你已创造的一切……思考一个新的想法，说一句新的话，做一件新的事，声势惊人地这样做，而全世界的人都会追随你。”

设心念，每天每分每秒，把自己放在已经全然康复，充满感谢的身心状态，一个月后再赴医院检查，竟奇迹似的痊愈了。也可以找出纪录片《我的劫后余生记》来看，你将从导演兼主角的保罗·纳德勒身上，感染到无比强大的生存意志力量。

原是加拿大音乐短片导演的保罗·纳德勒，平日喜爱激烈的户外运动、旅行、美食，但在30岁生日那天，前往浮潜的路上发生车祸，造成脑部严重受伤，昏迷指数六，医生判定“脑部外伤”“额叶受损”“脑干受损”，只有5%的机会可以存活下来，但他靠着坚强的意志力，逐渐恢复成正常人。

保罗说：“我是活人，要做想做的事，我才是决定自己是生是死的那个人——决定能够活下来，并活得生龙活虎的人，是我，不是医生说了就算。”在复健过程中，医护人员帮他安排洗碗等技术性的工作，保罗心里想：“万一他们对了怎么办？如果我只能洗碗怎么办？”他到绿色和平组织去，期望能接拍组织的广告，但他们却要他折传单。

保罗无上限的意志力，就是一定要回到以前的日子，他很清楚要恢复自由独立的生活，不想待在病人的身份里，于是他没有“按照预期”变成植物人。他说：“只要我原本的精神存在，我就不可能当植物人……如果我不能从A到B，那我就到C，至少我可以到一个地方，至少我在移动……我应该让老的我死去，让新的我出现，让我再度发现当‘我’的乐趣。”

很多病人或是伤者，常把自己当成受害者，认为别人应该补偿他、照顾他、服侍他，反而让自己失去快速恢复的机会。但保罗一切尽量自己来，而且不理会医护人员对他的种种限制。最后，他终于奇迹般地恢复了：攀岩、滑雪、工作、爬山、回到学校念硕士、拍片、做电视、全球旅行、认识新朋友，还有交女朋友……这部影片，就是他的奋斗记录。

他本人亦到“台湾2006年INPUT世界公视大展”现场，参与影片播放后的座谈。行动不便的他，连渴了想喝杯水都不假手他人，举步维艰地走到角落去取水……让我当场感动到掉泪，他一切都来自自己的意志力，在片中或是在实际生活中都是如此，感染了所有看完影片或是看到他的每一个人。

这在新闻主持人刘海若、台中市市长夫人邵晓玲、坠机意外濒死重生的钟灼辉等人的例子中可以清楚看到，除了家人无比的耐心、信心、关爱之外，靠的就是自己的意志力。若目前你或身边的人正处于疾病或意外伤害的状态，也请参看钟灼辉的书《做自己最好的医生》，那是一个非常有效力的身心医学观点，亦是正面转念的身心痊愈方法学。

真正的创意人没有天花板（外界的期待、制约、框架），只有无限的天空，没人能拦阻他，除了他自己。举一个我在企业内训演讲时，经常被广告主问的问题："究竟要给创意人限制，才不会让他们天马行空乱想一通，还是不要给限制，让他们自由发挥之后再修正呢？"我的回答是："对一个已经非常熟练的创意人而言，你给他再多的限制，都不会形成干扰，他会在你给的限制之上，再搭一个高水平的舞台，他不会抵触你的限制，但也不会失去创作的自由度，就像太阳马戏团成员，能在高空中的一条绳索上唱歌、跳舞、翻身……宛如在地面般轻松自在；但对一个创意生手而言，就很容易被这些重重限制困住了，身陷在牢笼中很难自由发挥，遇到这样的广告人，一开始不要给太多限制（见图2）。"

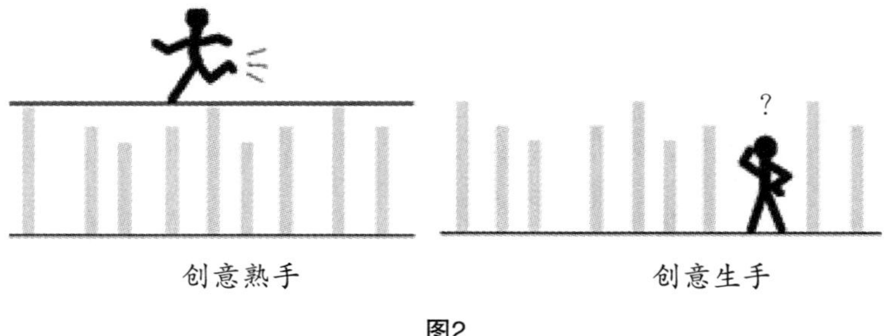

图2

总之，请准备好：相信自己能创造一切的力量，启动进入下一阶段"创造"的动力舱。

第二篇

创造学：站在新的点上看无限可能

终极创意第五层

全面培养超能力，进阶到新版的感官系统

终极创意第六层

不再是直线计划地逐步前进，而是放射性爆开地光速扩张

终极创意第七层

高峰生命的激荡串联，强者越强的星际之旅

终极创意第八层

开启多元的生命窗口，自体星系无设限扩充

终极创意第五层

全面培养超能力，进阶到新版的感官系统

在低潮困境中虚拟问答，启用最高直觉导航系统

“创意：从一个原定的剧本，尝试出不同演法，而展演出不同的效果、结果”；“创造：创造出源于自己更独特、更高竿的剧本，并演得淋漓尽致”。除了刚才整理出来第一层至第四层的进阶创意方法外，现在要进入“创造”的新阶段，整个感官配备必须全面升级，并加设最高直觉导航系统，才足以应付接下来无边无际、无限可能的创造界。

先谈“最高直觉导航系统”。詹姆士·雷德菲尔德在《圣境新世界》里说：“所谓的直觉（intuition），指的是浮现在我们心中，跟未来事件有关的一个意象，科学家已经证明‘预知’（precognition）确实是人类的一项天赋能力。这意象是正面的、积极的，有助我们的心灵成长……”这是将自体“创意”层，提升到“创造”层的必备系统，就像是从“环球旅行”进阶到“星际旅行”，必须全面更换成超高频导航系统，以及超越时空限制的感应接收装置，因

为到了这个层次，身边已经很少人有资格给你意见了，一切的定位与咨询必须向自体更高系统去寻求协助，也唯配有这系统，在进入“创造层”时，才更能享受万事万物一切唯心造的自由境界。

詹姆士·雷德菲尔德还写道：“你心中不是出现一连串的意象，预示即将发生的事情，引导你前往某个地方……如果你保持警觉，预感和直觉就会向你提供讯息，为你指点迷津，引导你寻找答案，接下来，机缘就会发生，将前因后果揭示在眼前，并且提供新的信息。灵光有时也会以书籍、杂志和电视节目的形式显现，向你提供重要的信息，帮助你解决问题，让你能够将意象化为事实，促使机缘发生，促使你在人生的道路上向前迈进，结果就让你真的找到了要去的地方——审视在我们眼前每个和未来有关的线索，将影像牢牢保存在心灵中，坚定我们的信念，那么，我们心中向往的任何事情，往往都会比较快发生。”

当面临重大决定时，我会交托给“最高直觉导航系统”，眼前难以抉择的两条路，有一条的灯会越来越暗，或是开始出现障碍物，而另一条路会开始亮灯，视线越来越清楚，于是新的方向就在眼前清楚呈现。萨娜娅·罗曼在《活在喜悦中》中亦说：“如果你正面对困难，想象从五年后回顾今天，看到整个画面，然后将你和未来的你联结在一起，因为由那个角度看，就明白今天该怎么做会简单多了，甚至可以想象，你就是那未来的你，从那未来的视角，和今日的你说话。”

举个简单易懂，但却是真实的例子：之前与我一起到欧洲进行考察的艺术家L，在一次聊天时告诉我，当他身在异乡，同时遇到失恋、失业、人生最痛苦的时刻，身边没有任何人可以帮助他。有一天，他沮丧地躺在床上，想着要如何自杀，后来心想，如果自己可以渡过这一关，如果将来真有个“未来的自己”，那么，他要请“未来的自己”过来帮忙，教他该怎么渡过眼前的低谷险滩，没想到，突然感觉真的有人握住他的手，以一个非语言传递但温暖的能量流向了他，于是当下就稳定多了，安然地渡过了这个看似无解的难关，甚至意外地启动了更高层的灵魂导航系统。

这样的经历，事隔多年后我也体验到了，我已将整段经验写进《心灵蜕变之旅》之中，有兴趣的读者，可以把它当成科幻小说来看，然后从中找出一些可以拿来渡过困境的方法。

这是我继《十四堂人生创意课1》第十一堂智慧与知识的均衡比例中的“知识是船帆，智慧是船底，要维持协调，否则会翻船”后，更进一步的观点。

如果要具体整理成在低潮时能被运用的方法，可以在无助时，想象你把问题丢给了未来的自己，或是比自己更有智慧的人（佛陀、安拉、上帝、守护天使、指导灵……任何让你信服的大师都行），每当你问一个问题之后，就想象自己如果是那位有智慧的人，他会怎样回答？然后再回到“现在的自己”继续发问，问完再切换到他的位置来回答，就这样以虚拟的一问一答，帮现在的自己厘清问题，并找到很有智慧的解决方法。

这部分，可以参看电影《扭转未来》①，或是去找尼尔·唐纳德·沃尔什《再创造自己》书中提到的：“神圣的抽离：下层的自己，离开所创造的戏码，容许上层的自己，清楚而不带情绪、毫不犹豫、诚实，且完全没有保留地去观察和评论它，那样的陈述会很有启发性。”

智慧比知识重要，呼应大前研一的说法：“现在是知识碎片的时代，所有8到18岁读的书，可以浓缩在一片五块钱的光盘中，唯有整合者，才能成为解答者。”也就是说，智慧升级版的自己，就是现在自己最好的老师、一辈子不弃不离的密友，只要启动了联结，就能在接下来动荡幅度很大的“创造”与“创世”层，稳定地全速前进。

---

① 电影《扭转未来》（*The Kid*）：一个事业有成但孤僻的40岁中年男子，遇到一个小男孩突然闯进他的生活，后来才知道那是8岁的自己，于是“现在的他”与“小时候的他”共处，他们之间有了非常有趣的互动与学习：40岁的他帮8岁的他，克服了自卑与自责；8岁的他帮40岁的他，忆起了小时候的梦想、纯真、人与人之间的爱。可以参考这部电影，回到自己过去的低潮点，看现在的自己，如何给当时走不出困境的自己建议与力量？现在低潮时，亦可呼请未来的自己，给你最大的信心、勇气与智慧，来顺利渡过难关。

为了因应“瞬间改变游戏规则”的时代［MP3（音乐播放器）让淘儿唱片行身陷危机，Google（谷歌）让微软的比尔·盖茨陷入苦战，Apple（苹果公司）、Facebook（脸书）与Google激烈竞争等］，这套最高直觉导航系统，也能让你提前嗅到趋势，看到潮流转变前的契机，你会很清楚在短时间内，哪些产业会消失，哪些产业会兴起——你就是你所身处时代中最准确的趋势预言专家，也正因为你改变了营运世界的方式，不仅拥有了提前布局的优势，还能将自己先知先觉的论点公之于世，成为引导流行的领航者。

全面升级内在超感官，换套配备体验新世界

当你有了最高的“直觉导航系统”，你就拥有了二十四小时免费的高阶智囊团随侍在侧，接下来，你还需要有一整套升级成功的新版感官系统，作为进入“创造纪”的全套配备。

继第三层提到外在感官苏醒的方法后，现在要谈的是内在感官。什么叫作内在感官？就是内在视觉、内在听觉、内在触觉、内

在嗅觉、内在味觉，就像是你闭眼的梦中，依然可以看到梦里的事物，听到梦里的声音，闻到梦里的气味……而这些都是可以经过练习去启发的，因为每一个人生来都有这些能力，只有懂得启用，而且经常运用的人，才能无往不利。

常可以在艺术家、梦想执行家身上，看到这些特异能力的展现，这就与刚才第四层中提到的例子：音乐家一打开琴谱的预听力、建筑师一看到空地的预视力……类似，但其功能却不仅如此而已，因为一旦启用了内在超感官系统，就形同把肉体层面的感官提升到了意识层面的感官，其敏锐度、创意性与作用力更广大无边——而这套超能力的直觉与感官，就成了“创造”这阶段永不枯竭的主要动力源。

恐惧是创意最大的敌人——艾伦·阿尔达在《通灵工作坊》书中说：“勇敢一些，让自己的生活过得有创意。创意是一处他人从未到达过的地方，你必须离开安逸的都市，跟随直觉到荒野里，那是一处公交车到达不了的地方，只能透过努力，冒着并非真正知晓自己在做什么的风险，你将会发现非常美妙的东西：那便是你自己。”

如果想进一步开启自己内在的超感官能力，可以延伸阅读《通灵工作坊》第十章、《通灵自学书》，把它们当成是有趣的、扩展自己各种可能的实验，只需用在探索自己就好，不要拿去用在窥探、控制别人上，否则就又失去了“以自己为焦点”的重心轴，那么前面所做的一切努力就白费了。

梦境创意学：梦，是为你特别设置的私人创意库

一旦内在感官都打开了，就可以很自由地运用“做梦”来提炼创意，像是夜间的采油工厂，这就是我所谓的“梦境创意学”。

做梦、记录梦、解梦、用梦、孵梦、改梦……是一连串有趣的练习。可以在床边放纸笔，醒来时能记得多少细节就记录多少，并标上日期。先不要将梦视为白天的残光片影，可以正视梦的完整逻辑，并就梦中出现的每一个人、事、物去问自己，这些对你而言，有着什么含义？

若一开始不会解梦，翔实的梦记录会是提供事后验证的重要线索。关于梦的方法学，可以优先读盖儿·戴兰妮的书《你是做梦大师：孵梦、解梦、活用梦》，多练几次，一旦顺利破解了自己的梦境密码，就可以在醒来时，以短暂的时间，得到这个梦的启示。

如果想进一步研究“梦”学，还可以找《灵魂之旅》《梦境实验室》《梦境地图》《梦的工作坊》《超凡之梦：激发你的创意与超感知觉》《梦的智慧：荣格的世界》《梦、进化与价值完成》《梦与意识投射》《做梦的艺术》《找寻奇迹》《梦境完全使用手册》等，这些书涵盖了梦的种类，以及做梦、记录梦、解梦、用梦、孵梦、改梦的理论与方法。

当你懂得从梦中取得启示、采集灵感、进行疗愈、沟通和解、同步创作时，你的夜晚真的会比白天还精彩。我自己的习惯是，在清晨半梦半醒之际，把脑中浮出来的整篇文案写下来，有时会是下一本书的书名，有时会是整份企划书。就像作曲家塔蒂尼，在梦中听到一首曲子，醒来如实誊写下来，就是一首浑然天成的《魔鬼的颤音》；就像被提名21次诺贝尔文学奖的英国小说家格雷厄姆·格林，他在《我自己的世界：梦之日记》写道：“让潜意识在夜间工作，我会与小说的人物如此认同，开始做他的梦，而不再做自己的梦……我会在梦里与萨特讨论哲学，与索尔仁尼琴讨论艺术。”梦的创意之旅，绝对比你的想象还远、还有趣。

加拿大导演罗伯特·勒帕吉的作品《灵魂啊！你在何方？》中，人可以透过梦境自由进出各时空、进出人生各版本，而这部电影将如此复杂的情节，拍得极为流畅精彩，可见这导演平日受梦的启发非常丰富。还有另一个例子是日本导演黑泽明，他以八段十五分钟的短梦影像，组成宛如史诗般的作品《梦》，让我们透过电影，进入他很美很深的七彩梦世界。

荣格说："梦是舞台。"巴布亚新几内亚人认为，梦是睡眠中的灵魂之旅。也有人形容得更传神："梦是想象力的夜生活。"每夜的梦，让我变大、变自由，完全不受身份、年龄、时空的限制，现在我最喜欢做的事就是睡觉，一躺下来像是要坐上宇宙飞船似的，期待进入一个个不需要地图的探险之旅——只要相信你会记得梦、会解梦、可以利用梦，你就拥有了一座私人专属、永不枯竭的创意宝库。

终极创意第六层

不再是直线计划地逐步前进，而是放射性爆开地光速扩张

短中长三阶段·线性人生计划→一主七副·风火轮转计划

之前在《十四堂人生创意课1》第三堂课上提到，必须做短、中、长期的人生计划，但这只是在创意层面上所做的思考。

后来在许多学校的演讲中，我将这说法修正为：要培养一个主专长，周围环绕至少七个副专长，并配合研读各领域的书与信息，如此才能运转出独特而广大的个人风火轮，像是八爪章鱼，即便突然断了一条臂，也不会影响到它的自由游动。

每隔一段时间，就要把三个已经非常熟练的副专长，移成自动操作系统，也就是说，不必再刻意去培养这三个副专长，因为它们已经有了自动化维持与产出系统去运作，于是，可以视当时的局势与需求，再列入三个新的副专长进来一起运转。

但经过这段时间的沉淀，发现无论是短、中、长期人生计划的安排，或是一主七副风火轮的规划，基本上都还是在平面层次上运作。后来更深思的领悟是：当身在更高的创造界时，已经不只是“线性”或是“平面”的层面，而是爆炸式的视点。从自我的终极原点引爆开来，许多的分身碎片，散布在四方太空中飘浮，于是整个宇宙充满了各种版本的自己，你也就同时拥有了各经纬度的视点，投向四面八方，每个分岔点、每个选择背后，都是巨大无边的可能。

自原点向外爆开，创造出各版本、各方位独立运作的星系视野

如果把第一层“删光所有人，只留下自己”的概念拉到最高层次，即眼前的宇宙一切都是空的，你想要安置哪些恒星（主要的兴趣专长）、哪些行星（恒星所延伸的次方向）、哪些卫星（行星所延伸的次方向）在你的个人星系版图中，就是一个很过瘾的创造历程了。

于是，你的未来不再是线性或是平面地开展，而是向四面八方、无界限地爆炸开来（见图3），不止息地分化繁衍。有了这样的

星际坐标点，就等于有一张星际航图，眼前全是可自由冒险旅航的机会点，每天都好玩得不得了。到了这个时候，其实已经不需要有计划表，看今日动力舱想往哪儿就往哪儿，再加上与他人星系密集地往来，无限活变的宇宙，会让你每一天的日子，都与昨天大大不同，每一天都可以发现惊奇、感动、希望与新天地。

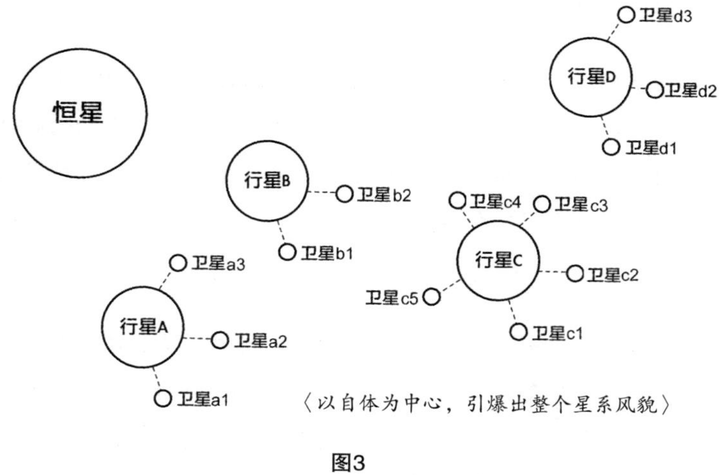

图3

《再创造自己》书中提到：“在生命中，位置就是一切，你的位置创造了你的眼界，你的眼界创造了实相。”

换句话说，你将不再有线性计划可以预先推演，也不会只有圆形的风轮去运转，而是有数十个类别迥异的立足点，同时以最高速率向外开展，像是多个自体小宇宙迅速扩张。到了这个层次，别人很难预言你、模仿你、企图与你竞争，而只能被动地为你巨大的磁场所吸引，其他人只能追随“某个片断的你”；但再怎么尾随，也无法看到你的全貌，更不可能复制出你的全张蓝图，因为这张图，每分每秒都在变，你的各点分身都自成独立星球，自行运转、自行生长出无限规模。

每天站在新移动的点上，向外衍生出各方位新动向的生命版本，所以已经无法预立短、中、长期计划，因为每天在新的制高点上，都会投射出更新、更高的未来。那时，你已经稳舵在领导趋势的风头上，别人只能在后面试着预测风向、企图尾随风潮、接连地赞叹而已。

真正永不枯竭的创意人，像个小孩，永远让人无法捉摸、无法预测，对每件事都好奇，探索周边的环境与世界资源，完全不会想到“可行性”。他的巨大勇气，成了爆发力十足的执行动力，正因为如此，才能在世人面前持续制造惊喜、创造奇迹。

就像迪拜、阿布扎比此时此刻，正有无以计数的陆海空大型计划同时在进行，其他国家根本来不及复制迪拜、阿布扎比的经验，他们的爆发力已经让其他国家瞠乎其后。

自体各星球间的资源、人脉、产出能量，都会互相支持，却不会影响或干扰彼此；而你的时间分配，宛如瞬间升级到高智慧版本的电脑程序，会依现况做出最聪明的时间管理与调度，事情再多，都能非常有效率地同步完成，不成问题。

终极创意第七层

高峰生命的激荡串联，强者越强的星际之旅

25岁前登上山头，开启第一层的高峰串联

之前在《十四堂人生创意课1》第九堂课中提到把自己“变成可以与各领域精英超链接的多孔变频插座”，丹麦虽小，但特殊化、多元化、全球化、国际化，是值得借鉴的例子；第十堂课中提到“如何在25岁前顺利接班”，以伊丽莎白25岁接下大英帝国的过人勇气为例。这部分，我还有更多的概念要补充。

25岁前必须接班的理由很简单（如果你已经超过25岁，可以把自己现有年龄再加三年，这就是你可以预设的“登峰造极”之年），因为后续变化越来越快，你必须在最快的时间找到立足点，并顺利登上自己的高峰。但这也只是个起点，因为等到你站上可被见的高处，你的视野，将与在平地上完全不同——你在自己的高点上，看到四面八方都是更高的山头，于是你可以用缆车，在山峰与山峰之间彼此串联、对话，你的视野与版图，瞬间在更上一层的水平高度中扩展，于是你拥有了自己高峰点所延伸出去的整个平面版图。

到这个时候，你的资源、人脉、能力、机会、视野……因为与各领域精英精彩的对谈、交流、激荡、合作，生命的全图与精彩厚度，会因此产生数百倍的扩增动力，强者越强。倘若你在25岁前就站上了自己的高峰，而且也顺利地扩展了这个高度的平台，其他尚未来得及登上这层峰的人，等到爬上来时，有限的媒体资源层、高峰对流层都被捷足先登了，届时要再取得注目与资源，都要花上更多的力气，而且不一定会翻转成功。

自体星系诞生，与他人星系串联的星际之旅

如果能在25岁前登上自己的高峰，而且顺利地与同水平的高峰相串联，这也不过只是踏上“创造层”天梯的第一步而已，因为你马上就会看到，人外有人，山外有山，天外有天，接下来必须是一层再上一层地，大幅度大面积地成长，也就是说，你每到新的一层，才会看到更高层还有怎样的视野。

如果你在此刻已经顺利完成第六层“个人放射性自体星系”，

那么前段提到的高峰串联，就不再只是平面的串联了，而是星系间的串联：各自活出风采的人之间，一小时的深度对谈，仿佛是一光年的星际之旅，精彩与过瘾程度，远胜过环球旅行中与不同国籍、不同种族的人交谈。

前提是，你必须在自己的星系中，拥有相当独特、丰沛的资源与运转风貌，让别的星系愿意与你交流激荡，并且往返愉快，欲罢不能。而你的视野，也就能从一个自体星系，瞬间串联到更多、更广大无边的其他星系，这个时候，你的创造力已经到达最高峰，你光每天享受与这些迥异但令人惊奇的星系的交流，就让你每一天的精彩程度，超过一般人的一整年，可以说是惊喜版的“度日如年”吧。

当你的自体星系成功诞生，也顺利地以光速扩张，就让这些精彩的异星系，成为你每月固定会面交流的对象，往往一场下午茶的深度精彩谈话，远胜过一百本书、一百部电影，或是一整个月的旅行，因为那是生命视点与质地大面积交换，仿佛是灵魂全面性换血般，有着强大鲜活的冲击力！

此外，平日深度观看音乐家、舞蹈家、运动员、建筑师、文学家、政治家、哲学家等的传记与电影，也可以当成虚拟的星系交流。你可以在看完影片或传记后，虚拟一场与主角的深度对谈：想想你能与对方谈什么共同的或是相异的生命经验？经过这样多次的练习与思考，在未来若有机会，与其他领域的精英临场对谈，也不至于无话可说，甚至彼此可以聊到相见恨晚，日后再续。

终极创意第八层

开启多元的生命窗口，自体星系无设限扩充

创意是富足的生活态度，取之不尽，用之不竭

我始终没把创意人当成职业，而是作为一种生活方式、一种生命哲学。创意若有目的，那就是把每一天活得独特且精彩，如此而已。

一个真正的创意人，他绝不会有创意枯竭的时候，因为创意不是一种技巧，而是一种态度：他可以在与自己独处时，享受完全的自得其乐；与别人相处时，也能创造出很有趣的氛围，他能与每个不同的人，创造出各异其趣的相处版本，只要和他在一起，就感觉很好玩，很丰盛，会一直想约他、与他见面。

创意的产出，对一个真正的创意人而言，一点都不困难，也毫不费力，他只需要在丰沛的花果园中，选取几个客户要的蔬果即可。因为他的园里什么都有，土地肥沃，每个物种都自长圆满，不再需要辛苦耕种，产出的作品，只占他庞大的生命创意资产中极微小的部分而已。

也就是说，一开始先以自己为中心，开垦你所想见、想栽培的一切物种，先不必管市场需要什么，因为市场的需求会变——只要你能种出好的成果，整个市场也会转向你。也不必担心金钱，因为当市场转向你，资金与人脉也就瞬间到位。换句话说，先把最伟大的计划与规模想好、做好，资源就会以你想不到的方式进来，不要先想有多少钱、多少资源，才做多少事，因为这样等于限制了资源进来的方法，这就是很多人事情越做越小的原因。

到了这时，你只需专心地过你想要的生活：旅行、玩乐、享受每分每秒的人间美好，工作不再是工作，那只是拿把剪刀，随意分享出自己众多的产出之一而已，一点都不会困扰你。

自体引爆点：同时开启多元窗口的人生版本

在2006年年初的台北电影节，意外看到加拿大导演罗伯特·勒帕吉的电影作品《灵魂啊！你在何方？》，他以93分钟极精彩的谋杀案剧情，搭配极前卫的音乐、场景、对白……完成了这部几乎不是人脑可以想出来，把宇宙实相奥秘一次说完的电影：男主角小时候在一次考试时，困在一道数学题里不知怎么解答，突然地，他的左手帮他的右手写下了答案，于是他发现了这个“同时开启多元窗口的人生版本”的秘密。当他去应征工作，亦启动了这个能力，在考官还没把题目讲完时，他就已经知道答案了，有点像可以直观出答案的数学家纳什[①]或印度数学家斯里尼瓦瑟·拉马努金，但却又不只是知道答案这么简单。

男主角在《灵魂啊！你在何方？》这部电影里解释：就像是有个与现在这个世界平行的时空，在那个时空中，面试已经结束了，所以他一边在主考官前聆听面试题，一边已经看到另一个时空里出现的答案；他想追求一个女子，自己与她在其他时空所进行的各种交往版本，他都已经全部看到了，于是对这女子的背景、心思、喜好、善变……都了如指掌。在电影中，他称这些平行的时空为“潜世”[②]。而这样的体验，我自己也在每夜固定六个连续梦中，经历六个平行的时空。

有些艺术家就是以这种多版本的形态，维持广大无边的创意可

---

① 约翰 ·纳什，博弈理论的发明者，天才数学家，诺贝尔经济学奖得主。可观看他的传记电影《美丽心灵》（*A Beautiful Mind*），亦有同名小说。

② 如果对“潜世”这概念有兴趣，可以延伸阅读赛斯的相关书籍，如《灵魂永生》《未知的实相》等。

能和马上成真的执行力。可以接连拍出风格迥异电影的导演李安，其作品题材涉及文学、武侠、爱情、同性恋、心灵旅行等，剧作与电影产出水平都很惊人的导演罗伯特·勒帕吉，英国小说家格雷厄姆·格林等，都是值得继续探究的例子。

格雷厄姆·格林在《我自己的世界：梦之日记》中提到：他的潜意识在梦中工作，会在梦里梦到小说人物的梦，或是会在梦里演变成各种身份。他说："在这个潜意识、充满想象力的世界中，一切都超越了时空，相互交缠，梦中的世界与现实世界区别很小，但在梦里可以做自己喜欢做的事，没有诽谤罪、杀人罪……做梦就像是在给自己放假……我的梦充满了冒险，在梦里当过盖世太保，进过英国情报局、美国军队、墨西哥游击队……我不是不想活了，只是想活得更刺激……人生最可怕的不是死，而是百般无聊……我总是借着'梦能醒来'这个长处，一次次逃脱了（就像电影《土拨鼠之日》中，主角以各种死法过完2月2日，第二天还是可以安然地从床上醒来）……如果能记住整个梦，那将是一种极大的乐趣，仿佛被俘虏进另一个世界，像是一场没有地图的旅行。"而这种同时开启多版本窗口、创作多元的艺术家，就成了全世界人类惊喜不断的宝藏。

无论是透过梦境潜意识或是刻意想象的方式，去开启各种身份版本的生命窗口，只要开得越多，你就越不可能被此时此刻的困境陷住。因为整个生命就像是万花筒，一小块熄灭了，另一块反而显得更亮，所以绝不会影响到整个眼界的亮度——也正因为有明有暗，眼前才能显现出闪烁缤纷的美丽动感。

在学会“开启多元窗口的人生版本”之前，你可以拿出一张空白的纸，写下：

我不只是______，我还可以是____________作为推演练习。

比方：我不只是学生，我还可以是网络创业者。

我不只是学生，我还可以是自由工作者。

比方：我不只是广告文案，我还可以是作家。

我不只是广告文案，我还可以是旅行家。

我不只是广告文案，我还可以是美食家。

……

就这样，先把自己可能演化出来的分身一一写出来，然后为这些分身，开出一个个窗口，让你在主屏幕上拥有不同的视野。想象你有这么多样的灵魂，同时使用一个身体，并为这些分身各自拟订养成计划——当你拥有了各种可能的版本，就算一个身份暂时无法运作，其他的仍能照样进行，等到时机成熟，那个暂时失能的身份，会因为其他身份的协助与滋养而复活。

多次元联集，加乘的人生版本

除了可以在意识层面上，为不同的分身开启独立的窗口外，也可以为眼前的抉择开启不同结局的窗口。例如：在三个方案中选择了A方案，那么就同时开启B、C方案的窗口，并想象：如果当时选择了B，或是C，目前的进展会是如何？结果会是什么？

这部分，除了在看单一结局的电影时，繁衍各种可能的结局，还可以去看多结局的电影，例如：《罗拉快跑》《蝴蝶效应》《蝴蝶效应2》《灵幻夹克》《土拨鼠之日》《百慕大三角》《爱再来一次》《婚前性行为》《双面情人》《我的失忆女友》《命运规划局》《无姓之人》《另一个人的生活》等，都有助于脑神经的多次元开展。

你亦可以回顾过去的生命，画出一张路径图，在每个抉择点上标出记号，并思考如果当时做出另一种选择，现在会有怎样的不同。

如果人生中另一种选择也是好的，那么就让那未被选择的版本，在想象中或是在实际生活里同步进行。举例来说，如果当时你因为考上商学系而放弃成为一个画家，如果不画画是你此生很大的遗憾，那就让这身份的窗口打开，你试着体验商人、画家同在一个身体里的生活，你可以用画家的灵感、直觉、敏感度，来处理财经问题；也同时以经济学家的头脑，规划自己的创作行程、经营自己的画作画廊……这一点都不会冲突，反而能联集出独特、有趣的生活形态，就像《当和尚遇到钻石》里的例子，一个有商业头脑的高僧，可以将修行与赚钱，这两个看似非常极端的面向，融合得非常完美；或是从小想当设计师的拳击手，设计出一款拳击手专用时钟；或是一个热爱音乐的芭蕾舞者，设计一款跳舞专用iPod（苹果公司音乐播放器）……以此类推。

以我目前的状态为例：当我欢迎各个分身共享同一式的生活时，日子变得非常有趣——我同时以广告文案、作家、创意讲师、修行者的身份，吃饭、交谈、读书、看电影、欣赏表演、开会、演讲、旅行……四个不同的身份，在同一件事情中，获取四个不同面向的养分。于是，四个分身成了我的四套感官，与四种版本的生命视野，彼此补足成全方位面向的综合体。这就是多次元联集，加乘人生各版本的有趣体验。

放大自己，资源无尽

如果只把自己当成一片树叶，你很自然地就会与其他树叶抢夺资源；但如果你把自己视为许多树叶加一根树枝，就不会与其他树叶竞争，反而彼此支持；再这样继续扩大思考："如果自己是整棵树"→"如果自己是一棵树＋一片大地"→"如果自己是一棵树＋大地＋天空"……你意识到的自己越大，可用的资源就越丰富满足；你与他人之间，就像是左手与右手的关系，只会无条件地相互合作，不可能起竞争心。

《你在天堂里遇见的五个人》有一段话："所有的行为，都不是随机无意义的，我们所有的人，彼此之间都有关联，你没办法让一个生命单独存在，就像你没办法把一阵微风，从风里面分离出来是一样的道理。"

此外，《米尔达之书》第十一章亦提到：

"难道人会在生命的大树中，仅选择一片叶子，将自己全部的爱只灌注其上？那么承载那片叶子的树枝又如何？连接树枝的树干又如何？保护树干的树皮又如何？喂养树皮、树干、树枝和树叶的树根又如何？拥抱着树根的泥土又如何？让泥土肥沃的太阳、大海和空气又如何？

“如果连树上的一片叶子都值得你去爱，那么，整棵树不是有更多值得你去爱的吗？把整体分化出去的那种爱，本身就注定了不幸的命运。但你会问：树的其他叶子，有的健康、有的枯病；有的美丽、有的丑陋；有些是巨人、有些是侏儒，所以我们不得不去选择啊？我会回答：正是因为有病叶的枯白，才有健康叶子的鲜绿。我要更进一步告诉你：丑陋正是造就美丽的调色盘、颜料和彩笔。要不是把身高献给了巨人，侏儒不会是侏儒。

“你就是生命之树，当心你在分化自己！不要让果实互相比较，叶子和叶子、树枝跟树枝，也不要让树干和树根、整棵树和大地之母互相对立，但你们所做的正是那样，爱某部分更甚于其他，或把其他排除在外。你就是生命之树，你的根布满每一处，处处都有你的枝叶，每张口都有你的果实。不论树上哪颗果实、哪根树枝、哪片叶子、哪条树根，它们全都是你的果实、树枝、叶子和树根。如果想让这棵树，长出又香又甜的果实，你得让它又壮又绿、留意树根所喂养的汁液。

“除非拥有全部的自己，否则那就是假的自身。只要你还会为爱感到痛苦，就表示不但尚未找到真正的自己，也还没找到爱的金钥匙。你爱的是短暂的自己，所以你的爱也是朝生暮死。只要还把某人唤作敌人，你就还没有朋友。怀有敌意的心，怎能成为友谊的安全住所？只要心中还有憎恨，你就不知道爱的喜悦。若你给一切生命汁液，但就是不给某一只小虫，那么光是那只小虫，就能让你的生命痛苦。

“因为爱任何人或任何事物，事实上，你爱的正是自己；相同地，你恨任何人或任何事物，事实上，你恨的也正是自己。因为你所爱的和你所恨的，其实是密不可分，有如铜钱的正反面。如果对自己够真诚的话，在爱你所爱之前，你得先爱那些你所恨及恨你的。”

当你了解自己就是整体存在的一部分，也就能享受“放大自己”之后，资源无尽的丰足。

无条件的分享：一分能量散播出去，将有百万倍能量回馈

延伸第二层里“给出你所缺乏的，让能量顺流进来”的概念，这里将进一步说明“无条件的分享：一分能量散播出去，将有百万倍能量回馈”的法则。

《圣境新世界》提到：“每当把爱的能量传送给别人，我们就变成一条管道，吸纳来自上天的神圣能源，流通我们全身，充塞我们心灵……当我们感觉到匮乏，自己和内在神圣能源的联结被切断时，就要赶紧把自身的能量传出去给别人，因为只有付出越多，流回我们身上的能量也才会越多。”

永不枯竭的创意人，也正因为太丰足，所以非常乐于分享，一点也不担心自己会匮乏。到了这个时候，你将会开始以协助新人、媒体采访、公开演讲的方式，将自己的经验无条件地分享出去，而完全不需藏私，就像献血，会增进新陈代谢后的造新血功能，却不会让你损失什么；就像火把点燃百支火苗，却不会耗尽它的光芒。看似单向的付出，其实这些能量散播开来，将会以各种不可思议的方式，自四面八方反馈百万倍能量，回到原来的发源地——你的身上。而你会更有能力再将之分享出去，如此生生不息，形成了这个你与世界的善循环。

也只有懂得无私分享的人，宇宙才会将能量转向他，以他为中心，去运转出最大规模的能量圈。只要有一丁点想私藏技术、秘诀、资源，就像把自己困锁在高塔中，他的资财不会流出去，但外面的微风、阳光等无尽的能量也进不来，久了就困顿城中枯萎殆尽。

第三篇

创世学：在无限可能的点上看最好的可能

终极创意第九层

以全新视野，创造合演新局面的众人剧本

终极创意第十层

拉高视点，巧合创意学

终极创意第十一层

全观视野，跳换剧本

终极创意第十二层

事成比心想还快，不必计划未来，在当下这一秒完成一切

终极创意第九层

以全新视野，创造合演新局面的众人剧本

“创意”→“创造”→“创世”

就是“原我”→“变我”→“全我”的过程

“创意”“创造”“创世”三个由低到高的层次，最精简的区分与定义是：

“创意”

从一个原定的剧本，尝试出不同演法，而展演出不同的效果、结果。[①]

---

① “创意”的延伸概念：不同的态度演出同一剧目——《告别娑婆》书中，在《小我的计谋》《治疗疾病》《时间概说》这些篇章提到：“是你自己的‘默认程序’决定了你在此地的命运……你甚至还为了在人间体验不同的结果，而不断重活在同一世的经验……你所看到的，都是早已发生的事情，就像从‘电影回放’的画面，去看到你所压抑或遗忘的故事……剧本已经写好了……疾病，是心灵在更广大的层次所做的决定，只是以‘注定’的形式呈现在这一生而已……就像已经拍摄好的电影，一切细节都早已写定，

“创造”

创造出源于自己更独特、更高竿的剧本，并演得淋漓尽致。[①]

“创世”

以全观视野，创出自己、众人、万物集体合演的剧本，共荣繁

（接上页）
包括你这一生的经历在内，连你的肉体哪一天会死都是注定的……任何一种疾病，不过是死亡的彩排而已……不论我们怎么努力，该发生的事，一定会发生的，分秒不差……我们只是在旅程的终点回首整个旅程，假想自己再走一遍，在脑海里重温一下过去的经历而已。”

关于“不论我们怎么努力，该发生的事，一定会发生的，分秒不差”，在《灵魂之旅》书中有进一步解释。

① “创造”的延伸概念：最好的态度，瞬间切换到新的个人剧目——如果你发现了一个最好、最精彩、最淋漓尽致、最能展现生命意义的态度，演同样一部生活的戏码，那么，就表示你已经发现了“创意”之上另一个更高的层次：“创造”。这也就是《告别娑婆》所继续阐述的：“改变你的心态，以及你对疾病的感受才是关键所在……你随时都能由一种存在层次转向其他层次……人间有两套剧本，小我与圣灵的，而奇迹的目的之一，便是帮你节省时间……不是改变人间的时间律，而是取消你未来不需要的那些时间。”

也就是说，你已经瞬间省去了重复轮回的课题，进入了一个新的阶段：全新创造自己的剧本——你可以依自己所愿，创造你想要的实相，而且只要意志力够强大、全心全意，可以是瞬间心想事成，如平地一声雷，完全没有阻碍，这也就是《与神对话》一开始就揭露的秘密：“当有人说他的祈祷被应允时，实际上是：他最强烈的思维、语言或感受发生了作用……这就是秘密，是那发起思维的，变成了现实，有些人就是拥有这种信心，但这样的人非常少。”

衍的全新蓝图。[①]

用两部电影，来解释这三个层次（见图4）的差别。

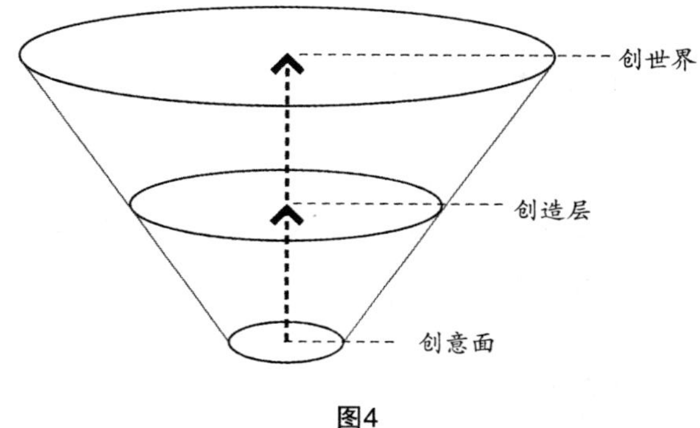

图4

① “创世”的延伸概念：个人的新剧目，带引出人类集体的全新排场——“创世”的境界，远远高过“创意”与“创造”——当一个人的梦想意志力（或者可以说是：一个人内在的神性创造力）强大到，可以影响极广的区域、极多的人事物时，那么，就可以称之为“创世”的层次。一旦在这个层次上运作，绝对是无人可预测、追随、模仿，因为整张创世蓝图，只在创世者一人的脑袋里，任何人只能抓着他已建的其中一项来追赶，不久就会发现只抓到了一条断尾，或是像瞎子摸象、夸父逐日，徒劳无功而已。换句话说，与其努力研究细琐但层次还不够高的“创意方法学”，或是幸运地碰及“创造实相界”，都还不如把自己放在“创世”造物主的层次上，这样才能立于不败之地。能够在这个层次上运作的人，其影响力绝对是世界级的——创世者画好了一统舆图，四方经纬交给执行者去画；创世者照他的想象画生了珍异百兽，物种子裔由它们自行繁衍；创世者定了新的天候时令，历法祭仪由幕僚来设。创世者定朝夕，子民定时刻。创世者定方圆，子民定度量衡。创世者画图腾信仰，子民定人间律法。创世者安排天雷地动，各地方言由各子民来传述。创世者开天辟地，子民来定百官体系。

以电影《上帝也疯狂》为例：

创意：构思以各种方法，让可乐瓶变得不一样，比方厂商改变瓶子的形状、图案等，但仍视之为“可乐瓶”。

创造：像电影中的非洲布什曼人，不把可乐瓶当瓶子，而是当成武器、乐器或是争夺权力的目标物。

创世：以可乐瓶为建材或是素材，例如组成一张椅子、拼装出一部车、建成一座房子……创出一整个世界的规模。

以电影《土拨鼠之日》为例：

创意：面对“2月2日”相同的这一天，走在同样的生活路径上，但主角以不同的态度，去经历这一天，就像这部电影一样。另一部电影《佐贺的超级阿嬷》也是一个值得参考、以乐观为生命版本的“穷人创意学”。

创造：面对“2月2日”相同的这一天，因为主角找到了最有影响力的生活态度，于是他的剧本跳成了明天，可以换另一条路走，进入不一样的店，与不一样的人交流，而这些新的人际碰撞，让他又产生新的生命体会与更特别的生活态度。

创世：这个已发挥个人全新版本的主角，以自身感染他人，并带领全镇的人，去尝试活出新版的生活风貌。换言之，从“创意”→“创造”→“创世”，就是从“原我”→“变我”→“全我”的过程，亦可说是从“小我”→“中我”→“大我”的历程。就像在多哈亚运会闭幕式上，身穿十五米长袍的哈里发大君在舞台中间旋转，旁边苏菲旋转舞者们各自专心地旋转，以众人自转与公转的规模，转出了让全世界惊艳不已、很难超越的华丽视觉飨宴。

以一个人巨大的创造力，启动创世的舞台

电影《狂爱圣彼得堡》中那位女子欧雅，很享受在自己与自己恋爱、与全世界恋爱的情境中，身边的人就会开始尾随她、爱恋她——当一个人的焦点都在爱自己、沉浸在自己美好想象世界中的时候，也就是她最有自信、最快乐、最有魅力的时候，她就像是个自得其乐的迪士尼乐园，一个人玩得不亦乐乎，所到之处沿途开分店，看到的人都被她吸引了。

欧雅说，她常想象自己是一块方糖，放在咖啡里，咖啡就不

苦了；放在茶中，茶也甘了……她喜欢那种融化在各式饮料里的感觉，让不同的饮料变甜——这就是她的生命哲学，自己够甜，融在世界中，让世界变甜。

当一个有着巨大创造动能的人开始运转，他就以全新的视野、全方位的掌握力，创造自己、众人、万物集体合演新局面的剧本。这时他已经不只是自己的，而是更多人的导演、摄影、编剧、制片、宣传。其他周围动能比较弱的人，就只能在旁边围着他，因为光是在他身边，就已经很能感受到源源不绝的生命力与喜悦，也因为如此，才能形成多人合演的盛世。

比方云门舞集的林怀民、国际知名艺术总监欧斯特麦耶、大提琴家马友友、无垢舞团的林丽珍、比利时终极舞团、圣彼得堡艾夫曼芭蕾舞团、莎夏・瓦兹舞团、巴伐利亚国家芭蕾舞团……所站之处，就是众所瞩目的舞台，就是一个创世纪的展现，所有的观众全神贯注、全场屏息地进入那个能量流中，只能被动接收感动，无法主动思考。

以一个外星客的角度，惊叹这些地球人类的艺术奇迹——看完这些精彩的创世纪后，那股活力会继续感染你的后续生活，让你突然变得创意满载，很想赶紧回去创作很多事物。

刚在第八层提过，创意的产出，对一个在“创造层”的创意人而言，一点都不难，只要在丰沛的花果园中，选取几个客户要的蔬果即可。但对“创世层”的创意人来说，就不必大量栽种，因为他的创造力太快太强，不再需要努力耕种储存，只要把自己“空”出来，就可以瞬间变出对方要的东西，也就是说，从“创造”到“创世”，就是从什么都种的农夫变成了能瞬间无中生有的魔术师。

此外，亦可观摩一些“全思考型”的电影导演，如美国导演达伦·阿伦诺夫斯基（《珍爱泉源》）、加拿大导演罗伯特·勒帕吉（《灵魂啊！你在何方？》《捕月》）、英国导演彼得·格林纳威（《枕边书》）、韩国导演金基德（《春夏秋冬又一春》《空房间》《弓》《时间》）、丹麦导演拉斯·冯·提尔（他在电影《黑暗中的舞者》，以一百架摄影机同时拍摄女主角塞尔玛，为的是找出哪几个角度最特别）……当你以他们的视点看电影，或是看导演的幕后花絮时，就会明白，这些导演早就站在造物主的眼界上，创世纪。

到了这个层次，当你在向别人陈述某事某物时，你的主词永远都是：“我认为……我觉得……”而不会说：“我听某某人说……我看到某某书上说……”并且你会常听到别人跑过来跟你说：“我听×××提起你……”“我看到××媒体上报道你……”也就是说，当你到了“创造”“创世”的层次，你就已经瞬间超越了一堆正在追求“创意”的人。自此之后，前无古人，后无来者，没有竞争者，只有仰慕者与追随者。如同之前提到的境界：眼前只有自己和未来的自己。

当你完成了deeper（深奥的）的创意层、higher（高级的）的创造层，到达了creator（创造者）创世层时，你快速演化的历程，也等于代表着：有成百上千万的人，跟着你一起进步。所以，现在请开始想：如果你会成为这个世界上非常重要的人，那么会是以怎样的身份？做了哪些事？把这些都想清楚了，再去思考如何变成这样的人。

迪拜创意学：迪拜如何以弹丸之地，做世界大梦

迪拜很小，面积3 885平方千米。依据《远见》杂志2006年6月号的记载，迪拜1971年12月2日才脱离英属殖民地的命运，与其他五个酋长国：阿布扎比、沙迦、阿治曼、富查伊拉、乌姆盖万共同组成阿拉伯联合酋长国。1972年2月10日，哈伊马角加入联邦。

20世纪60年代自迪拜发现石油与天然气后，就从贫瘠的小渔

港，摇身一变成了小富邦，经济与人口开始快速成长，如今已经高达280万人（只有10%是本地人，90%来自外地，包括亚洲、欧洲等186国），它已经让全世界无人不知、无人不晓——名模在此拍摄，明星在此展演，各国的行政团队到此考察，各企业、银行、精品在此设立据点，各项国际会议在迪拜举行，佳士得拍卖公司也在迪拜设立办事处，顶级白金卡、无以计数的商家商品，都以迪拜帆船酒店作为抽奖的头等礼来吸引顾客（见图5）……连新婚夫妻都把在迪拜度蜜月列为最幸福指标，BBC（英国广播公司）选出的“全球十大蜜月胜地”，迪拜异军突起，与意大利、马尔代夫、泰国等并列十大胜地。

图5

在海上扬起白色风帆的帆船酒店　DTCM（迪拜观光局）提供

区区一家帆船酒店，让全世界一夕之间认识了迪拜。这栋独步填海造岛的风帆型建筑，自1999年底开幕以来，平均每年吸引六百万到八百万的观光人潮涌进迪拜，秘诀只有一个：第一名只有一位，全球最贵的酒店只有一栋。虽然酒店的分级最高只到五星级，但它远远超过五星级标准的设备与服务，让它被一位英国记者尊称成七星级，也瞬间提高了它的知名度。这就是迪拜酋长穆罕默德（见图6）出版的书《我的愿景》中的观念："谁会记得第二个登上月球的人？"

图6

迪拜酋长穆罕默德（左）　DTCM提供

迪拜的地理位置，比不上法、瑞、意、德、荷等国相连的欧洲观光腹地，在旅游版图中可说是孤零零的，而且没有如北欧峡湾冰川的自然风光，没有如东西欧保存完好的人文资源，没有中国、南美或北非的千年文明古迹，迪拜只有大面积的沙漠、酷热的天气、极小的土地面积，充其量只能当转机城市——正因为如此，迪拜有的是比别的地方更大的重新创造空间，若要在全世界异军突起，它必须非常有想象力、创造力，且能无中生有。上帝以六天创世，之后就让物种自己繁衍，同样地，迪拜在小而贫瘠的土地上，以最大的梦想执行力创世纪。但令人好奇的是，先天不足的迪拜，为何它的建设，几乎是如爆炸般光速成长，把一般城市和国家要花数十年的时间瞬间缩短？

迪拜以一个小邦国的规模，完全做到我心目中创意的最高境界：创世——梦想另辟战场、自定义游戏规则、放射性超高速执行力，将整张蓝图瞬间发展成真。换句话说，迪拜已经不是在玩创意，而是跳出整个世界思维的运行轨道，自己玩自己的，完全无视现实条件有多糟。正因为在观光资源上几乎是零，完全没有包袱，所以就有整张几近空白的版图，仿佛上天给了一张全新的图画纸，以及一大笔石油资产，让他们可以照自己的方式，大胆放手地随心创世纪，免去所有的拆除拆迁的费用。海岸线太短？没关系，就填海造岛，长出各种新奇形状的地表，创造出最多的滨海建筑！没有像帕劳、关岛般可以潜泳的美丽海底世界？没关系，就照自己的意思画海底蓝图，以高科技种养珊瑚礁。沙漠里没有河川溪流？没关系，就自行挖河道、人工湖，利用海水淡化技术，让居民有美丽的水景观与资源。沙尘太多，便开始大量植树、建公园，让居民拥有较好的空气质量。沙漠不可能下雪？没关系，就请专家研究造雪，创建一座全年四季都可以滑雪的场地，让迪拜人在夏天五十摄氏度的酷暑下，不必远赴瑞士滑雪！

仅剩不多的石油库存，让迪拜很早就有危机意识，成功地提前转型——石油产业只占全迪拜生产总值不到6%，其余是运输贸易、观光休闲、建筑地产、金融服务、制造业、电信等。

就像手上只有一小盒乐高积木的小孩，很天真地想要什么就去做什么，完全不会因为可行性或是经济效益裹足不前。整个迪拜的计划，绝大多数来自酋长穆罕默德一人的点子，他在荒芜之地上，清楚看到了梦想中的酒店、海滩、岛屿……他每天都有新点子，只要打开报纸，就可以看到他刚出炉的新梦想，然后整个执行团队，甚至来自世界各地的精英，不分国籍，克服万难，以地球史上最快的兴建速度，追赶他的狂想，让昨天的梦迅速成真，让明天更大的筑梦计划接着成形，把穆罕默德如亚历山大大帝的世界梦，一处处地兴建起来（见图7）。

换句话说，如果领导者没有一张出奇制胜的建设蓝图，只依循目前各国家既定模板来规划，那么迪拜将会与世界其他地方近乎雷同：纽约式的拥挤、东京式的消费、埃及式的观光……而迪拜就不会是迪拜。这也就是穆罕默德所说的："没有风险的事不值得做，勇敢的人才能创造惊奇……迪拜正在走一条无人能走、无人能追的路。在创立一个富强邦国的道路上，已经有许多广为人知的思维被提出，并在数年间一传十、十传百，不少国家和地区都吸取了迪拜经验。"

图7

沙漠上一片片：梦想即将成真的建设看板 DTCM提供

对悲观的人来说，住在沙漠能干什么呢

迪拜不把别人认为的缺点当成缺点，夏天五十摄氏度如炼狱般的地方，他们只看见：自己想见到的、有海有阳光的版本。迪拜人以不一样的眼光，把沙漠当成天堂在经营。此外，小小的迪拜自认为是全世界东西南北的交会中心，欧亚非之间的最重要转运点。小邦国志气大如全球，于是在一片虚无的黄沙地上，瞬间开展出“现在即未来”的时空奇迹。突然之间，在迪拜的每个人都兴奋了起来，到处在盖楼，梦想永远都在施工中，也都在完工中，在全世界的瞩目下，建起了一处处真实的奇观，创造出令人难以置信的奇迹，梦想与成真之间，只有一步之遥！

迪拜政府以完全免税、外国人可优惠置产的方案，吸引世界各地的观光客、富商、地产大亨、各国知名企业前来消费与投资，让小小的迪拜，有条件容纳并发展成了全人类最大的梦想蓝图：世界最大的杰贝阿里机场、世界最大的购物中心、世界最高的建筑、世界最大的办公室、世界最大规模的人造岛群、世界最大的迪拜乐园（比英国加法国的迪士尼乐园还大，据说从第一个设施玩到最后一个设施，不排队、不睡觉的情况下，要玩上两个星期）。除此之外，迪拜还规划了：

迪拜媒体城（Dubai Media City）：包含广播、出版、沟通、研究、音乐与后期制作等媒体所需之技术、资源与环境。于2001年开幕时已有三百家媒体公司进驻，包括：CNN（美国有线电视新闻网）、路透社、半岛电视台等，目标成为全球的媒体集中地。

迪拜网络科技城（Dubai Internet City）：于2000年，在谢赫扎耶德路（Sheikh Rayed Road）上开幕。目前已有微软、惠普、诺基亚、甲骨文、戴尔、西门子、IBM、佳能等将近三百家厂商、近万名IT工作者进驻。

迪拜国际空运、海运物流城：目前已有世界最大的人工港，也是世界最大的自由贸易港区杰贝阿里（Jebel Ali），加上免税优惠，与世界最大机场联运的搭配，让各国乘客转机、货物转运省钱省时间，迪拜有足够条件，成为世界最重要的转运地。

迪拜金融城（Dubai International Financial Centre）：取消外汇管制，钱可自由汇兑与进出，以无畏无上限的海量与愿景，创造出世界经济中心的规模，吸引热钱涌进迪拜。现已有渣打、汇丰、摩根士丹利等一百八十家金融机构进驻，目标是成为欧亚非三洲的金融总中心，让迪拜与香港、纽约、伦敦的经济地位相提并论。

迪拜儿童城（Children’s City）：中东第一、世界第五大儿童信息化游乐中心，以游戏与娱乐引导孩子的好奇心。

迪拜康健城（Dubai Healthcare City）：在哈佛大学医学院指导下创建，由该学院国际医疗部参与管理，还包括：约翰·霍普金斯国际医学实验室（John's Hopkins International Medical Laboratories）与梅奥诊所（Mayo Clinic）等世界顶级医疗机构。

还有：迪拜仁济救助城（Dubai Humanitarian City）、迪拜运动城（Dubai Sports City）、艾尔埃玛拉特体育世界（Al Emarat Sport World）、迪拜水上公园（Aqua Dubai Water Park）、迪拜阳光山脉室内滑雪场（Dubai Sunny Mountain，里面将规划：北极熊公园、极地水族馆、冰雪迷宫……把北极的环境搬到沙漠来）、迪拜植物园赛马骑术俱乐部中心（The Plantation Equestrian Centre，是世界最大的骑术中心，将拥有八百匹马，两座豪华的俱乐部会所，及约134万平方米的景观休闲马球场）、阿拉伯传奇故事主题公园（Arabian Legends Theme Park）、传统文化遗产陈列区（Dubai Heritage Vision District）、迪拜庆典城（Dubai Festival City），以及串联迪拜的复线轻轨铁路（沿着70千米海岸线，见图8）……这些巨型计划，光是耳闻，就令人咋舌。

烟火与庆典，这就是迪拜的生命哲学：给每一位在此时此地的人，用不完的庆祝场合与理由，这也是迪拜每年的观光人潮，永远比他们的预估值还高的原因。

图8

迪拜复线轻轨铁路 DTCM提供

迪拜不只是在“空间”上玩尽创世之能事，还将一年从头到尾的“时间”，排满了会议，商展（如：世贸珠宝展、观光娱乐展、影展、电信展、船展、车展等），竞赛（赛马、赛骆驼、赛车、风帆赛、网球赛、橄榄球赛、高尔夫球赛等），节庆（每年两次购物节等）……自诩为庆典之国、享乐之国、未来之国——迪拜在石油将尽的关键时刻，从传统伊斯兰教社会，成功转型为知识经济社会，并把自己直接摆上世界第一的位置，不只玩沙漠的游戏规则：骆驼、金字塔、肚皮舞……这些小规模的观光特色，而是置身在无限可能的状态，创造出顶尖的富裕环境，吸引全世界最有消费力的富豪、最能影响全球产经界的知名企业、创意最疯狂与工程最大胆的建设投资案前来，让迪拜不会因为石油用尽，再度回到贫穷渔港的生活。

梦想的力量无穷，没有边界与形式，无所不在，只有无止境地冒险与成真。精彩不断的迪拜，把自己当成奢华商品在营销，成功地吸引了全世界最快最好的赛马，最有爆发力与知名度的运动员（网球高手阿加西、高尔夫球明星老虎伍兹、足球金童贝克汉姆等），最有全球市场魅力的表演团体（古典歌剧、芭蕾、老歌或流行音乐演唱会，也吸引了艾尔顿·约翰、斯汀等国际巨星、电影明星前来），最强的建筑、设计、管理、营销团队［如：时尚名牌阿玛尼、美国地产大亨唐纳德·特朗普（现任美国总统）的公司］。无中生有、无梦不成的迪拜，值得把全世界最好的资源带进来，如果为迪拜写一句很极端的Slogan（标语），就是：如果你还没被邀请到迪拜，表示你还不够重要！

迪拜某连锁店总经理Salah Khoory说："Dubai to me is not just a city; it's a global resort that offers everything for everyone."（迪拜不只是个城市，而是为所有人提供任何东西的全球胜地。）当我人在迪拜，感觉它仿佛是独立于其他国家的迷你联合国，可以看到全世界各种族文化的人，吃到全世界各地的顶级美食，买到全世界各地的精品，世界能叫得出名号的品牌沿街都是，像是地球上人类的迷你文明橱窗，如果外星人在地球只有半天行程，那么安排在迪拜，就可以把人类世界一览无遗（见图9）。

图9

在人工的公路上，风吹着梦想与真实间的界线　DTCM提供

走进迪拜，就像是走在酋长穆罕默德鲜活的脑袋中，到处都在为他的梦想日夜赶工，地图每隔一段时间就得更新一次。小小的迪拜，把整个地球都带了进来，这里成了全世界的集散地——这些如雨后春笋般、纷纷名列世界人造奇迹的建筑与事件，仿佛迪拜一夕之间有了点石成金的魔法，其他国家只能在旁边瞠目结舌，没人敢

嫉妒，只能赞叹，更没有人来得及预测她、跟随她、模仿她，也只有迪拜才能超越迪拜，每个人都能感受到非常强烈的“从陆、海、空，全方位创出一个伟大世纪地貌”的力量，创造出人类不可思议的惊喜体验，迪拜改变了世界的地理，也正在改写人类的历史。

梦想能在地平线瞬间建成整个新世界，最重要的是，你只要看得见，它就一定成真——对绝大多数的人而言，迪拜的建设快到宛如疯了似的，令人匪夷所思；但对于已经进入“创世”层次的人而言，应该可以看出来，迪拜这场二十一世纪如繁花盛开的人造奇迹，说穿了，就是“思想意志创造万事万物之巨大力量”已经被找到、被启动了，讲得更明白一点，迪拜已经找到造物主的秘密力量。

一个人、一件商品，乃至一个国家的创建规模，完全取决于其意识的自由度有多大、真实性有多强——迪拜是“一个人的世界性梦想，具体且巨幅成真”最经典的例子，它展现了创世般的巨大力量。如果我们能从迪拜身上看到：如何把全世界带进自己的生活，如何以有限的先天资源，启动无限资源与创建力的秘密能量，而不是只屈于做一个赞叹、拍照、炫耀自己多有钱的暴发户，那么，将来就会有越来越多，如迪拜酋长的政治家、建筑师、艺术家、作家……以绝大的爆发力，完成一个个不可复制的创世惊奇。

我从迪拜回来半年内，完全没有任何去其他国家旅行的意愿，因为迪拜遍地的巨大动能，把我整个灵魂都充满了。我感觉自己就是最好的梦想家与执行者，每天面对尚未开发的明日生命版图，永远有着用不完的创建灵感——因迪拜所引起的疯狂点子一堆，至今仍处在非常大的创造力之中，只要任何人一提到迪拜，我就像吃了兴奋剂似的滔滔不绝。

一朵花开始了一整个春天；一个迪拜，启动了“梦想一定成真、愿力当下成就”的时代来临——虽然迪拜在2009年发生了非常大的金融危机，但现在已经缓慢地恢复了体质，迪拜神速的创世学与陆海空创意学，是每一个创意人可以亲身参访的最佳范例！

以一己之力转变全球，孟加拉国经济学家穆罕默德·尤努斯

迪拜是富人版的创世纪，穆罕默德·尤努斯则是穷人版的创世纪。

2006年诺贝尔和平奖，颁给了孟加拉国经济学家穆罕默德·尤努斯，他挺身为穷人的贷款担保，只需借出二十七美元，就让当地

四十个人脱离高利贷的纠缠，从赤贫苦力到自力更生。

当穆罕默德·尤努斯的好友当上孟加拉国的财政部长，他进一步在境内创立了格莱珉农村银行，以更大规模免抵押品的小额信贷，协助更多穷人们自给自足，让他们不再为了赊借一点材料费，而长期被贩卖商剥削。

穆罕默德·尤努斯，以一己之信任、热忱、毅力，帮助无数个家庭从赤贫到小康，他的影响力，从一个小小的农村，扩大到了全世界，这就是创世者伟大的地方。

终极创意第十层

拉高视点，巧合创意学

以巧合拼出生命巨图，让自己拉到最高视点

“创意”→“创造”→“创世”，说穿了，就是在不同的高度，看见不同的广度，不论是针对眼前必须发挥创意的个案，或是面对自己的人生，都是一样的方法。如果能先将自己拉到最高的视点，就能看到自己不同的广度，而这方法将来要用在任何地方，包括人际关系、沟通技巧、案子的创意发想、创作……都能游刃有余。

詹姆士·雷德菲尔德在《圣境新世界》里说：“有意义的巧合事件，随时都会发生……人生中的机缘巧合，会以各种形式显现，譬如，我们需要某一类数据，正愁不知上哪儿寻找时，它却突然出现在我们面前。第一时间我们会感到震慑，在某种层次上，我们意识到这类事件是命中注定的：它被安排在这一刻发生，目的在于扭转我们的生命，把我们推向一个崭新的、更具启发性的人生旅程。瑞士心理学家荣格，是第一位探讨、界定这种神秘现象的现代思想家，他把它称为‘共时性’（synchronicity），意即认知人生中意义

深长的巧合事件，是宇宙中一个非因果法则，它的运作目的在于：促进人类意识的成长。”

我在一次坐错车的情况下，看到有人在翻阅史逵尔的《巧合是故意的：看见生命重要的讯息》，这件事本身就是很有趣的巧合。后来买了这本书，书上提到：“眼前每件事、每个人，都不是偶然或意外，都是有特别为你的理由。”于是我开始以玩游戏的心情，打开了所有的外在与内在感官，每天丢一个问题，或是丢主题给宇宙，然后留心今天所有出现的人、事、物，看看有什么特别的启示或线索来响应这个问题。这样的练习，让我随时随地都在清醒的状态，比方我现在正在思考一个征文比赛的文案，于是，今天一整天便仔细聆听所有的声音，观察眼前的人、事、物，留心今天看到的电影、新闻、报章杂志、书籍，与人交谈的内容，今晚的梦境……我会像侦探似的从里面的每一项提示中找出相关的灵感线索，去拼出一张我在工作室都想象不到的巨幅拼图，到最后就会发现，号召整个宇宙一起帮忙找灵感的方式很有趣。

我还听过另一个很有趣的实例是：我的一个好友，为了要不要去英国留学而犹豫了很久，也因此失眠了好几天；就在一次半夜失眠起来看电视时，一打开屏幕居然正播出英航的促销广告，于是，她二话不说，就下了决心去英国。

当这样的巧合拼图越玩越多，生命的视点也会越拉越高，于是很快就能有：以小碎片线索，瞬间推理出巨幅生命蓝图的能力，就像是在秘鲁上空中俯瞰纳斯卡线（见图10）般一目了然，这就是所谓的：巧合创意学[①]。

图10

① “每件事都是自己召唤来的，巧合也是——通常是你有了一个想法，很快地，它便在你眼前成真”，这概念可延伸阅读《灵魂之旅》，苏菲亚·布朗、琳赛·哈理逊著。

巧合创意学：巧合的特征与应用方法

以下整理并衍生自《巧合是故意的：看见生命重要的讯息》一书。

“巧合”的概念：

所有发生在你面前的人、事、物都不是偶然或意外，都有特定给你的讯息，特别是出乎你意料的事、你讨厌的人、你讨厌的事（就像电影《土拨鼠之日》的剧情），不要一下子就归咎于“运气不好”“流年不利”“遇人不淑”，这样就错过最重要的生命寻宝线索。

把过去生命中倒霉的事写成大事表，定一个标题／主题，然后去思考自己的问题在哪儿，启示为何，而不要先去怪罪或检讨别人（请见第二层）。

“巧合”的特征：

1. 处在宇宙运转的影响下，每天都会收到一些特定讯息。

2. 一遇到就会忍不住惊叹：这怎么可能，怎么这么巧。

3. 巧合很少单独发生，都是一连串的。

4. 巧合最多出现在人生转折处。

5. 巧合发生的概率，用数学算出来很低（这部分，英国作家阿兰·德波顿在《爱情笔记》中，有一段很有创意的、以数学计算出飞机上艳遇概率的描述，可以去翻阅参考）。

总括来说，对应“巧合”的方法，可以有以下几种：

1. 辨识出每天的大小巧合，例如：突然遇到老朋友、突然听到老音乐、突然看到老朋友的新闻。平日亦多看一些代表性人物的传记或影片，找出他们的转折、机遇、巧合点，以便让自己在遇到时能很快辨识出来。

2. 每天记录巧合。

3. 追踪过去曾发生过的巧合。从出生到现在，有哪些重大巧合事件影响你至今？再去看看那些巧合，思考你当时是如何反应，以至有今天的结果？如果你不喜欢这结果，让你重来的话，你会怎么重新处理这个巧合的事件？

4. 像在玩寻宝游戏那样，以巧合拼出全张生命蓝图。你是宇宙伟大蓝图的一部分，你的存在并非随机，你就是整张大生命计划的主要角色。

5. 利用巧合的能量，丰富自己的生命：你希望完成什么样的生命目标？其间你需不需要做一些刻意的巧合？或是你要在你想要的版本上，做意识的高度集中？

6. 当你发现自己怎么这么倒霉时，倒霉或许是有好处的。可以去找电影《倒霉爱神》，那个一直倒霉的男生，在接连不断的挫折中，学会很多急救自己的方法，他的包包中有很多应急的物品，后来也因此帮助另一个开始倒霉的女孩。

7. 以巧合找答案。如同之前提到的方法：有问题，就提问，然后留心在眼前出现的线索、暗示与启示，最后你会发现，你的生命被超宇宙系统保护着。这部分可以看剧集《触摸未来》，里面都是以各种巧合来串联很多人的生命故事，非常值得一看。

8. 所有的梦想，都以巧合的方式实现。把梦丢向宇宙，如同影片《秘密》所说，像是向宇宙下订单，然后宇宙会以最快最好的方式向你展现，之前我提到的迪拜行就是实例。

9. 创造巧合：克林顿在16岁时的一次教育实习中，想办法让自己与肯尼迪握手合照，正因为他有梦想，专注并且用心，他相信自己有绝对的力量，让巧合发生在自己身上，也让他成为总统的梦想成真。

巧合创意学，是一个从匮乏走到丰富的方法学，所以，从现在开始，将“巧合”当成每日寻宝的游戏来玩吧。

终极创意第十一层

全观视野，跳换剧本

自我生命万花筒 vs. 全观宇宙万花筒

谈完前一层“拉高视点，巧合创意学”，接着就要谈，如果你让自己站在最高点，看到全部的运作总蓝图后，可以怎么做。

我们这一生都有一个已经被自己设好的剧本[①]（见第九层），大致上会遇到哪些人、发生哪些事，都差不多定下来了。若你仍活在习惯的思考与行为模式中，这些事都会逐一发生，直到你学会了功课为止。

---

① 可延伸阅读《来自灵界的答案》，书中提到：“抵达地球的灵魂，带着累世的修行，以及另一界所学习的知识而来。我们每一世的目标，都是基于相信‘应该完成什么’而设计出来的；如果抵达尘世前，没有仔细设计好应该完成的目标，那么就有如茫茫然进入大学校园，不知该选修什么学分。……我们是在另一界规划出生命蓝图，并选择经历尘世中的各种经验，生命蓝图包括：选择自己的父母、出生的时间地点、种族、性别、生理与心理特质、缺陷与困境……生命蓝图不会抵触我们的自由意志，自由意志就是让我们自行选择轻松或困难的方式，举止优雅或心怀怨恨、充满热情或懒散、关心或忽略……来完成这张所要遵循的生命蓝图。我们不仅有许多的选择性，而且从规划一开始，自由意志就是成为体验生命的本质。”

但我们其实可以不必经历原剧本的种种考验，只要当下警觉：这不断重蹈覆辙的模式（请见第二层），当场让自己跳出那样的旧思维、旧反应、旧结果，就能瞬间跳升到下一阶的新版本。

这部分的概念，对于平日有研读灵魂学书籍的人，是很容易理解的；但对于一般人而言不是很好懂，不过这是“终极创意学”最后两个层次所必须提到的重要内容，如果各位读到这里不是很明白，可以暂时先搁下来，等每隔一段时间，或是遇到人生重大事件时，再来补看这段即可。

如果以比较简单的比喻来说，就是“导演的剧本”与“造物主的剧本”之别，换句话说，即便我们已经到了“开启多元版本生命窗口，自体星系无设限扩充”的境界，如果视点再拉到更高，俯瞰各星系，那又是一番令你不得不赞叹的视野，仿佛眼前是一个“全观宇宙万花筒”，比第八层提到的“自我生命万花筒”更高，所有正在各方创世纪的大千变幻都在眼前。当你站在这样的视点，很多的想法都会瞬间改变，会以“整体的影响”来思考全局，不再以“小面积的我”为中心来考虑，这又比第九层中的“小规模影响百千人的舞台导演”更高一层。

在这样的视点上，“时间”与“空间”都不再框限你的思考，因为时间、空间只是“小格局的我”的度量衡，对于一个几近“造物主视点”的创意人而言，他想神游到哪个时空都可以（对他来说，过去、现在、未来，就像是在高空中同时看到一条河的上游、中游、下游一样），亦在“虚”与“实”之间悠游自在。对他来说，进入哪一个时空，就像是进入自家不同房间般简单，换句话说，到第十一层，就已经到了人靠己力所达之最远处了。

从“演员的剧本”转成“编剧的剧本”：
电影《笔下求生》的“心悦臣服”，是切换剧本的关键

继《楚门的世界》后，新锐编剧扎克·海尔姆的《笔下求生》，是我见过非常有意思的电影，很多人会把它当成一般的娱乐片看，那就错过了非常宝贵的关于视点与剧本切换的秘诀。

知名女小说家卡伦·艾佛，花了十年时间将要完成新作，但她却困在写作的瓶颈中，不知道主角哈罗德·克里克该以怎样的死法作为漂亮的结束。卡伦并不知道，哈罗德·克里克真的在这个真实世界存在，而且是跟作家的旁白，同步生活着——当一板一眼的国税局查税员哈罗德·克里克，某天突然听到陌生女子念着小说般的旁白，同步说出他正在做的事、正在想的事、将发生的事（预告了他的死亡）时，他很紧张，找了心理医生，却无法解除那个声音。于是他去找了文学教授，希望能协助他找出正在写这部小说的作家究竟是谁，在她决定他的死亡之前，来得及劝阻她笔下留情。

文学教授先要哈罗德·克里克待在家里一整天不要出门，也不要做任何事，看剧情会不会自动找上门，用以确定他的命运是否真的操纵在他人手上。果然，他在家动也没动，却莫名其妙有个乌龙挖土机，把他家的墙错挖了一个大洞，所以确定哈罗德·克里克的命运，是被操控在另一个力量更高的人手上。

于是，文学教授继续协助哈罗德·克里克找出那位作家。他推论那位作家是谁的方法很有趣，请哈罗德·克里克带一个空白记事本，记录一天的悲剧事件多，还是喜剧事件多，用以判定在幕后操纵他命运的，是一位悲剧作家还是喜剧作家。当他发现一整天下来，悲剧事件远远超过喜剧事件时，文学教授建议他，反正悲剧到后来都会死，而且他又不能自己控制死法、死期，所以干脆要他反叛到底，大胆地脱离平日中规中矩的生活轨道，尽情地去做自己想做的事、去追自己心仪的女子、去学梦想中一直想学的吉他……

在一次电视专访的节目中，哈罗德·克里克意外地辨认出那位女作家的声音，文学教授说，这位作家惯常以悲剧性的死亡来结束小说，这让正在热恋的哈罗德・克里克非常紧张，以国税局的档案数据，找出这位女作家的联络电话与地址，以亲自现身的方式，向这位作家证明他真的存在。

当女作家看到笔下人物活生生地出现在眼前，震惊之余，只好把手边的初稿（包括尚未打印定稿的后半段书稿），全数交给了哈罗德・克里克。当他看完了全本小说，却出乎意料地欣然接受了自己被安排的死亡方式。于是在预计要发生事故的当天，他照例亲吻了他的爱人，依他当日的行程准时出门，并没有刻意避开那天预定好的死亡事件：为了救一个快要撞上公交车的小男孩，自己迎面撞上了车子。

剧本原定哈罗德・克里克将在这场事故中丧命，但女作家在打字的前一刻更改了结局，只让他受了重伤，住进医院里躺了几个月。文学教授问女作家，原定的结局比较震撼，为何要改？她说，一个这么有勇气面对自己命运的人，怎能不让他留下来？

我被这段情节的安排与对话震慑住，的确，对一个已经看到全剧本视点的人而言，其实是有能力让自己避开灾祸，但他却选择了对全剧本所有人最好的版本（他英勇救人的新闻，感动并影响了当时很多人），放弃只保护自己的狭隘想法。于是他的命运转变了，因为他值得活下来进入更广大的剧本，拥有更大帮助人的能量[①]，这比电影《土拨鼠之日》中提到：态度决定结局——决定要“继续重蹈覆辙”，还是“善行善念地进入下一阶段”的层次更高。因为“心悦臣服”必须有更高的视点、更广的关怀、更大的勇气，会义无反顾地置个人生死于度外，就如同某位印度大师提到的：“没有‘我’的概念，也没有‘个人与整个存在是分离的’想法，在合一当中，个体与整体间没有冲突，个体只是流动融入整体，而整体也流动融入个体中。”

能以全像角度看全剧本者，才是真正懂得“臣服”真谛的人，因为他可以清楚看到，一切的发生都是有理由的：冬天需要储存能量，所以一年四季之中，没有任何一个季节应该消失；黑夜是必须存在的，否则人们无法安眠；失败是必需的，否则人们不懂得适时停下来休息与思考；刮风下雨是必需的，否则生物就无法展现奋斗的生命力……当我们了解，所有的发生都有其深刻的道理，所有的组合都最完美的时候，我们当下就圆满了，生命便全盘蜕变成享受、庆祝、分享、感谢四件事而已。

---

① 也有人称为：从“小我剧本”进入“大我剧本”，或是“人性剧本”进入“神性剧本”。简单地说，就是累世剧本（我的潜力）→此生剧本（我的发挥）→神性剧本（借着我，所能做的最大影响力），这些概念，在《与神对话》系列、《告别娑婆》等书中都可继续深究。

所以，你能比原剧本写定结局之前，更早一步领悟到什么？如果你是自己的剧作家，要在生命剧本中安排什么？想要透过这场人生戏学到什么？想要观众领悟到什么？……这些是在看完电影《笔下求生》后，可以深度问自己的问题。

臣服是最高智慧，也是最大力量

禅宗三祖僧璨在《信心铭》中说道：“真如法界，无他无自，要急相应，唯言不二。不二皆同，无不包容，十方智者，皆入此宗，宗非促延，一念万年。”

印度大师以一个很生活化的例子，来衍生对上述这段话的体悟：“比方你突然感到头痛，你就接受它，接受它就是这件事的本性。如果你真能接受你的头痛，突然间，你就会有一个改变，头痛就消失了。因为当你抗争，你的能量就被分散了，有一半能量进入头痛中，另一半能量在与头痛对抗，而中间产生的空隙，让这抗争本身就是一种很深的头痛。一旦你接受了头痛，不抱怨，不抗争，在你里面的能量变成和谐一致，那空隙就接起来了，很多能量就被释放出来，而那些原本用来对立冲突的能量，就变成了一种治疗的力量。”

也就是说，不要在头痛时试图想去对抗头痛，只要从当下情况中，进入绝对的头痛状态，纯然活在那绝对中，于是头痛便消失了。同理，伤心、忧伤、孤独、愤怒等情形都同法可用[①]，这观念推翻了之前在《十四堂人生创意课1》第十二堂课的“三秒胶定律：练到悲喜不超过三秒钟的功力，把情绪以三秒胶的方式瞬间定住”。因为“定住情绪”只是一种短暂的压抑与逃避，并没有真正解决问题，只有让自己彻底地去经历情绪，才能从情绪的最深处，升起净化、疗愈与平静，这也就是《臣服实验》这本书所传递的概念：臣服是人生的最高智慧，也是最大的力量。

① 可延伸阅读《与神对话》《心灵蜕变之旅》《情绪》等书。

终极创意第十二层

事成比心想还快，不必计划未来，在当下这一秒完成一切

想得更多，做得更少，无所为而为的境界

接续《笔下求生》的逻辑，当你站在最高的视点全观剧本，就能明了“宿命”与“臣服”的差别。以我自己为例，当我决定放弃一切为己的名利，自愿将现有的一切交给宇宙去运用，却发现一个不可思议的现象：很多事、很多资源、很多机会，连规划都不必规划，连想都不必想，就自动流向我，我只需应付眼前到来的人、事、物，就让我的一天非常充实。

当你愿意放弃一切为己的念头，就等于把自己空出来，来自四面八方的资源就能无碍地进出，如同龙卷风，中空才能有引动风速越转越大的轴力，所碰触之地都会被席卷、被影响。

在这个层次，就已经完全不需要《十四堂人生创意课1》里的短、中、长期计划了，因为全宇宙场的能量都会流向你，你完全不需要费心去规划工作行程，不必去思考怎样经营人脉，不必去烦恼理财方案，到了这最后一层，你需要什么资源，它们就瞬间到位。

你将会亲身体验到，事成比心想还快的状态，甚至你才刚起了一个念头，还没开始细想明天要做什么，之后所需要的种种，明天你要找的人、事、物都会一一出现，仿佛你的每日行程，有一个隐形的经纪人，在替你全盘安排，而且安排完美。

之前在《十四堂人生创意课1》第二堂课讲“如何开挖自己的生命穴脉”，但如果你已经到了第十二层的境界，便是如整个尼亚加拉巨瀑倾泻而下，根本不需要水道来窄化你的水流量，因为就算挖了一千条河道，也不过就是那一千条河；如果你放弃手上的容器、河道、水库的局限，去接受整个水瀑量，那么你就是源头，依流经地形自由变成水瀑、河谷、小溪、湖泊、大海，到哪里都好，怎么走都对，反正大地都是你的，而且流量之大，完全不在乎别人接了多少瓢水或是引开了几条水道，你已经是源源不绝。

这也就是“亚伯拉罕教导”所提到的“想得更多，做得更少。透过每天花更多时间想象，花更少时间做事，来调节你的时间。直到最后，大多数发生的事情都是在良好、宁静和预期的状态中发生”。[①]这就是“无所为而为”的境界，也是另一种“give up”（放

---

① 芭芭拉·马西尼克的《解读地球生命密码》进一步提到：“如果某件事做起来不容易，表示你的方向错了。在这里所谓容易的意思是，抱持着信心，不去问怎么做，不反问为什么，事情会应运而生。”也就是说，“think more, do less”——想得多，做得少，是为了让自己非常清晰透彻，放在正确的能量流上，亦可说是完全无我，把自己融化进能量之中，所以就不必费力。

弃）——把一切交给最高、最大的智慧能量去安排，这就是“臣服”所在的最大创造流，也是《荷光者》书中的概念：being比doing更有力量。

“No mind on yesterday. No map for tomorrow. Just follow your heart of today.”——你完全不必挂记过去、担心未来、计划明天，只要全然专心地应付当下：开心地见每一位你眼前的人、喜悦地完成每一件你眼前的事、欢喜地接受每一样你眼前的物，你就已经在每一分每一秒中，创造出一个接着一个的丰足世纪。

到了这个状态，“名”与“利”会来得很快，但因为你已经在很高很广的层次上，视别人与你是一体的，所以当大量的资源流向你，你才能无私地给出更多，丝毫不会想要占有，或是感到自负与骄傲。这股宇宙无形力量很有智慧，会以非常聪明的方式流动，就像之前提到的穆罕默德·尤努斯，他已经拥有世界级的名利，但他不会以此为己利。

这也就是一路从“创意”→“创造”→“创世”，抵达终极创意第十二层“事成比心想还快，不必计划未来，在当下这一秒完成一切”的至高境界[①]。

---

① 亦可延伸阅读《草木自己生长：禅的真髓》：“静静地坐着，什么事也不做，当春天来临，草木就自己生长。”或是埃克哈特·托利的《当下的力量》。

认同每件事，感谢每个人

最后，引用一段韦恩·戴尔的话，作为整部书最美的结尾：

“在高峰经验中感受到和宇宙合一的启发时，你会体验到生命真的很神妙。当进入启发层次时，你的注意力不会放在做错或丢失了什么，而是放在要与灵魂在一起的平衡上，你和灵魂一起共同创造，换句话说，你是处在灵感的时刻中……休眠中的力量、才能和天分全都醒了过来。

“当你发觉在一些很棒的计划中有了灵感时，尽管没睡，也不会疲劳，也不会饥饿，身体好像停止了所有无止境的需求，转变到：毫不费力地在工作中推进的状态。当你聚焦在行动中，即使一天内飞过八九个时区，也不会感到有时差的问题。

“你处在以生命目标为中心的状态，你就启动了宇宙中原已存在于你之内的力量；你所需的一切都会出现，你所需要的人也会适时出现，机会会来，缺落的拼图会被带回来给你。

“当你受了启发加入灵魂的行列里，你会遇到生活中看似矛盾的巧合。当你怀着‘我该怎样服务他人’的心态来演说或写作时，

‘自我’就在这过程中消失了，只要你的‘自我’完全不涉入，‘休眠中的力量’就会因为有了神圣的联结而被启动，似乎就能知道指引就在那儿，在你里头，有个你从没梦想到的更棒的人。

“于是，你不必再去问‘如何做’，而是去说‘好！’并相信‘如何做’的答案自然会出现。”

最后，深深地臣服在这股伟大的力量之下。来自上天的灵感与书写之流，让我从“创意”→“创造”→“创世”，一路连闯十二关，直达终点！

结　语

人生最大的信任：听到自己的声音，相信自己的声音，知道自己真正要什么。

人生最大的自由：做自己喜欢做的事，走自己想走的旅程。

人生最大的智慧：从旧的角色、模式、事件跳出来，不再重蹈情绪与角色的覆辙，换一个更高、更宽广的视野态度，去过一样的日子。遇到问题就想，如果是上帝、佛陀、安拉……他们会怎么做。

人生最大的创意：把自己活成一个造物主，从无到有、无所不能、心想事已成。活出自己最好的版本，好到不想跟别人交换人生。

人生最大的财富：珍惜自己现在所拥有的，所以不必占有。

人生最大的目的：爱自己、满足自己、让自己自由，然后很自然地将爱分享给别人。

人生最大的成就：活着，随心所欲做自己，每天都能活出最棒、最独特、最广大的喜悦高峰。

附录一

恋物者的忏悔仪式《51 种物恋》

从事广告文案工作长达十多年的我，体悟到一个好的文案，应该是个诗人，而一个好的诗人，就是一个哲学家。反过来看，哲学家就是最好的广告文案。这本由法国当代哲学家德瓦所写的《51种物恋》，就是很精彩的商品宣传册。

从别人随口问候的一句“一切事物都好吗？”作者开始疑惑：哪些是事物？哪些算是属于他的事物？事物有自己的生命吗？怎样才算好或坏……他以哲学深度思考了身边的51件物品，于是就为这些对象找出了如此有趣的定义：

“碗”：不是为了在餐桌上炫耀主人的品位，而是为了终止水无止境的流动。

“回形针”：不只是办公室里分类文件的工具，而是温和地抗拒散乱，坚定地抓住秩序，本身就是一种伦理。

“遥控器”：可以隔空展现思绪万能、心想事成的巫术道具。

“钥匙”：拥有谁在门内、谁在门外的控制权。

“凉鞋”：是一种界面，介于自然与文化、肉体与土地、过去与现在、手艺与工艺、热与冷之间，是一张使不同世界得以共存、相接的薄膜，亦是一处与移动、轻盈、风有关的世界皱褶。

“叉子”：拉远人与食物的距离，将世界数理化，与他人的关系中立化。

“钻子”：提供一个精确密切的性爱招式一览表。

“雨伞”：一个携带式的屋顶，一片属于自己量身定做的天空。

一如德瓦所说，事物会出海、会上学、会回家、会前进后退、会在你在与不在的地方，而不是我们所以为的，只有在橱窗、账单、储藏室、广告宣传册、拍卖网站或是垃圾掩埋场里，任人索求或是抛弃。我们一直以为人是万物的尺度，其实物才是众人的尺度。

就学术角度来看，这就是一本看物的方法论，里面隐藏着许多人与物、主客观间的精彩思辨，却比学术论文好看多了。

我阅读的后遗症是，如果照德瓦“每个对象都有一个独特灵魂”之思维，去思考身边的每一件事物，我应该会花上后半生全部的心力，而且再也不敢买新的物品了。这是一本商品宣传册，却让一向无意识“血拼”的我们，更有觉知地看待消费这件事，其效果是反消费的，宛如51场恋物者忏悔的仪式。

附录二

身体最近，灵魂最远的旅行

——记太阳马戏团《艺界人生》

博尔赫斯在他想象中的地下室，找到一个只有一英寸大，却可以容纳宇宙所有空间点的奇迹之处。从这里，他看见了海洋、日出日落、美洲大陆、埃及金字塔、布宜诺斯艾利斯后街铺的砖块、伦敦街道、全世界……

这是一个让我看到失神的场景：没有杂质的轻唱，唤醒了两具躺在沙发上慵懒看报的中年灵魂，他们挣脱了无力感并舍下负荷，开始飞离地面。在人群里走失的人，跳格子跳回了童年，以老莱子的雀跃，取悦自己和受过伤的人。接着，一个得意的人站进大铁轮中，他复活了达·芬奇的人体比例图，在圆形里张开四肢，向自己和地面施力，自行运转一个美丽的身体摩天轮；所有人的视线，与他的身体交汇成三百六十度的立体半径，着迷的就会被纳入他的身体圆周率里，转进他的世界中。他的自由，来自他把肉体锁在一个不安定的形框里，灵魂不肯受刑，所以飞转在天地间。后方走出一个失去头的人，撑着伞，害怕淋湿着凉的习惯仍然还在；他掉了的帽子被小女孩捡到，女孩聆听着帽里储存的几声鸟鸣，就像海王子的海螺记着浪声，小孩总能在这个现实中找到听天籁的出口，这是上帝和他们保持沟通的秘密管道。快乐的人弹动手指就能振翅，跳跃的脚尖踩出一段旋律，就唤出一整队没表情的大鼓手，从舞台后面向外昭告四方，他们要开始一个仪典：四个全身镀了金的中国女孩，用绳子玩起扯铃，铃一抛上天空就变成仰望的星，坠下了赶快许愿，流星状的梦还来得及成真。她们是结党为盟的女哪吒，在调皮而精准的抛物线下不想长大。旁边一个人背着镂空的翅膀，充斥着透明的意象却不能飞，但他至少自私地把左右手边的领空全占下来了，没有人可以阻碍他的航道。抬头看见一开场就高升的中年灵魂，脸嵌在全开的报纸里，出神地在半空中缓慢地梦游行走，下面的众生还是动个不停。主角都分层分版演出了，每个人忙着自体回归，世界就要和平。

一个穿肉色衣服的忧郁女子独自吊在舞台中央，她的哀伤引来了所有昏黄的灯光，厌世的企图，让她与两条血红的长布带纠缠在高空中，有时自弃地放手，从空中失速滑下，顿时止息在地面上一公分，灵魂摔碎在肉体里……足足十多分钟几近死亡的惊险，让底下的人触目惊心、完全屏息。女子敏动的身体张开一整面血红色，然后捆绑着四肢吊着示众，无罪的自爱自怜自罚自我凌迟，无声的扭曲缠斗呐喊，让有幻想前科的围观者心虚心痛心颤，却不能干涉，以免惊动入神的她失手坠落。布带是她可以远离尘嚣的浮力，是她在天上人间挣扎游走的努力界线，也是她紧抓不放的唯一维生脐带，我们只能专心等待她累了，将自己解绳缴械，虚脱缓落。

这个时候，原本哀伤的音乐换成了欢乐七彩的烟火，否极泰来的奇迹在绝处逢生。和平的盛世，久了就有人觉得无聊，十几个人开始自发性地玩起了跳绳：用人定的时刻，把无味的空间切割成可以跳跃、牵手、翻转的趣味界面，绳子有了自己的节奏，想玩的人就得服从，否则就得受违规的鞭刑。不想玩群体游戏的，租了一个飞行工具，不用风也不必借助热力，自己的一双脚站起来，就可以让坐在热气球的上半身升起。

艳装而孤独的女人，找到一根支柱就能自转，水平的身体形成美的轨道曲线，流畅得让人忘了：现实是有空气阻力和摩擦力的。自由的极限不在于身体弯曲变形的弧度，而是如何让周遭归顺你的身体时序，以你为公转的中心。身体是时间的钟摆，敲完午夜十二下之后，钟摆停了，你的时间也到了，原来时间才是执行死刑的刽子手，法律不是。混沌的死后世界很美，你已不在的孤独疆域，告别式之后，赴约的人重组世纪末的现代丛林，安置好火种点点，未亡人的欲望烧起来就足以燎原，还是有人要诞生，地球不想绝灭。一对从伊甸园出走，无发的结发夫妻，走进蛮荒的文明，他们要用盘古开天辟地的声响，演绎神的人类学，或是人的神学：太极生两仪，阴阳两性的身体组装成一个肉的十字架，彼此是对方唯一的支柱信仰，用肌肉相扶持一辈子；腿是入世的支点，水平撑成一根男女合身的肉横杆，吃力地举起两人的全部，和一个新的地平线；创世是如此辛苦，他们互长互分离，共修苦行，为了要负荷一种力求平衡的共生，两人不断努力地延长身体，企图否认自己是神的赝品，这是人最初建筑的原型。在他们专心的周围，空中飘着行尸走肉的孤魂野鬼，地面则出场一群被白纱蒙面、拿着麻绳撑直如剑、像刽子手更像要自行了断的含冤女子，朦胧的肃杀之气，不寒而栗。

在任何时候，空中是他们的求爱舞台，每一个人都专注地心算冲动的速度、最短的失重距离，一起飞，借一根绳索在空中相遇，以默契生死与共，然后同时坠地——他们的艺术，是一种看得见的数学，一种必须实现的预言，一失误就会受伤。忧伤的两个小时有个Happy Ending（欢乐的结尾）：没有头的人，找回存满他记忆的帽子安心回家，所有演出的人都套上洁白的衣裤，重新生还，出场谢幕。

这些是我在台湾公共电视，第一次目睹太阳马戏团（Cirque du Soleil）的剧目《神秘人》，巨细靡遗的记忆，我可以清楚地描述我所见到的世界。对我而言，想象力走得比旅行远，但如果是在旅行中激发出来的想象力，那就可以带我们到更远的地方。所以在我得知，太阳马戏团将到香港演出另一个剧目《艺界人生》，我放弃了原定的埃及之旅，意志坚决地排定了到香港的行程。

这回住在中环，五年不见的香港依然好看，但此时最吸引我的，还是在中环由太阳马戏团搭建的白色巨型帐篷，几个高高低低的尖顶布阵，张开很伊斯兰教式的庄严；帐篷搭在摩天林立的办公大楼中央，成了很多围在周边加班开会的香港人，喜出望外的幻想出口。

看太阳马戏团《艺界人生》的那一晚，很兴奋地就要走进那个开启我想象的实境：玩耍的角色在观看席里跑来跑去，和早到的观众当场玩了起来，就这样一直玩到开场；一个孩子攀在爸妈身上试着各种亲密的姿势，登在他们的肩上看见了更远的未来，然后顺着架高的身势旋转下楼；接着，所有被染了色的人爬上高杆，带猴性的人在空中飞来飞去交换支柱，摆荡之后定了性，就用有颜色的手脚长出花来。旁边都是翘鼻子变可爱的小丑脸，人间幻成天堂。两个壮男以一根钉杆，将双方的肌肉直角相撑，彼此对抗成一种平衡，自力旋构一个稳当的雄性地基。两个小时之中，巫术、魔术、比喻、神迹不断，有天赋的人都在折磨自己的肉体，其他的人在丛林里找到了狂欢的借口。当一个女孩从地面走向一根向上四十五度的线，停在高空的水平上骑脚踏车、劈腿、后空翻，还跳起舞来，所有的凡人都动情惊魂；她没有地心引力的困扰，没有人能和她争在天上的舞台，比我们多了专心，却少了好多烦恼。女孩之后，走出一个手上玩满了球的女人，从三颗演进到七颗，从台阶上玩到台阶下，把球玩成了一个各自运转无误的星系，她的创世纪维持了十分钟。接着，已经上台的这么多人，照例要玩一场集体冒险游戏：一个海盗船式的秋千，站满了顽皮的男男女女，在最外面的人要完成一个高空三翻转的动作，然后得准确地落到大弹簧床上。他们把激烈的奥运会，升华成和平的游乐场，掌声最大的，都是身边一起冒险的人。最后一幕，高空垂下几根有弹力的绳索，把人从地面弹回天上，四个人同时升天、转身、牵手再瞬间坠地，像降落伞下有风的特技，逼真的幻觉，帐篷里的我们同时感觉到了天空。

人变成四肢动物，把身体当兽来驯，越狱的野性就可以在虚拟的原野上好看地奔跑；一个舞台隐藏很多出口入口，好几处同时举行的庆典，你看到的每一段现象都有温度、力量和因果；古老的仪式还是能洗涤点什么，总还能为后代留下生机。令人不可思议的是，这么一个自得其乐的世界，无忧无虑的人还自定射程挑战自己的极限，所以生生不息。全世界六十亿人口具体而微，就是这组各怀鬼胎的马戏团员，人只要传神地虚构马戏团里会特技的动物、天使，神兽合一就没有缺憾。时间无意挽留情节，两个小时的启示已经说尽了，但我很舍不得他们演完。

在此刻，我已完成到日本、东南亚、美洲、西欧、北欧、东欧、南欧等地的旅行，我从没料到的是，这次离台湾最近的香港之行，反而带我到心灵最远的边境。所有过去失去的，未来还没发现的，都在这里了，到现在，我的耳朵还没离开当时买的九张太阳马戏团CD（激光唱片）。30岁后的我，如果还能长出新的想象力，对明天还有好奇心，还能看见有趣的世界，那一定是太阳马戏团移转给了我，足够而绝对专心的精神能量。

附录三

会飞的人，不会受伤

——记太阳马戏团《太阳风暴》90分钟的星际之旅

当我一开启太阳马戏团《太阳风暴》[①]，瞬间进入一个长达90分钟的星际之旅。

半空中的吊绳，是随着音乐律动、起弦晃荡的蜘蛛丝，协助这些对天空有梦想的人，以心的加速度起飞；离开钟摆般的抛物线，直到他们的手脚都化成了羽翅，直到他们在天上重获自由……而我们，在梦境之下，地面之上，只能仰望无尽浩瀚，把心投射进他们

---

① 《太阳风暴》（*Solstorm*）精华版，原本十三集的舞作，浓缩成一集90分钟，是太阳马戏团专门为电视台制作，人物来自其经典戏码，包括了赌城拉斯维加斯的招牌秀《神秘人》（*Quidam*）、灵感来自中国元素的《龙狮合一》（*Dralion*）、结合吉卜赛流浪灵魂的《浪迹天涯》（*Varekai*），还有赢得世界各地记者赞叹的水上剧目《O》。此外，对太阳马戏团想继续深入探究者，可以延伸阅读《发掘你的太阳魔力：像太阳马戏团一样热情有创意》，琳恩·休厄德、约翰·培根著。

的身体宇宙一起飞翔。

大家都在天际中，不再需要语言，巴别塔倒了。于是，每个人欣喜地个别运转出自体星球，偶尔互相串联成星系，开花的身体，成了层层绚丽的宇宙支架，以全然的信任与爱，支撑着没有重力的惊奇，互持出全新的灵魂界面。

有时，身体再度返回海平面，以剧烈的呼吸起伏，展现浪的涨退情绪；有时，灵魂回归到最原始，整个身体曲道就是激烈的奥运竞技场，几颗球被挑逗起战斗欲，就在肉体界线之内，为了赢得宠爱而厮杀惨烈。这些球，从另一个慈悲的角度来看，也像极了易碎的卵，一个宛如造物主般的男人，双手将它们一一运转进生命链，顽皮但也小心翼翼地，护爱它们不落尘地。

地平线也开始起飞。

有时，一群人相约以美刺青，以共同的身体图腾，证明一整族历史性的存在。在无人的神殿中，火，就是幸存的战士，向天地燃起的声明，用以照明彼此的兽性、武斗、疯狂、热情、舞蹈、祭谢，跟着有义勇的声音，以肌肉兵器撑起经纬，开天辟地。

有些身体继续向上开花，成了光彩浮屠；有些身体如灵，只为了爱抚地表；有些则成了肉身十字架，以艰难的姿势，救赎所有想要自由的灵魂。眼前是一条无法定焦、令人无法置信的地平线，连看世界的角度都很即兴，自由颠倒天地。

不同次元的梦世界同时开启，这是我们地表可望的外星文明，可见的奇迹世纪。

会飞的人，不会受伤。看完太阳马戏团，你想压抑唱歌、跳舞、创作欲，是绝对不可能的。抱着我们一起冒险的他们，给足了所有人，继续开心活很久的理由。

十四堂人生创意课 3

【全三册】

50个问答+笔记本圆梦学

李欣频 著

北京联合出版公司
Beijing United Publishing Co.,Ltd.

图书在版编目（CIP）数据

十四堂人生创意课：全三册 / 李欣频著. —北京：北京联合出版公司，2019.7

ISBN 978-7-5596-3169-5

Ⅰ. ①十… Ⅱ. ①李… Ⅲ. ①人生哲学—通俗读物 Ⅳ. ① B821-49

中国版本图书馆 CIP 数据核字（2019）第 070845 号

十四堂人生创意课：全三册

作　　者：李欣频

选题策划：木晷文化

策划编辑：朱　笛

责任编辑：楼淑敏

特约编辑：曹　海

营销编辑：黄思维

封面设计：今亮后声

北京联合出版公司出版

（北京市西城区德外大街 83 号楼 9 层　100088）

河北鹏润印刷有限公司印刷　　新华书店经销

字数 426 千字　　880 毫米 ×1230 毫米　　1/32　　21.75 印张

2019 年 7 月第 1 版　　2019 年 7 月第 1 次印刷

ISBN 978-7-5596-3169-5

定价：119.00 元（全三册）

CONTENTS 目录

PART 2 关于写作与出版的 14 个问题

PART 3　关于旅行与人生的 12 个问题

推荐序一

李欣频学校

方文山　　著名作词人 / 创作人

真正的创作是有能力将脑海里庞杂甚至相互独立的思绪，化为有系统、有组织的文字，然后读者经由阅读你的文章产生画面感，再次还原你脑海里的想法与观点，并且还能认同，或激发出讨论的空间，也就是所谓的言之有物！

有这种能力的人我们统称为“作家”。而李欣频写作的效率与精准度，以及出书的量与质，在我看来已不宜冠上“作家”的名号，应该说是“李欣频学校”了！

相信喜欢写作的人很多，但能将写作兴趣当成工作的人却很少，因为这里有一个所谓专业度的门槛。这次“李欣频学校”所出的这本《十四堂人生创意课 3》就是在教导你如何跨越这道门槛，堪称“李欣频学校”的“准教科书”！

想进入“李欣频学校”就读，然后以“准作家”身份毕业的你，不买行吗！你说呢？

推荐序二

创意是一种独特的缘分

陈刚　北京大学新闻与传播学院副院长 / 博士生导师

这是为欣频的书第 N 次写序了。

这本书是欣频很多演讲访谈以及其他资料的汇总，似乎应该很混杂，但读后我感觉这是针对性很强且非常系统的一本关于创意以及生活的书。

在书中欣频回答了大家经常思考而答案经常不甚清晰的关于创意的许多问题。

有一句话一直很难说出口：其实并不是每一个人都适合学习创意，并不是每一个人都具有创意的潜质。

创意是一种独特的缘分。

有很多人即使极其刻苦努力，在创意的领域也无法登堂入室；而一些人在不经意之间，却有可能做出精彩绝伦的作品。

就像很多孩子希望成为明星、模特，但最终站在红地毯上的只有极少数的人。

而从社会变化和产业发展的角度看，创意正在成为最有价值的工作，并且是大家越来越向往的生活。

欣频是一个辛勤的创意传教士。传教士的快乐经常来自知其不可而为之的坚韧。

创意传教首先是普及性的工作，让更多的人了解创意的奥秘，学会更好地欣赏创意的魅力。

但创意传教更是一种结缘，帮助有资质的人发现和提升创意的缘分，让更多的人感受到创意之缘，让创意更渗透进人们的生活，这肯定是一件特别美好又特别有价值的事。

相信大家一定会从这本书中感悟到动人的美好，体会到创意改变生活的价值。

是为序。

自　序

我的创意问答录

这本书的创作契机源于我的诗人朋友颜艾琳，她在九歌出版社时跟我约了这本书，希望我能针对“创意与写作”写一本实用的教学指南。但因为我很讨厌教科书，也排斥写教科书，两人折中的结果就是，举办五场读者对谈会，我现场回答大家对我的提问，经由编辑整理成文字稿，我再来修改。

后来艾琳离开了九歌，经协调后将全书转给方智出版社。我埋首在近五十万字的文字稿，并汇入我在诚品讲堂与学学文创的演讲内容、读者来信，在两岸巡讲上百场的现场提问、媒体记者的采访题……精简过滤了无数回，才把零散的问答整理成三大主题：文案与创意、写作与出版、旅行与人生，前后近五十个子题。其间因临时决定到北京大学念书与教书，所以中断了半年，直到 2008 年春节全心闭关整理，终于完成。

知识是可以复制的，但智慧不能复制，只能感染。建议大家不必急着逐字看完这本书，可以先翻开目录页，想一下如果有人拿这些问题来问你，你会怎么回答，然后写成你的创意问答集，之后再与我的回答做对照。

本书体例上虽然已经不是“十四堂课”了，但是因为从内容上看是对《十四堂人生创意课 1》和《十四堂人生创意课 2》的补充，相当于续集，所以书名沿用前两本。

最后感谢所有激发我完成这本书的出版社同事、两岸记者、上课学生、来信读者、演讲听众，还有现在正听我说话的你……

PART 1

关于文案与创意的23个问题

第　1 ~ 13 问：创意・灵感

第 14 ~ 21 问：广告・文案

第 22 ~ 23 问：学校・教育

第 1 问
如何踏上“创意”这条路?

一开始进入职场时，你是否已经决定走“创意”这条路？如何进入广告业？“商业文案”与“艺术写作”之间怎么平衡？什么样的人适合进入广告业？想从事创意相关行业，是否一定要科班出身？

误打误撞，闯进“创意”界

如果你对“创意”的定义是一份工作，一份像是广告文案这样的工作的话，我会告诉你：“不是，我不是一开始就决定要当广告文案。”因为我最早其实是希望当作家，而且还是诗人或旅游作家。

大学时，我原本打算念外文或哲学系，没想到却意外地考上广告系。大三时，我在意识形态广告公司实习，实习的第一天，就临时被要求写一篇中兴百货的文案。当时，从未写过文案的我，利用很短的时间，查了一下中兴百货的地点，并且迅速看完中兴百货历年的广告作品集，下班前就交出了生平第一篇文案。第二天，便因为这一篇文案①，而被留下来担任正式的文案工作。

毕业后，我见报应征了诚品书店的文案工作，并试写了一篇《诚品阅读》杂志的形象文案②，第二天就被通知录取了。不过，因

---

① 中兴百货秋特卖，我生平写的第一篇文案。

520前的十面埋伏

07：10 AM　一批标准男女吊诡地西行八德路三段，两万四千个噪音挑逗起清晓通体的欲望，性感得要命。

08：10 AM　八百个得流行敏感症的先知，在长安东路上固执地向东疾走，稀有的时空消耗尖锐的阶级偏见，红绿灯则闪起一个新的享受消费方向。

09：45 AM　主张低度消费伦理哲学的清教徒，则由和平东路向阿拉的方向靠去，所有的仪式控制得宜，只渗入极少数致命的狂野。

10：59 AM　野夏前一分钟饥渴计时，三个等待疯狂采购的漂亮女子，正埋伏在五星级饭店门口饥渴计时，且坚决不邀请完美无瑕的男人。

11：00 AM　彻夜暴饮酒精的人乍然惊醒，快感制约着高温的复兴北路，甚至有人感动得痛哭起来。

——《广告副作用》

② 应征诚品文案所写的《诚品阅读》杂志形象广告。

阅读者的群像

海明威阅读海，发现生命是一条要花一辈子才会上钩的鱼。

凡·高阅读麦田，发现艺术躲在太阳的背后乘凉。

弗洛伊德阅读梦，发现一条直达潜意识的秘密通道。

罗丹阅读人体，发现哥伦布没有发现的美丽海岸线。

加缪阅读卡夫卡，发现真理已经被讲完一半。

在书与非书之间，我们欢迎各种可能的阅读者。

——《广告副作用》

为我不喜欢朝九晚五的工作，所以便担任该书店与商场的特约文案长达十五年，大部分的作品都已结集在《广告副作用》之中。

进入广告这个领域，可以说是很意外，也很有“创意”，现在回想起来，觉得自己真的非常幸运，第一次写文案就能够得到肯定，并且顺利进入自己最心仪，同时也是当时创意奖常胜军的意识形态广告公司。

大四的时候，我待在广告公司半工半读，接触许多像是中兴百货、裕隆汽车、黑松等大客户，亲身见习一群当年非常优秀的广告人。这让我足以在很短的时间之内，从生手成为熟手，也让向来喜欢写诗的我，有了成功转换成为广告文案的宝贵机会。再加上后来为诚品书店写文案，与一群非常有理想的企划人一起动脑工作，每天都必须大量阅读与吸收信息，使得21~28岁，成了我高速成长的黄金时期。

商业与艺术可以互补互养

高中时喜欢写诗的我，后来在28岁出的第一本书，居然是广告文案作品集——《诚品副作用》，这本书的意外畅销，使我顺利开启了作家之路。

很多人会在工作与兴趣之间摇摆不定，但对我而言，写文案与写作都是我喜欢的事——因为我用创作的心情来写文案，用写文案的精练笔法来写书（例如《希腊：一个把全世界蓝色都用光的地方》[①]《食物恋》《爱欲修道院》等），并将之培养成为一个非常自然的循环互养系统。

对我来说，完全不需要考虑写文案与写书之间的“平衡”问题，因为我已经把这两部分融合得很好了。之前我曾向一位来采访的媒体记者表示：“我没办法成为一个很出世的诗人，也没办法成为一个很入世的广告人，但我在这两者之间找到了一条活路，在文案与文学之间，生出了自己擅长的风格。”

文案写作就好比是我的一条生存脐带，让我安心地躲在创作的子宫里，透过这条商业的脐带与外界接触、对话、谋生存。自从出版了《诚品副作用》之后，客户若想要像我这样的广告文案风格，便会主动来找我，我既不需要去找案源，也可以挑我喜欢的客户，做我喜欢且能自由挥洒的案子。

这也是我常对学生们说的——全心全意地做好你喜欢做的事，做到极致，做到顶峰，做到能见度最高，资源自然流向你，不需要

① 在《希腊：一个把全世界蓝色都用光的地方》这本旅游书中，以“因为到处都是海，所以很好逃；到处都是岛，所以很难找”来为希腊写一句文案，后来还被希腊大使馆列为旅游推荐用书。

先担忧经济的问题。关于这部分在《创造金钱》《一周工作四小时，晋身新富族》以及《十四堂人生创意课2》第四层里的“喜悦地身历其境，就是心想事成的关键”等都有提到。

还记得我第一次找出版社谈出书计划时，我拿的是在报上发表过的旅游文章，以及一沓我为诚品写的文案，作为我的个人简介。没想到出版社主编希望出版的却是我的诚品文案作品集，这就是《诚品副作用》意外诞生为我第一本书的初因，五年后又增版改为《广告副作用》。整个过程有点误打误撞，但事后回想整个历程，如果当时因为想当作家而去念了文学院，可能就失去了到广告公司学习图文视觉与广告营销的经验；如果第一本书写的是旅游，可能就不像现在可以写的领域这么广，涵盖广告、文学、美食、爱情、心灵等范围。因此，《诚品副作用》成了我首次在台湾出版界，定位自己文字风格的书，这部分在第二篇《关于写作与出版的14个问题》中会详细说明。

创意是一种生活态度

再回头看这个问题：“一开始进入职场时，你是否已经决定走‘创意’这条路？”先前的答案，其实是我尚未写《十四堂人生创意课1》《十四堂人生创意课2》这两本书时的回答。不过，现在的我认为“创意”不是一种技巧或工作，而是一种生活态度。我在《十四堂人生创意课2》的第八层提到：一个真正的创意人，他绝不会有创意枯竭的时候，因为创意不是一种技巧，而是一种态度：他可以在与自己独处时，享受完全的自得其乐；与别人相处时，也能创造出很有趣的氛围，他能与每个不同的人，创造出各异其趣的相处版本，只要和他在一起，就感觉很好玩、很丰盛，会一直想约他、与他见面。

也就是说，我一直想要突破现实框限，过一种自主、自由、自在的人生，这才是我选择过一种“创意”生活的关键。这样的生活，让阅读、写作、写文案、海外旅行、看电影与表演、演讲开课等各个面向都混搭得完美，所以对我而言，没有“工作”的概念，只有“生活”的概念，我只想创造每天非凡的生命经验，只想把每一天活得无懈可击，这就是我对于“创意”比较广的定义。

所以，“创意”没有科班不科班的问题，也不是进广告圈才是有创意的人，怎么进广告圈，什么人适合广告圈，都是因人而异的。

第 2 问
创意是天生的吗？

创意是否有办法靠后天练习达到？创意是“突发奇想”，还是“储备”的？有位名人说：“不需要外界刺激的创意才是真创意。”你觉得呢？我们开始发想时，需要大量信息来整合，但又怕看太多会被影响，该怎么拿捏尺度？请问你是以生活、文化经验累积创意，还是大脑皮质作用异于常人，才使得创意源源不绝？你的创意是怎么来的？脑汁耗尽时该怎么办？没有灵感却必须交出作品时，该如何解决？如何保持在广告界的热情源源不绝？如何克服肠枯思竭？你这么多的创意，是否觉得分身乏术？

创意，从改变感官开始

找创意，就像人在找资源矿脉，用了各种仪器，试了各种方法，也不一定找得到，但当他有一天静了下来，以自体的方式去感应，而不是疯狂地乱猜乱找，当他被直觉带到一个地方，那就是了。

我的创意是怎么来的？各方面都有，连呼吸、聊天、睡觉都能产生创意。若是你的摄入比输出多很多，受到的刺激比产出多很多的话，就不会有创意枯竭的时候。

重点是，你的感官都打开了吗？如果是感官不够敏锐、意识没有觉醒的人，再多的刺激都不会起什么大反应，对一个麻木、昏迷指数为三的人（最低就是三），就算看了100部电影，也不大可能有什么精彩的创意产出，就像拼了命搜集一大袋树叶，自己也不会变成一棵活生生的大树。

除非是有人给了极强大、醍醐灌顶般的刺激，对于昏迷指数只有三的人可能还有点效。一个敏锐的人，一部电影还没看完，就已经感动满怀、灵感满脑，甚至电影才开演五分钟，就已经想到了五个可能的结局——真正有创意的人，会跑在电影剧情前面。所以要慎选与你一起去看电影的人，与一个敏锐的创意人一起看，出场后他会跟你分享数十种有趣的观点与心得，但若跟一个无趣的人看电影，看完了可能会被他肤浅的观后感抹掉了你的观影深度。

这些创意人的背后，一定有很多的故事，他们讲戏剧、讲电影、讲领悟……可以讲很久。我很喜欢这些人，只要跟他们聊上一个小时，就会有很多收获。

如果你身边没有这些创意人，你可以假想，若是有一天，这些创意人要来接管你的生活，他可以把你原来的样貌、原来的生活改变成什么样？例如在《酷男的异想世界》中，几个男同志把一个异性恋男的生活重新改装，让他的生活比原来的更整洁、更有趣；《傀儡人生》也是一部描述置入新身份改写旧人生的电影。

另外，你也可以去看《笔下求生》《服务生之死》《恋恋书中人》，假想背后有个小说家正在写你的生活，他会怎样帮你安排剧情？怎么写旁白？通过这个方法，可以让你跳出来看自己的人生，看你怎么旁观、诠释自己的生活？如此你才会活得敏感且觉知，而不是无意识地虚耗生命，不知道自己吃了什么、喝了什么、说了什么、想了什么、看了什么、听了什么……连这杯水的滋味和上杯水有什么不一样都分不出来，那样麻木不仁的日子。

若你无法改变自己混乱到不知所措的生活，可以试着找三四个生活得很有条理的朋友，给你一些意见；也可以透过你所向往的电影生活，以实验的心情，把今天的生活弄得很“巴黎”，或是很“托斯卡尼”——让自己的生活变得有趣，不必花很多的钱，只要换个心境就好，心情一换，感官就换；感官一换，灵感就像新掘的井一般，源源不绝，总比日复一日地过惯性的，食之无味、弃之可惜的单调生活好。

山峰缆车，串联精彩视野

我现在每个月都会定期把音乐家、建筑师、杂志主编、网络工程师等各个不同领域的人约出来聊天，因为这些人在活出他领域的创意时，看待世界的方式也非常不同，再加上彼此谈得很深入，触及创作生命的核心层次，那种碰撞真的非常过瘾，就像站在自己的山峰上，看着眼前这么多的山头都那么独特精彩，然后搭着空中缆车彼此串联——与精彩的人对谈十分钟，高水平地交流与激荡，比读十本书还关键。这些创意人用全部的生命在过每一分每一秒，彼此间可以互相欣赏与观览，一场创意人之间的交谈，就是生命质地的倍数繁长。

就算你的生活再怎么无聊，只要你每天都在呼吸，每天都在感觉，每天都在思考，每天遇到新的人、事、物，每天都在感受每一分每一秒，这些东西就已经够了，今天和昨天截然不同，一星期后差异更大，怎么可能没有灵感？没有灵感表示你所有的感官早就麻木、关闭了，没有吸怎么会有呼？没有摄入怎么会有输出？如果发现自己没有灵感，就必须检讨自己到底是怎么回事，感官哪里出了问题，跟世界沟通交流的能量跑到哪里去了。平常可以观察一下那些做创意的人，他们在生活上，很自然地就会对很多事情感兴趣：对路边的东西有兴趣，对人的对话有兴趣，像小孩子一样，什么东西都觉得好玩、新鲜。应该是这样子的。当你持有这样的态度时，任何东西都会造成很大的风暴，很大的契机，很大的回应，很大的灵感，很大的产出。

延续《十四堂人生创意课2》第四层中的“做生产者，不做消费者”的概念，随时随地都要有发掘问题与解决问题的方法。这就好比你去看电影，如果只是在等结局，等着批判电影好看或难看，那么，你只是个消费者，花这六十元是浪费，因为你变成了被电影工业消费的对象，同时也被限制在观众的角色上；但若是你在看电影时，想到接下来的各种可能，当你同时演绎出各种版本时，你会学到一部电影的不同面向：制片的面向、导演的面向、企宣的面向、摄影师的面向、构图的面向、分镜的面向、声音的面向、剧本的面向、演员的面向……或是在看电影的过程中同步创作，因为电影的某句对白，使你产出了一部小说的内容、下周要提案的主题、在网络开店的点子……那么，这部电影就算收二百元门票，也非常值得，因为你可能产生上百万元的价值。

不只是电影，还包括新闻、广告、音乐……都是一样的道理，以改造取代抱怨，以创造取代批判，这就是生产者与消费者的一念之别。

所以，就这个观点，创意原本应该是天生的，只是我们长期被教育、规则、别人的眼光……制约成胆小、不敢多想、不敢梦想的人，我们只要把前半生被掩盖住的天真、无忌的勇气找回来，创意就恢复了。换句话说，你把感官打开，眼前世界每一分每一秒的发生，就是你当下可以采集的创意灵感。

但长期尘封的感官，需要一段刺激复健的过程，我不是在有创意的环境下长大，而是长期处于压抑创意的教育环境里，直到踏入社会之后才挣开这个枷锁，自我制约逐渐解开。当你变成一个完全自由的人，眼前没有竞争者、没有游戏规则的时候，自己的创意才有真正的发挥空间，否则一切都是空谈——创意的生命必须是要非常自由的、鲜活的，这个自由，跟我刚刚讲的环境的限制是不同的概念，它非常活跃，可以悠游在各个限制之中，而不会影响其灵活度，就像马戏团的团员，可以在高空中的一条绳索上，演变出各种惊人的花式动作，仿佛在平地般自由。

至于恢复感官的方法，我已经写在《十四堂人生创意课2》的第一至第五层里，大量阅读、吸收信息、参与艺文、持续创作、常去旅行、多与有内涵的人交流……这些都还只是浅层地吸收创意者分泌出来的汁液、有限度地恢复知觉而已。如果能重新洗涤、蜕变身心，让感官灵敏之后，就不一定要大量仰赖那些来自外在的维生系统了。

光靠自己的想象力、生生不息的脑细胞，躺在家里睡觉，就有一堆的梦境小说可写；光靠感觉每分每秒细微差别的呼出吸进，都能有源源不绝、用都用不完的点子；光以舞蹈家的脚步走着每天回家之路，就会走出不一样的世界来；光以一个小说家的眼睛逛夜市，你就会因为一个老妇人的一句话，开启一部简单却深刻的长篇小说；光看一行关键性的文句，聆听一首直击灵魂的音乐，就能让你瞬间跳跃到更高的领悟层次……这比你去读一百本创意的书还要有效，有着用之不尽、独一无二的创意能量。

让我们向失聪或失明者学敏锐，向魔术师学无中生有，向灵媒学超能力，向死神借勇气，向禅师借智慧，向外星人借视野……一旦你到了自体运转创意无碍的状态，就拥有源源不绝的创意体系，任何刺激进来都能瞬间产出、过滤后分门别类，不会动摇你的架构，你也不会受到他人噪声的干扰。

保温箱无菌期：先长风格骨架，再长作品血肉

延续《十四堂人生创意课2》第四层提到的“创意生手”与“创意熟手”的差别：对于资历尚浅的创意人而言，自身的架构还没建立起来，大量的外来信息，当然有可能会影响到他风格骨架的成长，这也是我认为在教小孩子时，不要给他太多的学习参考范本，以免干扰其初看世界的原生创意。

等到风格骨架长出来了，任何东西进来都可以成为养分，帮助他在这骨架中长出血肉。最怕骨架还没长好，又被外来的刺激干扰得乱长一通，结果搞得骨架歪散、血肉模糊，走起来不仅不流畅生风，还障碍重重，怪异极了。

外在的文化或是信息刺激，对于已有自己风格的“创意熟手”而言，就成了自由跃升的创意跳板。就像如果你已经有了房子，你就知道哪些家具适合放进家里，该摆在哪里，需不需要改装家具。因为你已经有了既成的空间，不可能因为一个不当的家具毁了整个家。或是一位大厨，食谱已经在他的心中了，他进市场时，眼前只有对应的食材，买的时候又快又精准，不会受到菜贩陈列或叫卖的干扰。这让我想起早期写文案时，鲜少看别人的文案作品或是创意书（我称之为“保温箱无菌期”），等到自己的风格系统建立好了，这类相关的书对我不会有摧毁性的影响，我可以过滤、挑选、改装信息进我自己的风格架构中，不会被干扰。

为何现在在台湾，创意会是一门显学？因为大家都过得太闷了，对政治、经济、媒体无奈，对大环境无力改变，就想要换种方式自力救济、创意谋生，就像电影《天使爱美丽》和《美丽人生》，我们都被主角在悲剧的环境中，仍能自娱娱人的幽默力量感动。那些电影里的悲惨场景，例如，在纳粹的集中营里会比台湾有创意吗？当然不会，甚至比我们现在还更痛苦惨淡，可是主角却创造出一个截然不同的创意、欢乐生活。所以最终极的创意能力，就在人的感官、思维、心境、态度上，而不在你读了几本创意书、懂得几个创意步骤。

真正有创意的人，就算是被关在黑洞里，被限制在一段路上，他还是一样有创意。有的人每天在创意工作里打滚，可还是没什么创意，重点不在于外面的环境是什么，而在于创意活在脑里的世界是什么。有创意的人，生命活流带给他丰沛不尽的能量与泉源，他的生活非常精彩有趣，每一天都能创造出独特的惊奇经验，身边的人也会被他无穷尽的活力感染与感动。这也就是为什么我常说，只要有一个人改变了，整个环境就变了，因为有创意的人很能自得其乐，世界就只能陪他一起玩，所以只要他一走进公司，整个空间的气氛都会被感染，整个公司也会被他改变。

没有工作，只有游戏

至于我如何在广告上保持源源不绝的热情，如何克服肠枯思竭，我的回答是：如果我把写文案当成一份很痛苦的工作，那么我就不可能把它做得很好，所以我写文案的时候一定是非常开心的，就像在写日记或是创作般的好心情，会在很舒服的地方，放很舒服的音乐，喝很舒服的茶……即便是跟客户开会，也会尽量维持最佳状态，因为与人沟通本身也是一种创造的过程，如果你把开会提案当成“工作”，就制式化、僵化了，所以我会选择把提案当成去见老朋友，与老朋友分享我的新作品。如此一来，整个过程就活化了，提案也会变得顺利，一切自然而成。

就像旅行，如果对一个旅行作家来说是份工作的话，那一定是很悲惨的事。因为他可能会排计划、有工作目标，就连与人见面都有了目的性，那么旅行的乐趣就全丧失了，他写的文章一定不好玩。也就是说，不要把“工作”这个概念放到事情上，反而要以游戏玩乐的态度面对眼前的事，重点就在态度的转变，态度一变，就没有喜欢不喜欢的问题，因为眼前的每件事，都变成了你喜欢所以才去做的事。

写文案、提案、旅行、写专栏、看电影、看表演、演讲……对我来说都不是工作，而是我的生活，即使是去开会，我也会告诉自己：“啊，等一下要去见见与我不同的人。”跟这些人聊一下午的天，然后就像小说家般观察他们的样子，聆听他们的谈话，讨论他们的星座，猜他们背后有哪些心事与弱点……因此，我常跟我的客户、同事或是采访过我的记者们做朋友，而且还是很好的朋友，有的甚至还能维持十多年的友谊，即使两三年间没有案子再合作，我们还是经常联系。所以，我记事本里的同事栏、朋友栏，到后来都无法区分，因为就连朋友后来也有可能变成我的工作伙伴，最后我索性取消了“工作上的同事”这一栏，因为已经没有所谓的“工作”关系，都是“朋友”关系。

在创意流中，发展自己的创意学

总体来说，创意是一种思考、建构世界的方法，是觉醒、敏锐、突变出来的，并非素材与规模累积而成。一个没读过书的原始人，可以比饱读诗书的人有创意得多。信息与知识并非创意的来源，在创意的“流”（flow）里，你根本不用担心会没有创意或创意枯竭，因为那是不可能的，只要你有呼吸、有感觉，就会有创意，只要有思考，就会有全新的想法。

在创作的巨流里，我不会觉得分身乏术，而是目不暇接，非常有趣，那是个以自我为创作中心、百花盛开的游乐园，就像在《十四堂人生创意课2》中提到的迪拜，盖一座帆船酒店所引起的全球关注，胜过观光局上千个烦琐的宣传计划。由一个小小的点，发展出陆海空的创世规模——这是个很好玩的过程，当觉得过程好玩，就不会觉得累，因为有太多的可能性、太多的能量在中间流动。

创意无法从任何人身上复制方法，每个人都应该要发展自己的创意学，每天运用在自己的生活上。

第 3 问
如何增加阅读的吸收能力？

你在阅读时，是否具有与一般大众不同的消化方式？你最常看的书是哪一种类型？影响你创意工作最深的书和电影是哪些？

关键式阅读，翻转生命视野

在《十四堂人生创意课1》时，我跟学生们说，最好能每天看一本书，或是培养每天看半小时书的习惯。我目前因为已经有了庞大的阅读脉络，知觉感官都已经恢复正常，所以不再需要“刺激性阅读”。在《十四堂人生创意课2》中提到，现在我采用的是关键式阅读，每周至少读三到四本关键性的书，让我瞬间拓展出另一个角度、另一个视野高度。

我阅读、看电影的时候总是非常投入，仿佛作者正在我面前讲话；想象他的作品第一时间从脑袋出来的状态；会把自己当成电影或是小说里的人，亲身经历一个故事。就像我在听音乐会时，我只留耳朵；吃饭的时候，只留味觉和嗅觉；欣赏一朵花时，留下一双眼睛——因为我们感官长期混用的结果，使这些原本敏锐的感官都变迟钝了，所以一次只用一两个感官，会让那个感官的作用发挥到极限，就像电影《香水》把嗅觉发挥到极限、《听见天堂》把声音展演出千奇万变……很快地，你就会找到每一分每一秒呼吸的活力，连在走路时都充满了创意，活在当下，活得最真。

七副灵魂感官同时读一本书，吸收七套养分

我看书时，会对有感觉的部分画线，这样下回再翻阅相关篇章时，很快就能找到我要找的部分。目前因为自己正有七本书的创作架构——A美食、B网络、C旅行、D小说、E电影剧本、F创意、G漫画，所以我在看一本书时，等于是有七个灵魂、七套感官在吸收同一本书的精华。例如，在看到与美食有关的讯息时，我就会在书的折角处写上“A”，并将这本书的书名与相应页数，写张纸条丢在A档案箱中，等到开始进入写书的期间，过去所储存的养分都可以瞬间汇流进来。所以，平时不必把书的细节全记在脑子里，只需贴好索引卷标，就组出了最适合自己的搜索引擎。

截至目前，影响我最深的书是“阿米”系列和《白宝书》《预知生命大蜕变》《新世纪扬升之光》等；影响我最深的电影是《我们到底知道多少？》《秘密》《笔下求生》《灵魂啊！你在何方？》，理由在《十四堂人生创意课2》已经详述过了，不再重复。其他推荐的书与电影，我都会定期放在自己的微信公众号（ID：readers0811）上，有兴趣的读者可以定期上去看。

第 4 问
如何成为创意者，且能结合自己的特色创造出创意?

这个问题反了，要先成为自己，发展出自己的特色，创意能量从自体发出，才会自然而然地成为创意者，然后才会产生创意作品。

第 5 问
创意是一种发明吗？

创意是一个发现与提升的过程：发现不同的角度，提升不同的视野。我分了三个层次：创意（站在原点看新的可能）→创造（站在新的点上看无限可能）→创世（在无限可能的点上，看最好的全观版本），完整的论述与图解，在《十四堂人生创意课2》里已经讲清楚了，有兴趣可以自己去看。也就是说，创意如果提升到了"创造""创世"的阶段，就属于"发明"的层次——当他想看到什么，就创造出什么，他眼中只有自己的未来世界，没有别的。

第 6 问
如何知道自己是否有创意？

衡量的标准在哪里？如何选择一家有创意的公司？

身边的人就是你的创意指标

想知道自己是不是一个有创意的人，很简单，问坐在你隔壁的人、与你一起工作或一起生活的人就知道了。要是对方觉得跟你在一起很无聊、很闷，那么，你就不可能是真正有创意的人，因为如果你连自己的生活都搞得这么无趣的话，更不用说工作或其他了。真正有创意的人，大家都想跟他在一起，想看看他会玩什么花样，只要跟他在一起，就会觉得很开心、很好笑，这就是创意的活气息。另外，只要看看你微博、微信朋友圈中的朋友们是不是有创意的人，就知道你是不是个有创意的人。

是你选公司，不是公司选你

不过，上面提到的都是狭义的指标，如果是广义的，创意的标准则应该由自己来定，而不是由别人告诉你。例如，A广告公司的标准，不见得适用于B广告公司，所以你必须先设定你所要选择的广告公司标准，而不是让公司来选择你。你可以先依照自己的长处，选择一家跟你的频率很接近的公司，重点是，应该是你去评断人家而不是让人家来评断你，如果你还在等着人家来评断你的话，那你铁定不是个真正的创意人。因为一个真正有自信的创意人会说：“我要选这家公司，你如果不选我那是你的问题。”他知道标准在自己身上，不在别人身上，所以不会坐在那儿等着被人家称斤论两。

如果一直得不到别人的认同，那就去找原因，到底是你的东西有问题，表达有问题，还是你跟他的频率没有接轨？你一定会有方法找到适合你的公司，只要你确定自己喜欢、适合什么样的工作环境，你们的调子相近，合作起来就不会互相抵消而是倍数加成。

如果你要区别“有创意”与“没创意”的人，其实很简单，你只要注意听他说话十分钟，如果他都处在很兴奋、看什么都好的状态，那么他一定比悲观、低迷、沮丧、抱怨，看什么都绝望的人有创意。

根据量子物理学的观点，观察者决定被观察的结果——“完美”从来不是外面的事物，而是你的眼、你的心、你看待生活、看待世界的方式是完美的。若是有一天你发现自己的人生太棒了，简直完美到不行，没有任何一个人过得比你精彩，那你就已经是最有创意的人了。

第 7 问
如何突破创意的瓶颈？

我小时候想象力很丰富，但长大后发现不如从前，该如何突破瓶颈？在工作上需要很多点子，但在需要点子的时候，却没办法生出来，该怎么办？有提案时间压力时又该如何是好？

不良教育是创意的杀手

没错，你看很多小孩子，他们的创意正是最多、最好的时候，等到孩子慢慢长大，大人会说这个东西不能碰，那个事情不能做，到后来就变得压抑退缩，对很多东西变得没有知觉——不良的教育，就是把一个好好的、活生生的人，变成植物人的过程，会让人的昏迷指数越来越低，直到变成三。如果想要恢复创意，把昏迷指数从三恢复到九，很简单，就是回到孩子般的状态，对什么都好奇、完全没有成见、没有框架地去看这个世界。

重新找回生活的刺激

如果你现在对明天很无奈、没有期待，那你目前一定处在非常萎靡的状态，工作上当然就会创意枯竭——要想办法去改变、尝试一些新的刺激系统，或是换一下你的焦点，找找看你对什么东西是有反应的，就像抢救车祸重伤的人，他的亲人会放他有感觉的音乐——去找一些会让你感动的东西，如小说、电影、人，只要能让你哭、让你笑、让你重新有情绪，重拾勇气与希望，从困境中顿悟，从麻木不仁中恢复意识的……都可以，而且要去亲近那些让你有活力的人，记录第一时间的感动，留下他们的作品，变成自己无创意、无动能时的后援补给线，你就会找到与以前截然不同的生活状态。

举例来说，我每次看《歌剧魅影》、太阳马戏团的影碟、加拿大导演罗伯特·勒帕吉的电影，听到贝多芬的音乐（尽管失聪，但他心中的旋律竟是如此的动人）……都会很感动，我非常珍惜那些让我掉眼泪的动人故事、音乐、对话，我会去分析这些背后，究竟是什么样的点触动了我，那个点可能是分离、死亡、爱、恨，因而让人恐惧、害怕、激动。我会把影片、音乐放在工作室里，当我失去感动的力量时，就会放来看或听。因此，你应该有些恢复知觉的急救包，不管是影片、书籍、文章、音乐或某些人，都要留下来。

至于时间压力，其实这也是一种训练，有时时间越急迫，越容易成为创意的引爆触燃点，就像锅子高压加热，到了沸点，水就突然滚了一样，善用压力就好。

第 8 问
创意是要轻易被看见，有没有可能是隐性？

创意若是够精彩，一眼就可以看到。比如你走在一条街，街上有家店改变了，或是招牌的颜色变亮眼了，或是食物变好吃了，或者老板换了，你都能感觉得到。创意若是够特别，就会让人轻易发现，瞬间感觉到不同，而且很难忽略它的存在。创意就像颗原子弹，放在那里引爆，就会产生很大的威力与影响，所以创意不可能是隐性的，没被看见、没被注意到的创意，不能称为创意。

就像我常举迪拜的例子，他们的每一项国家建设，一定要变成全球话题，一举一动都要全球瞩目。因为他们的想法就是，没有人会记得第二个登上月球的人，换句话说，如果不能够成为最抢眼的那一位，那就什么都不是了。

第 9 问
如何将创意转成文字？

创意在生活中随手可得，当有一个很好的创意时，却发现自己没有创造力可以实现，无法具体表达出来时该怎么办？如何成功地将生活经历，转换成令人动心的隽永文字？

挖掘艺术家背后的生命力量

就像是一个投手，他很想打全垒打，但发现自己的手无法挥出；一个画家脑中有张很棒的构图，但却怎样都画不出来；一个音乐家心中有一段很棒的旋律，但不知道怎么把它谱出来；一个小说家有个很棒的故事，却不知道怎么把它写成一部完整的作品——我们可以通过成功的运动员、艺术家、马戏团员的电影来观摩，像《心灵捕手》《深夜加油站遇见苏格拉底》《撼动生命》《最后一击》《登峰造极》《杂耍与疯狂：新世代马戏团幕后大揭秘》……都是突破年龄、体力、性别、机会的限制，而获得成功的例子。我们可以从这些电影中，看到创意如何利用意志力，化成真实的力量、速度、高度，看这些人如何面对生命中的问题，把这些问题转变成一股很大的力量，然后展现出来的生命创意是什么。

另外，要多读别人的作品。当你去画廊欣赏一位画家的作品，例如墨西哥女画家弗里达·卡罗，你可以试着从她的画，去了解她是个什么样的人，她的童年可能是怎样的，她平时是怎么跟人沟通、怎么生活的，她画这幅画时，心中有怎样的想法。她当时的情绪如何一笔一笔地画出来……然后再去看她的传记，去验证你的推论。透过这样的练习，你可以充分培养自己的观察力、推理力，这是个来回反复的过程：从作品去追艺术家的生命源头，去挖掘艺术家生命背后的力量，然后再去感受你自己的生命源头，如何把你的生命力量，与你眼前待完成的作品成功地相连，就像学开车，反复多练几次就会了。

每个人都可以成为自己的营销专家

看以上这些东西，比你去读商业营销类的书籍都更有原创性，因为大部分商业类的书，都是作者自己整理过的，如果你进入别人整理过的文字，你就会进入人家的思考脉络，就会变成人家的消费者，但你一定无法用他的方法，再创造出比他更好的成绩，因为那是他的路、他的经验，书出版了，该时空的时效性也过了。你如果能进到最原创的生命，最接近刚刚生出来的那种状态，即便是与你目前的工作主题没有直接关系，但生命的源头是相同的，你很快就能接收到最强劲的创作能量，找到那能量之后，你自己都可以写出一本像大前研一那样的营销趋势书了——每个人都可以成为自己的营销专家，只要你走的脉源够深、够原创。

用文字真诚地实践生命

当你看到艺术家、运动员、企业家这些活生生的例子时，你会为生命中不可思议的巨大潜能所感动，就会知道脑中的创意跟手脚的执行之间该怎样联结——这当然是需要训练的，如果你从来没有写过一篇文案，从来没有画过一幅画，除非你生下来就会，否则还是要学习一些专业技巧。当你碰到了一百个客户，写了第一百篇文案，你的文案一定会比第一篇更熟练，除非你没有认真写，没有求进步。就像写书稿一样，写出第一百万个字，一定会写得比第一百个字还流畅，下笔会更自在，更接近你所想要写的；画完第一百幅画之后，也会画得又快又好，最重要的就是多练，熟能生巧，这是没有办法偷懒的。

正如《全球一流文案》（*The Copy Book*）书中提到，有人问一位创意总监："你怎么写文案？"他回答说："一个字一个字写。"当你一个字一个字扎实地写，写到第一百万个字之后，你会开始熟练，越来越接近你想要表达的……这其实就是熟能生巧，像我第一次写文案时常想不出东西，便努力写出各种版本，然后从中找出最适合的文案。但现在我可以在一个小时内写完一篇文案，仿佛脑神经直接连到手那样打出字来，而且完全知道这就是最好的版本，不会有其他。

总之，我只能说：要多写、真诚地写。真诚的意思是，你与文字之间没有目的性，也就是你与文字在一起，用文字真诚地实践你或是商品的生命，让真诚显现出魅力，但前提是你有一个想要表达的东西。

此外，多看文学作品，看作家如何以非凡的创意笔法，描述平凡且大家都熟悉的生活细节；剖析书中有力度的文句、朗朗上口的话语、诗的文字与结构、网站上最容易被搜寻的关键词或是新闻标题，可以分类并存盘，以后就有参考的文句库可以运用。

我在看电影时一定会做笔记，等将来案子需要什么资料，我马上就可以找到相关的信息，这都是平时累积出来的成果。记得作家欧阳应霁曾讲过，他有数十个柜子，一个月翻看五十本杂志，然后将杂志拆解，一一放入主题数据柜中，如食材的、食器的等。他研究食物，就是这么认真、这么博物馆员式地，分类并储存每一样他有兴趣的素材。

穿透事物背后的意义，每个人都可以当作家、写文案

至于如何成功地将生活经历，转换成令人动心的隽永文字，我觉得文字是否令人动心，不在于文字技巧好不好，而在于文字背后所呈现的故事是否能感动人。就像《佐贺的超级阿嬷》并不是个很华丽的文学作品，可是故事很感人，一个1958年在日本佐贺县发生的故事，到现在却不只在日本引起轰动，还红到了台湾，以及世界各地。感人的故事不仅可以变成电影，还能改编成戏剧、舞蹈，转变成绘画、雕刻……最重要的是故事本身是否能深入人心底。不过，文字当然还要有个流畅的基础，不能把一个好故事，书写表达差到看不下去。

任何艺术表演形式、任何作品，重点不在作者的技巧好不好，经过训练，每个人都可以写小说，每个人都可以当作家，每个人都可以写文案，问题在于能不能看到事物背后的意义，例如一个杯子，赋予不同的定义，就会让人对它产生不同的感觉。法国哲学家德瓦，在《51种物恋》中，将身边的51种东西进行哲学思考并重新定义："雨伞，一片可以带着走的天空。"这定义已是一句很经典

的文案了。还有，“凉鞋，是一种界面，介于自然与文化、肉体与土地、过去与现在、手艺与工艺、热与冷之间，是一张使不同世界得以共存、相接的薄膜，亦是一处与移动、轻盈、风有关的世界皱褶。碗是什么？碗不是为了在餐桌上炫耀主人的品位，而是为了终止水无止境的流动。钥匙是什么？钥匙是拥有谁在门内、谁在门外的控制权”。

所以，各位可以试试，对身边的对象重新定义，你可以在那本书的目录页中，自己先定义这51种东西后，再去看德瓦的定义，不要事先看过后照本宣科，不然你就只达到被喂食的层次而已。我想，德瓦绝对是极优秀的广告文案，他对平凡对象的非凡看法，让整个物品的特色瞬间跳上来了。

透过电影，虚拟体验不同版本的人生

一个高超的创意人，在看到聚斯金德《香水》这部小说后，整幅影像画面都会同步跑出来，所以在看一部小说时，可以假想你是导演，该如何拍摄这部电影？或者你在看了《哈利・波特》第三部时，如果作者罗琳突然要你接手写第四部，你会怎么写？怎么铺陈人物角色与剧情？电影又该怎么拍？

你可以在看电影的过程中，边看边想象接下来的剧情，如果没

有这样，你永远只能沦为被动的观众、被动的消费者。一个有创意的人，随时随地都在想，眼前这样的东西，还有其他哪些可能。

创意就是：你如何诠释你所看的电影、书，接触到的人，眼前发生的事。我每周再忙，都会到音乐厅或剧院去看表演。我每逢影展时是最累的，一天看四到五部电影，为期一个半月，但那段时间是我补给创意最丰沛的时候，因为一年内世界最精彩的影片几乎都在这里。

通过电影，我可以虚拟体验不同版本的人生，一年250部电影，十年下来就过了2 500种不同的人生，而且还可以在观影中，不停地转换角色：主角、配角，包括用导演、摄影师、编剧家的方式去看同一部电影。

即便你不小心看到了一部很烂的影片，但可以假想：如果这部电影交给你来改拍，你会用什么方式？这部片失败在什么地方，有什么是可以改进的？是说故事的方式、选角、场景、运镜，还是音乐出了问题？绝不是看完电影，骂个“烂”字就走了，这样你的电影票钱、你的时间，就浪费在那部电影上了。

一个真正的创意人，绝对不是一个被动的消费者或抱怨者，就像知名创意人包益民说：“没有怀才不遇这件事。”创意人永远是个乐观的生产者：当他看完电影，就可以产出另一部电影；喝完一杯好咖啡，不是想明天还要再喝一杯，而是会不得不赶快把一段诗、一首曲子、一篇文案写下来。

你还可以跟生活中顶尖的艺术家、创意人或作家做朋友，看他如何在生活中瞬间淬炼出自己的产物。我会跟一群从事创作的朋友一起去看电影，看完大家讨论之后，另一套剧本就会产生。所以，每次一群人去看完电影后，大家微信上的昵称都不一样，除了帮对方取成电影中角色的名字外，还顺势变化出新的关系来，这是和一群有创意的人去看电影才会享受到的部分，这就是从生活中去刺激各种创意观点的方法之一。

第 10 问
创意需要结构吗?

还是可以跟着感觉走?理性与感性之间又该如何调配?

把孕育创意的子宫准备好,就可以等着接生作品

如果一个母亲,在怀孕时就在想婴儿的手脚五官比例,你觉得有意义吗?那就跟定做一个机器人、制作罐头没两样,而不是孕育一个独立鲜活的生命体——对我而言,写文案、写书、写小说、演讲都是一样的,我无法事先有大纲或是方向,都是在天时地利人和条件下诞生出来。

我唯一能做的,就是把那个孕育创意的子宫准备好,找好音乐、泡好茶。如果要分析诞生步骤、内部结构,也只能事后拿来解

剖研究，但下一次得出来的结论铁定不会是一样的，就像前一胎的样貌，不可能拿来百分百推测下一胎的长相。

当你在喝一杯果汁，一杯好喝的综合果汁，你若开始分析其中葡萄比例是百分之多少、苦瓜百分之多少、苹果百分之多少，那果汁品尝起来就会非常制式，也一定不会好喝，唯有用全感官去享受整体的完美、整个滋味的流动，才算是真正享用一杯果汁。很多很好的厨师不用食谱，而是用他的味觉在做菜，要放多少酱料、要煮多久，是没办法写成食谱的，因为每一次的食材不同、气候不同、食器不同、空间不同、吃东西的人不同，便会产生不同的变化——火候是情绪，是感性，也是理性。

也就是说，创意是不可能被量化的，不能说理性要百分之多少，感性要百分之多少，很多都是浑然天成的，就像左脚与右脚，缺一不可。就像生了一个小孩，没办法用小孩的身材比例来判断小孩好或不好，因为那是个截然不同的生命。即便他的比例不是很完美，不是黄金比例，不是模特的比例，可是他会自己去发展出很棒、很好的生命样貌——我每次担任创意比赛评审时都很头痛，在评分的时候总会被要求：创意占30%，技巧占20%，风格又占百分之多少……就像把一个活生生的人拿去解剖：也许头型好看但臀部不够翘，手够细但脚不够长……这是很怪的一件事情，应该从整体来看一个东西。

理性与感性是浑然天成的

创意无法被比较、统计、量化、规格化、步骤化，就像拿玫瑰花与莲花来比花瓣数目、大小、色泽、气味是很无聊的。就像电影《复制贝多芬》中，贝多芬告诉作曲新手说，放弃调子、放弃结构、放弃有头有尾的概念，让音乐自己活出来，不要摆出严谨的规则，挡住了音乐的流动与呼吸。就像最好的音乐演奏家，他拉弹起来，会让人觉得仿佛是第一次泉涌般自然，曲子仿佛是从他灵魂透过手流出来，你只能进入那股流中，进入他感性的诠释中有着浑然天成的理性韵律；如果你还在分析那音乐的结构，就像你面对一个美女，拿着尺在研究她每个部位的比例，就无法整体欣赏她浑然天成、灵动的美。换句话说，如果你脑中还在想结构、理性感性比例的问题，那创意就没有空间活出来。

第 11 问
创意和幻想有何不同？

如何开发创意，再将创意转成实质？创意如何变生意？如何兼顾创意、商业绩效，还有制作预算？如何在这三者间取得平衡？

光芒耀人，生意自然来

创意就是光芒，能让很多人从很远的地方看得到你，你不需要担心创意如何变成生意，因为创意本身就能吸引一堆商机来找你。

不一定得去看商业营销的书，你可以去看太阳马戏团的表演，看他们怎样在既有的限制下（表演场地与道具），展现最大的创意。比方一个在高空中走绳索的团员，他可以在上面翻跟斗、骑车、跳舞、唱歌，仿佛脚下没有那条线，是在平地般自由展演——

对我而言，事前与客户、营销人员做最充分的沟通，把那条在高空中的绳索拉出来，这绳索就是营销策略、目标、预算，然后创意人员只要不离开这条线，要怎么翻怎么跳都行，只要够引人注目，且不会摔出线外就行了，这就是创意在商业线上游刃有余的比喻。

就像太阳马戏团，他们的服装、音乐、戏码，都是非常有艺术感的，整个艺术的运作，会从最精彩的马戏表演来思考，然后去挑战人的极限，做出最完美的艺术组合；作品完成后再跳脱出来，让专家来思考营销策略。如果你本身是个独立的创意工作者，没有团队帮你做营销与宣传，你还是可以在面对创作时，先做个忘了观众、忘了市场的全然艺术家，力求把作品做到最好，做完之后再跳出来想：如果你是个营销人员，而这作品是你家人或是你的情人写的，你该如何客观地找寻其中有力的营销刺点？因为一部影像作品，或是一整本书，你可以挑出两三句话，或是两三分钟的预告短片，吸引媒体或是大众注目，而这两三句话或是两三分钟，就足够宣传了，根本不会影响到原作品的完整性。

创作与市场是没有冲突的

爱尔兰剧作家、小说家奥斯卡・王尔德说：“所有量入为出的人都缺乏想象力。”不要因成本条件、市场预期，扭曲了创作的活体，创作与市场之间，可以说是没有冲突的，这部分可以参考日本艺术家村上隆《艺术创业论》的例子，或是美国《快速企业》中《如何培养想象力智商》（*Imagination Quotient*）的专文报道。

况且，因为有了商业的资金，所以创意人能玩出更大规模的排场，若只是艺术家的创作，可能就因受限于经费，使制作的规模、可影响的层面很有限。所以，只要抓到艺术与市场的交集点，就能让创意作品展现出商业的力道与影响力。

第 12 问
如何打破制约？

当这世界上没有你害怕的事情、没有你害怕的人、没有你害怕的后果的时候，其实就没有制约这件事，就算前面有人、事、物遮住你的视线，你还是可以清楚知道你的路是什么——我基本上是个完全相信自己直觉，照着自己的意愿向前走的人，不大会受到别人意见的影响。我也比一般人更不遵守规则，一般人走路靠右边，我则是哪一边都可以走，也会逆向走。应该说，我活着就是无法被规范的，想规范我的人通常会很挫败。

所有的快乐、刺激与兴奋，有时必须建立在危险、风险、不安全感之上，讲极端一点，没有风险的事根本就没有创意可言，如果你没有面对风险的勇气，就没有资格谈创意。创意本身要有很大的胆量，没有时间去担心或害怕。

如果我是一头牛，我宁可选择生活在大草原上，宁愿有被狮子吃掉的危险，也不要在安全的动物园牢笼里过一辈子——安全的地方又如何？最后都是会死的，在死前所留下的记忆是什么？如果只留下观光客、喂食者与栅栏，没有别的，连交配的对象都是被送进来的，这是相当悲哀的事。

也就是说，没有你害怕的事，没有你害怕的人，连失去与死亡都不怕，活得肆无忌惮、潇洒随意，创意才有空间把精彩的力道展现出来。

第 13 问
对你来说，终极的创意是什么？

电影《香水》中，有个香水师对于味道非常敏感，他为了创造出全世界最棒的香水，努力研究各种制造香水的方法，最后他发现最棒的味道是少女的气味，所以引发了一连串的谋杀案。但我们不必被“谋杀”这个情节所影响，其实可以从这部电影中，看一个艺术家完成他终极作品的那种全神贯注、不惜任何代价地去做的精神。他有天赋，也很努力，当他终于挑战自己成功，做出了不存在于世间、但存在于他心中的香味时，所有的人一闻到就痴迷了。当他走上受刑台，把那罐终极香水瓶打开时，准备行刑的刽子手都向那气味臣服，连受害者的家属也被感动，并表示：“只有天使才能做出这种味道。”聚斯金德的《香水》是一部非常伟大的小说，把一个艺术家的最终极，透过文字描述淋漓尽致地展现出来，绝对是永恒的经典。

我喜欢印度大师在《创造力》中所说的："地球允许并支持树木违反地心引力，帮助它们生长，或许地球真的希望能够和所有的星星沟通。"梦想就是我的思考、我的动力，没有梦就不值得活，虽然现实与理想有差距，但它们之间的鸿沟可以靠勇气来跳跃。

套句布努埃尔的话："能够真正维护我们自由的，是想象。"没有想象力的人就没有力量、没有版图，想象力是最快、最大、最好的实现动力，可以用来改变你的过去、现在、未来——现在的你，就是过去的你定义出来的，如果你不喜欢现在的你，就请重新定义、重新改写过去的你，然后再从这个"已经改版"的过去的自己，投射一个"现在新版的自己"，你怎么看待过去的自己，也会影响你的现在与未来；或是从许多可能的未来中，选一个你最想要的版本，回射出你的现在，看现在的你需要做怎样的调整。

就以上内容来做总结，终极的创意就是：可以随时随地把垃圾变珍宝，把地狱变天堂，帮自己下新定义，把今天变得与过去截然不同，把生活过到最好的版本，把每一天创造成有生以来最棒、最充满冒险、惊喜、从未经历过、最极致的一天。也就是说，你怎么想你的今天，今天就是怎么成真，把今天过好到任何人要跟你交换人生你都不要——这就是我在《十四堂人生创意课2》里第三篇"创世学"中所提到的终极创意境界。

第 14 问
如何写出经典文案？

第一步该怎么做？有哪些方向可以启发创意思考入门？

只有感动了自己与身边的人，才能感动众人

先找出自己有感觉的切入点，让自己写得很流畅，写到连自己都被这商品、活动、文字打动了，然后再去找两三个人，把文案念给他们听，看他们会不会因为这文案想要买这个商品，或是参加这个活动。如果他们没感觉，我就会重写——若是连身边三四个朋友都没办法被感动，要如何去感动其余三四十万，甚至上千万人？

每个人都有自己写文案的方式与风格，得找出自己最舒畅的写文案方法，这部分可以参考英国设计与艺术指导协会的《全球一流

文案》，看32位世界知名的广告文案，他们书写文案的不同方式，例如柯达的文案大卫·阿博特（David Abbot）表示他写文案时，会朗诵出来以检查文句的韵律。其乐皮鞋的文案托尼·布里纳尔（Tony Brignull）会对产品感到激动，但会以杀手的冷眼，看待自己的文字。沃尔沃的文案吉姆·德菲（Jim Durfee）说："没有所谓的长文案，只有太长的文案，两个字的文案也可能太长，如果是不对的两个字。"美国MTV公司的文案史蒂夫·亨利（Steve Henry）提道："句子越短越好，即使智商只有红毛猩猩那么低的人也能读。"美国Commercial Union公司的文案苏茜·亨利（Susie Henry）说："如果有人看不懂我的文案，我不会试图解释，重写就是了。"苹果、耐克的文案史蒂文·海登（Steven Hayden）表示，他的工作，是创造出客户"最好的自我"。Polo汽车文案芭芭拉·努克斯（Barbara Nokes）说："我想象自己钻到目标消费者的皮肤、脑中、心里，用他的语言。"Bluegrass牛仔裤文案莱昂内尔·亨特（Lionel Hunt）说："无论多忙，每一天都要和你的艺术指导一起吃午餐。"美国Horn and Hardart公司的文案埃德·麦凯布（Ed McCabe）说，如果灵感一来，他临时找不到铅笔、钢笔、电脑，就会用自己的指甲，别人的口红、眉笔，或是地上的树枝、石块在人行道上写文案。有时在地铁上趁旁边老妇人不注意时，撕一角购物袋来写文案，或是写在餐厅的餐巾上（请餐厅隔天早上送到公司）、路人的衣服上（等到他找到纸笔抄下文案后，再赔偿损失）、情人的身上、厕所的墙上（再找人用拍立得拍回来）。

看这些知名文案的陈述就知道，没有特殊脾气，以及龟毛的写作癖好，是很难写出独特精彩的好文案的，因为那个“流”来了，挡都挡不住，但如果写文案时，还在找怎么入门、怎么依步骤努力生产字的过程，那文案一定写得很不好看。

熟能生巧，下笔即是文案

我从19岁写到38岁的文案历程如下：

［作品一］CNEX（华人新世代，一个纪实影像项目）的形象广告文案

如果你的作品还没进CNEX，表示你还没被全世界看到！

下一秒，永远像负片一样未开发，
可以去活，可以去死，
只要我们愿意去谈它。

时代跑在前方，和无尽的求知欲一样大，
所有人在运镜中穿越理想的蓝图，
每一瞬间，都被锐利的镜头化为历史，
留在我们身后的采集篮里。

把人性投射在大屏幕的冲动，
对永恒几乎绝望般的渴望，
所有因人而起的傲慢与抒情，
镜头都将从这里进入。

原始竟是如此的美好，
手上的这卷影片，
就是证据。

协和客机把整个大西洋都删除了，
CNEX却恢复了整片太平洋，
以原创性最高的初生影像，
重新联结全亚洲的华人，
精神与物质、东方与西方、城市与乡村
男人与女人、老人与小孩、富人与穷人
都有了端详彼此、剧烈交换生命视点的沟通平台。
所有尚未被记录，但终被瞩目的人，
所有尚未被看到，但已经发生的事，
都会被CNEX找到。

如果你的作品还没进CNEX，
表示你还没被全世界看到！

这是主题式的影像实验室，也是进行式的对话殿堂，
每一寸思维，都在时序中留下了探索的轨迹，
每一个梦想，都在空旷处留下了自由的涂鸦，
每一部影像，都在发言台留下了精彩的表达，
每一种文化，都在屏幕中留下了经典的例证。

全球视野，在地行动，
Connecting Next, Collecting Next, Creating Next,
新鲜的人类影像档案史正在募集，
CNEX，已经诞生：www.cnex.org.cn

[作品二]富邦艺术基金会简介文字
我们应该把每一天，献给艺术所带给我们的每一场生命奇迹

时间

在我们的生命中有若干个凝固的时间点，
卓越超群、瑰玮壮丽，
让我们在困顿之时为之一振，
并且弥漫于我们的全身，让我们不断往上爬升，
当我们身处高处时，激发我们爬得更高，

当我们摔倒时，又鼓舞我们重新站起。

——华兹华斯

人生是一场美丽的旅程，在每次不经意地驻足时，
艺术便在我们眼前，慷慨地展现一望无际的惊奇。
富邦艺术基金会自1997年开始，
已经举办了上百场的展演与讲座，
所有由精彩生命所分享出来的惊喜，
已经在上万人的生命中，埋设了几个重要的时间点，
在他们心灵需要蜕变或升华时，
悄悄地发生了作用。

富邦艺术基金会不只是一个艺术展演中心，
而是一个让生命交相激荡的场域，
每日每夜，进行着希腊哲学家所谓的“实践的幸福”。

创意

我的感官需要重新调整，来体会夜晚里坚实的土地，
风的感觉，以及沉静的声音。

——阿兰·德波顿

创意是什么?
就是换一个全新的目光看世界,
就如同普鲁斯特所说:
真正的发现之旅,不在于找寻新天地,
而在于拥有新的眼光。

以一种新的高度、新的速度、新的向度望着我们的生活,
一年不再只有四季更迭,一周不再只有日夜交替,
一天不再只有二十四小时生灭,
我们可以佛罗伦萨的月光,布置家的温馨,
用济慈的眼光对待情人,
踩着马勒巨人交响曲的节奏去上班,
以伦勃朗画一幅人像素描的时间,端详家中的老奶奶……

富邦讲堂,请了建筑、艺术、美学、宗教、文学、旅行、美食……
各领域的名人,
为我们看世界的眼光,做了一场场生动的导览,
于是单调不变的视野转换了,我们的日子突然变得丰富多彩,
新的意义从我们旧的观看模式中挣脱出来,
这是他们为我们趋于常轨的生命旅程,所做的最大的革命与冒险。

艺术

伦敦是没有雾的，因为惠斯勒把这雾画了出来，伦敦才有了雾。

——王尔德

艺术，以一种独特的生命形式，
传递着艺术家从灵魂底层蔓长出来的情绪与价值，
引发了我们灵魂深深的颤动。

霍姆斯说：伸展至新思想的心灵，
绝不会再回归其原先的视界。

艺术家眼中的世界，是如此的与众不同，
于是我们有了一双奇迹般的双眼，
有了一张全新的生活地图，
就如同伊塔洛·卡尔维诺在《看不见的城市》所写的：
艾斯玛拉达的居民，免于每天走同一条路的厌烦，
在阶梯、驻足台、拱桥、倾斜的街道之间上上下下，
每个居民，每天可以享受从一条新路，
抵达相同地方的乐趣。

富邦的艺术小餐车，
已经为我们上了非常多道庆典般的灵魂飨宴，
艺术以各种新鲜的形式，在人与人、人与城市间流动着，
让我们在没有规则的梦境中，尽情尽兴地游戏着。

气味

一阵突如其来的香气，唤起了波戈诺山区湖畔的童年时光……
另一种气味，勾起了佛罗里达月光海滩的热情时光……
第三种气味，让人忆起全家人团聚在一起的丰盛晚餐，炖肉、面条布丁和甜薯。

——黛安·艾克曼

艺术，以一种无条件的美，
将你与他人形成一种感动的联系，
这个世界便以超乎你想象的方式，展现出她的大千风景。

这里不再是博物馆，
是一个可以听到呼吸与话语，
可以闻到人与作品气味的艺术市集，
世界上没有比气味更容易记忆的了。

在这里，我们都变成了好奇好动的孩子，
眼前的一切，都成了爱不释手的玩具，
就如同英国桂冠诗人曼斯斐尔所说：
在快乐的日子里，我们变得更聪明。

［作品三］第一届诚品·台湾大哥大My Fone行动创作奖文案
短信文学版
让我们持续在灵魂层面上，高速笔谈！

你怀里的手机
是我以爱与思念
守护你的精神随扈。

对着手机边走边写，
二十四小时卿卿如晤，
招供般地发短信给你，
随时随地进行我们的马路文学。

以感动淬炼出香醇隽永的短句，
复兴五四时代
徐志摩短如诗浓如酒的灵魂极短篇。

让我的文字
追上你移动的速度，
让我们持续在灵魂层面上
高速笔谈：
陪着忙碌会议的你，在高压的片刻被一则笑话逗开心，
陪着想狂野的你，盛装夜赴嘉年华会狂欢，
陪着不想说话的你，安静地登上喜马拉雅山。

陪你到老，陪你走天涯。

听不到你，看不到你，
于是我们以文字来做无声的同步心电感应。
无论你人在哪儿，
我都能借着你的手机
循线找到
你全天候地守着你的存在。

短信文学体，开启了科技文艺复兴时代，
人手一机，
就是我们彼此串联爱，
无阻地传递感动文字的新接口。

第一届诚品・台湾大哥大My Fone行动创作奖，
已经开始。

原创歌曲铃声版

让我们持续在感官层面上，互相聆听！

我们之所以真正幸福，
是因为只要一思念，
就可以随时随地
聆听到彼此。

你的忧伤、你的独语、你的秘密、你的渴求，
你的愿望、你的兴奋、你的甜蜜、你的感动，
我都能透过手机直播频道，
听到你
可说与不可说的
心情现场。

当这个世界只剩下声音，
我们就拥有了
视觉的最大想象力：
想象你的爱、你的歌声，
在海边、
在海王星，
或是在海鲜餐厅，
都可以成立。

于是我有了：
把你的声音，
放在宇宙任何一角的最大特权。

第一届诚品·台湾大哥大My Fone原创歌曲铃声创作奖，
让你的声音不再寂寞，
让所有的人于各自所在的场景，
想象你，听见你！

［作品四］2007诚品18周年庆文案
18岁独立宣言：我，一个创造者诞生了！

诚品18周年庆，2007年3月23日至4月16日，
与全世界分享：18岁巨大的梦想创造力！

18岁，
不是比17岁大一点这么简单，
那是一种神圣的声明，
等于向全世界宣告：
从今以后，
我已经完全独立了！

我可以百分之百地决定
之后人生的每分每秒
可以做什么，值得拥有什么
能为这个世界带来什么非凡的惊奇！

当我想去旅行，
就是背起包包走出门就好。
当我想跳舞，
所到之地就是我的舞台。
当我想去爱，
每个人都是爱着我的恋人。
当我想唱歌，
全世界都是我的听众。
当我想要自由，
眼前每一条都是我的路径。
当我想去梦，
整个宇宙的能量，都绕着我的梦成真！

不需崇拜偶像，不必听命于谁，
当我决定开始对自己的命运负全责，
当我全心聆听自己真正想要什么，
此时此刻，就是我思想最有力量的时候，

整个世界都会听我的。

活着，做自己，
随心所欲，就是最大的成就。

把自己活成一个最神奇的创造者：
从无到有、无所不能、心想事成
活出最美好的版本，
好到不想跟其他人交换我的人生！

这个世界，
因为我18岁，
因为我无上限的想象力、我的无穷尽的活力，
已经变得很不一样了！

［作品五］汕头大学图书馆案 · 建筑理念与哲思
向天展页的中国新文明

线装书，是中国书籍装帧形式发展的一个重要阶段，
藏书家们视收藏经典线装书为惊奇的志趣。

线装书以手工将一页页的平面知识串起，
以线缝合成了一件智慧的立方构体，
线装书因此成了中国古文明经典的象征之一。

于是，在中国南方重要的汕头大学图书馆案中，
我们直接取“线装书”的意象，作为俯瞰此案的建筑盒体，
象征这是一本自南方大地生起、浮在水面半空中、
巨幅向天展页的中国新文明宣示。

源自东方精神的巨型线装书盒体，其收藏全世界知识的野心，
不亚于埃及亚历山大图书馆
——搜集所有被历史保存下来的先人智慧，
后代的求知若渴者，进入这巨幅的知识理路，
采集并交融出新的体悟。
新生的能量，再度由这个线装书盒流向大地四方，
盒体盒外，百花齐放，众声喧哗。

整个线装书的建筑盒体，采多层次的细部安排，
透过天窗与天桥，引入光与影、云与水的自然穿透效果；
回旋梯与三层高书墙，阅读者的动线，
成了穿梭在这巨型线装书盒里的视线轨迹，
亦是一个可被窥见的知识神经网络系统

——有趣的阅读与藏书巨盒体，
让书与阅读者、古人与新人、人与科技、科技与空间、
建筑与自然之间，
交流成了新界面的天人合一，
宛若一首意境超然的“田园诗”氛围，
亦是一个片刻即永恒的大器空间。

田园诗，是中国智慧文明史中最具禅意的表现，
真正体现天人合一：
人与自然和谐的、超然的、合一的生命史观，
这也是东方足以向西方支配性、分类化之知识系谱，
对应与对话的哲学平台。

而这个已达“田园诗”至极意象的东方图书馆，
置于汕头大学校门的绿轴带起点，更具意义。

空间分配介绍：

知识的天人接口（云星阁+巨幅书墙）

这是书的百库接口，知识的多层理路。阅读者穿梭在三个楼层之间，仿佛是在书与书之间穿针引线，裁缝出属于自己的知识版本。

从图书馆各角落都可以望见这巨幅：鲜活的知识采集者群像，亦是一幅动人的知识迁徙图。

白天的晨光、夜晚的星月，日以继夜地为知识点亮了恒久不灭的光明，指引着明日世界。

来自上方的光与云，来自四方的风与水，让知识、自然、读者，形成了一个循环生生不息的智慧对流层，亦让王维“行到水穷处，坐看云起时”的生命哲学在此体现。

知识的梯田（阶梯自习室）

可容纳四百人同时在此，宛如一个知识的梯田，所有的好学者在此俯首耕耘。

在埋首探索知识之旅的片刻，面向虚拟竹林柱间不动的远山与多变的浮云，超然的视野，让阅读者得以当下了悟书本背后，智者在面对大自然、面对生命那种无法言传的感动与顿悟。各时空的智慧，于此瞬间呼应与传递，借着春耕、夏耘、秋收、冬藏的四季运行，每位展书者在此获得生息、慰藉、了悟，以及来自智者与大自然原生的涵厚力量。这就是此“知识的梯田”所欲形成：一个得以让稻苗长成稻穗、知识蜕变成智慧的空间，亦是“采菊东篱下，悠然见南山”的哲学意象在此活现。

知识的廊谷（阅读长廊）

向整排天窗借光，两岸有书，岸间形成了众人阅读的廊谷。走到终点，就是一个回旋向上的知识阶梯，亦可视为企图接近天、接近真理的天梯。

建筑意境在此，每个人从各个角度，都能看到不同的启示与感动，众人在此各自形成了新的生命哲学。陶渊明的“晨兴理荒秽，带月荷锄归。道狭草木长，夕露沾我衣。衣沾不足惜，但使愿无违”，就在这知识的廊谷里，就在日以继夜的耕耘与收获中完成了。

依自己人生阅历的不同，从早期重“文案华丽技巧”，到现在“朴实但深入”的文案风格，从上面的引文可以看出有了很大的转变——以前的生活历练不是很充足，所以努力看书、找信息、雕琢文字，如今写文案对我而言，就像开启水龙头般轻松容易，只需很短的时间，就可以又快又好地完成，其他多出来的时间，都是在补充能量。我充电的时间，比我写文案的时间多了几百几千倍，一个月的工作量只有四五个小时，其他时间都在看电影、观赏艺术表演、旅行、看书、演讲、吃喝玩乐，尽兴地体验各式各样的生活，所以我不可能会有创意枯竭的时候，我整个人就是活在创造之流里，就算躺在床上什么都不做，也觉得创意充沛。

在《十四堂人生创意课2》提过“梦境创意学”的概念，光在梦的领域，透过做梦、孵梦、解梦与改变梦，便会产生一个很大的创造力量，所以我的创作不会只有广告文案而已。就像是一棵树会长出枝叶，长出花朵，长出更高的枝干，长出果实，那是非常自然的，但是一开始入根很重要，你要播种，要洒水，要施肥。而“阅读”就是在扎根，我希望我的学生每天空出至少半小时看自己喜欢的书，并且试着去融入书中的世界，同时还要跳出来看自己所见到的东西。

所以当你已经开始收割的时候，那就会是百花盛开，所有的物种都在你的面前形成一个创意的洪流系统，不需再去追求创意的技巧、创意的法门，一切创意的花朵便会自然生成——以前写一篇文案可能要花两三天，而且写一篇文案至少要读五本书，写完还要去问五个人对于这篇文案的看法，有时还会准备两三个版本的文案，做完简单的市场调研后，再把最好的版本提给客户……而现在一下笔就能写成最好版本的文案，这就是熟能生巧的结果。

第 15 问
如何知道这是不是一个好创意？

思考文案方向时，对你来说什么是最重要的？写文案时，若与企划的主轴、创意表现，或是其他相抵触，如何抉择？文宣的有效性如何判定？

瞬间抓住消费者的目光

大众能否透过我的文案，对这商品或活动瞬间产生注目、兴趣、深思、认同、喜好、记忆、传播、行动，是我最重要的评量点。至于文案是否会与企划方向、业务目标相抵触，如何抉择，这对我而言从来就不是问题，因为企划、业务目标就像骨架，文案与视觉的表现像血肉，两方必须找出最完美的合体方式，才能自由移动、施展力道，彼此不可能对抗与冲突，如果有抵触，表示至少有一方是有问题的。这部分在《十四堂人生创意课2》第四层提道：

“对一个已经非常熟练的创意人而言，你给他再多的限制，都不会形成干扰，他会在你给的限制之上，再搭一个高水平的舞台，他不会抵触你的限制，但也不会失去创作的自由度，就像太阳马戏团团员，能在高空中的一条绳索上，唱歌、跳舞、翻身……宛如在地面般轻松自在；但对一个创意生手而言，就很容易被这些重重限制困住了，身陷在牢笼中很难自由发挥。”

抓住瞬间的关键两秒

美国知名的广告文案马蒂·库克（Marty Cooke）说：“我们不再有读者了，现在只有‘随便翻翻’和‘到处看看’在平面媒体逛大街的消费者。”[①]文案毕竟不是个人的新诗创作，自己喜欢就算了，写完后必须跳出来，从客户、消费者、视觉上、货架上、市场上总体来看、来评估效果。

之前我在《康健》杂志、SOGO、Nova、新光三越企划人员内训时提过，如果把文宣放在便利商店的杂志架上，消费者一进门会不会一眼就往你的文宣封面上看，还是会被哪本杂志的哪句标题或哪

---

① 引自《全球一流文案》，阿拉斯泰尔·克朗普顿编著，邹熙译，中信出版社。

种封面吸引？一份文宣，要与一天中那么多份文宣品竞争、要与各类型媒体（电视、网络等）竞争，别人要不要拿这份文宣、留这份文宣、看这份文宣、会不会被这份文宣吸引，进而行动，并且传递这份文宣……98%的成败都在封面或标题上，但往往企宣人员花最多时间在内页，赶到最后才把封面草草定案，结果很多收件者连封面看都没看两秒，就直接丢进垃圾桶。

如何在两三秒中瞬间抓住视觉，就是你这份文宣费有没有白花的关键。

第 16 问
文案与设计如何完美结合？

我没有文案和设计如何完美结合的问题，因为我在构思文案时，会先看到视觉，然后再把视觉写成文案，因此没有写了文字之后，再构思图像的困扰。至于美术人员看到文案后，是否能产生精彩的画面，他所看到的画面，与我看到的是否有交集，这就是另一个层面的问题了。

我通常不会把自己心中的画面告诉美术人员，这是希望他们能有最大的诠释空间，但如果做出来无法衬托出文案的意涵，或是视觉无法成为抢眼的好衣服、很有景深的空间载体，我就会在截稿之前尽力沟通、刺激他们，但如果还是不行，有时为了时效，只好将自己心中的画面告诉美术人员，先暂时把画面做出来。但其实最好的合作关系，应该是美术一看到文案，就能瞬间有画面想法，一画成布局图就能让文案拍案叫绝，两者之间的默契非常重要。

就和之前提过的Bluegrass牛仔裤文案莱昂内尔·亨特所说“无论多忙，每一天都要和你的艺术指导一起吃午餐”是一样的道理，最好彼此经常看同一本书，看同一部电影，彼此多多讨论观后感，有助于两人之间默契的培养。

第 17 问
如何保持写文案的清静心？

基本上写文案不太可能用清静心来写，因为文案很短，要用很短的时间去告诉人家重点讯息，所以会比较浓、比较激昂，可能需要摇滚乐、交响乐，或是很“燃”的东西来激发情绪与热忱，以文学来比喻的话，文案会比较像是诗。

除非是写像宗教灵修或香氛精油的文案，才会以清静心来写，但这种清静也只是要留出灵魂大面且深度进出的空间。之前我在写统一企业40周年庆文案时，因为要写出十二段组诗式的愿景文案，彼此之间还要有起承转合的情绪，所以我专门挑了十二首音乐。当我在写某一段文案时，就只单曲循环这首音乐，直到这段文案写完，再换下一首，写下一段文案。写书的时候也是，我会挑一首音乐单曲循环到底，以维持让纯粹创作流进出的频道。

第 18 问
再看过去写的文案，你会感到不愉快吗？

每一篇文案对我都意义非凡

我实在无法从上百篇的广告文案中，选出最喜欢的一则，因为每一篇文案，都是在我某个时期所形成的，我顶多只能在某个年龄段，例如20~25岁、25~30岁、30~35岁各选出一两批对自己最有意义的文案。

比方收录在《广告副作用》里，为诚品写的第一批文案：《阅读者的群像》《诚品西门店520特卖：夏天在520，推翻春天的政权》《杯情城市：杯子建筑水的形式，水改善人的关系》《当蝙蝠飞完时：诚品阅读停刊宣言》《诚品图书礼券：一千元价值的重新理解》《诚品网络书店文案：知识已经无法放进一张地图，所以我们给你一个网址》《莺歌陶瓷博物馆：陶的未来预言室》等，都是当时辛苦突破思考瓶颈，把觉得不好玩、没感觉的物件，找到新的、有趣好玩的点来写，后来顺利诞生，这些文案作品对我都意义非凡。

我的第一本书名为《诚品副作用》，意思是：你到诚品应该是去看书、买书，如果你到诚品为了去收集文宣，甚至将它们保存起来，那么这就是副作用（听说很多人平时都有搜集诚品文宣的习惯）。对我的意义是：文案只是个工作，如果我写诚品文案到了废寝忘食的程度，写完愉快舒畅，还特别把两个衣柜空出来放诚品的海报与DM（快讯商品广告），甚至出版成书，那么这就是副作用。

生命的每一个过程，都需要被感谢

至于我会不会对以前的文案感到不快，当然不会啊！我很佩服自己在这么年轻时，就写出这么大无畏、这么年轻美好的文案，现在我就写不出当年的那种花样多端的风格。以前的文案像是新鲜硕大的葡萄，现在的文案像是瓮底葡萄酒，就像看到以前学生时代的照片，仍然觉得可爱极了——如果一棵树长大后，会回头对当时的小苗样貌感到羞愧，那不是一件很奇怪的事吗？它应该感谢自己曾是个不畏风雨的小树苗，感谢那一段生命奋斗向上的青涩历程……知道每一段过程都是完美的，都是必要的，即便将来老了，枯了，树叶都掉光了，它还是会感激过去和现在的一切。

这就是生命的历程：春天要回头谢谢冬天的安静储能，夏天要谢谢春天的希望发芽，秋天要谢谢夏天的盛日活力，冬天要谢谢秋天的能舍内修——要感谢每一段独特生命的意义，如果能在80岁时感谢自己12岁逃学、24岁被情人抛弃、36岁被公司解雇、48岁生意失败、52岁生病开刀、64岁亲人离世……那表示这个人的生命视野，已经可以包含四季盛衰、生老病死，具备春去冬来春又回的生生不息，表示生命中最强大的力量，已经被这个人找到了。

第 19 问
如何说服客户？

如果觉得自己的文案写得很好，但客户不喜欢，该怎么办？有创意被扼杀的经验吗？如何坚持原来的创意？怎么让人家接受我的创意或突发奇想？

好文案能唤醒人与人之间的共鸣

原则上如果文案够好，大家都会喜欢——创意本身若很吸引人，你所做出来的东西非常感动自己的话，就不大会有客户不喜欢的问题。因为大家都是人，人的感动是可以找到交集的，最怕连你自己都没有感觉，然后拿给人家，人家也没感觉，这个东西就像垃圾般被生产然后消耗掉。现在市面上有太多这样的东西，这是一种浪费，做出来后别人连看都不想看一眼，消费者一拿到手就丢进垃圾桶了——如果你能够珍惜每一次人与人会面的媒体接口，用截然不同的方式去思考创意作品，不再用过去应付客户的模式，去完成手上的文宣工作；如果你对眼前的商品或活动非常有感觉，真的做到痛哭流涕，或是边哭边写、边大笑边写、边得意边写，那样的作品，才有可能让人家感动，因为已经触及人的感情核心，像电影《泰坦尼克号》《导盲犬小Q》，无论谁看都哭，只是哭的点不同，但那感动是跨越一切人的差异的。

举电影《香水》为例，他只要直接把他心目中最好的香水做出来就好了，他只要感动自己到极致，就可以感动很多人；除非你做得不够好、不够强、不够深入，也就是说，如果文案不是好到让客户眼睛一亮，佩服并喜爱到很想向你跪拜，表示还有改进的空间。但若是文案大胆到跳出客户原有的思考框架，而这样的跳脱是必需的，那么怎么说服客户，也是创意人必须面对的问题。

提案前先调整沟通频道

说服是要有创意的，要知道对方的频道是什么，他想听怎样的语言，他想要什么。如果你的创意可以透过说服的技巧，通过层层成见的关卡，那才算是非常广义的创意。换句话说，如果你写的文案，无法成功地说服你的主管或客户，那你本身也不是真正的创意人。一个创意人会写很有创意的作品，但是无法和人沟通的时候，他本身是有问题的，因为创意的本质就是跟人沟通，如果连面对第一线的人都有问题时，那么必须与大众沟通的创意就一定有问题。

创意可以跨地域、语言、年龄、性别，不只是说服你的老板这么小格局而已。所以我写完文案后，会从对方的立场来看这篇文案，像是附身进入客户的身体似的想象他会以什么方式看，可能会问怎样的问题，可能会对哪些部分存在疑虑，在提案时就直接对症下药，先提出他会关心的重点，在他还来不及提出疑虑时就把答案给他，客户会知道你有为他周详思考。

我若是需要跟三个主管提案，我会依照他们不同的个性、不同的思考，有三种提案方式，例如对年长的客户来说，他想听的，应该是蕴含生命价值的东西，他一听到你有这个东西他就放心了；对较年轻的客户，他可能想要很炫的创意，只要你标出很炫的部分，他就放心了……真正的创意应该包括：写出有创意的作品，有创意地提案通过，有创意地执行出来，放在有创意的媒体上，以有创意的方式接触消费者，所以创意是非常广义的。换句话说，如果提案出了问题，先要想想自己在哪个环节出了什么问题。

第 20 问
面对说不清楚需求的客户，你会如何沟通与说服？

我还是要说，问题不在客户，而在你身上——因为你还不够敏锐。如果你很用心地看着一个哑者比手语，你就算不懂手语，只看他的表情与眼神，都可以猜到他想传递的是什么。但如果你的敏感度不够，就算与你讲同一种语言，你也听不懂他想要什么。

当你的感官全部打开，在和任何人相处时，都可以有同理心。当你看电影时，可以从戏中主角的角度，去体验一个老人的沉静、小孩的兴奋、哑者的欲求、眼盲的触觉、失聪的世界……像我在看俄文电影时，虽然听不懂俄语，但仍可以透过画面看得懂里面的故事；就像看默片，可以透过表情，看到人所展现的情绪——你和每个人的内在，都有个共同的生命底层可以相通，你可以让自己更敏锐，敏锐到这个人才坐下来，你就知道他是怎样的人、渴求什么、会讲什么，这就是最高层的创意，知道对方要什么，不需要任何话语，只要用心就能懂得，更何况是与你用同一种语言的客户。

第 21 问
你对想从事文案、创意工作者的提醒与建议是什么？

面对广告产业的萎缩，创意空间变少，创意人该如何自处？未来市场的创意人才，需要具备什么特质，培养哪些能力，才能在这个人才济济的领域中，闯出自己的一片天？

创意人应有艺术家精神

因为我大部分是个人工作室的形态，所以我无法回答有关广告产业萎缩的问题，我没有这个问题，我还是一样很忙，广告案有增无减，但也有可能是：现在许多客户有了自己的市调部门、营销部门与稳定的媒体关系（或是透过媒体购买公司），所以只需外聘创意人员就够了，对于广告公司的需求相对地降低。

反观这十多年来，在台湾的广告文案上，有很明显的断层差异，与我同期、目前身为广告高管的朋友，都感叹现在年轻的文案已经不大看书，不像当年为了写好一篇文案，几乎像发了疯似的买书、看书、翻图、看美术展、看表演、看影展，彻夜苦思，经过无数次的会议，只为了诞生出一句最强的文案。但现在比较年轻的文案很难有这样的“艺术家”精神，他们常常只沦于文字堆砌，导致文义不通、文案无魂，甚至根本没有雕琢，似乎还没诞生出源于这个新时代的广告语言，鲜少看到划时代的作品，见到的多是旧时代的遗骨拼图。

新时代必须以自己的信心中轴、专注视点、活力勇气，创造出自己时代的文字典范——我很期待，在不久的将来就有新生代的文案写手，出版属于新时代氛围的广告文案作品集，而不是到现在，我19年前写的文案还孤零零地摆在书店货架上，还没看到遍地盛开的各种风格文案集，一起在这时代共襄盛举。

创造你的宇宙能见度

环境永远都在变，就看创意人能不能提前应变、瞬间转变。现在的广告人必须看到一年后的广告生态会演变成怎样的风貌，然后自己怎么做调整——真正的创意人是没有绝境的，他永远都能绝地逢生，永远都只有现在的自己与更好的自己，因为在创意这条路上，把自己做到独一无二，就会带你走向能见度很高的平台上，高到连从宇宙往地球看，都可以看到你的独特性（我称之为“宇宙能见度”），如此，你就可以立于不败之地——这也是现在或未来想从事文案创意工作者必须有的特质。

第 22 问
学生如何坚持自己的创意？

我是大四设计系学生，在做毕业专题的过程中，发现老师会企图改变我们所要表现出来的东西，这不是我们想要的，该怎么办？如果创意会动摇到大环境的体制问题（例如学校升学），我们该如何说服并执行创意活动？

能量，不该浪费在对抗体制上

其实，你的可变性比你的老师多很多，因为30岁以上的人要改变是非常困难的，比移动一棵大树还困难，与其花时间与老师、学校体制对抗，还不如揣测他们到底要什么，然后把他们所需，融入你自己的创作计划中。省下对抗的时间，快速完成他们要求的其实一点都不难，一个有创意的人，会把必须做的事（比方学校的事、谋生之事）纳入自己喜欢做的事之中，无论利用创作空档、生活空档，或是从自己的创作中裁剪出对方要的，都不会占用太多时间。也就是说，只要你涵盖面够大，应付谁都不是难事，这是最两全其美的，而且他们也会认为你是最棒的学生，把资源与机会给你——把学校的事降到5%，其余的95%拿来滋养你的创意能量库，你只需以些许能力就可以满足学校要求，还可以保有更多实力去张牙舞爪，发展你自己的特色。

将限制融入创作，成为最高竿的创意

这样的训练，可以让你将来进入职场，面对耗时的工作细节（如漫长的会议）时，把脑分为大脑、小脑，小脑用来应付眼前的工作，大脑可以同时想点子、创作小说，完全不受影响。所以在学校所受到的限制，反而最能让你练习分脑工作、发挥时间效率。

有一部电影叫作《想飞的钢琴少年》：世界跟不上钢琴神童维特的聪颖，他唯有识时务地装傻，才能逃离家人与学校的高压期许，以保有他求知的自由。

在限制之上搭一个高水平的舞台，不会抵触限制，但也不会失去创作的自由度，这才是最高竿的创意。

第 23 问
如何将创意融入教学？

如何将死板的学科学习，转化成有趣味的学习？

提醒老师：不要挡学生的路！

如果你是老师，你首先要提醒自己：不要挡学生的路！其次，别把你的框架与价值观强加在学生身上，与其想如何有创意地讲课，不如思索怎样引导他们，以自己的方式去看世界。做老师的应该想各种方式去吸引学生的注意、刺激学生去思考：这个世界每一样事物对他们的意义在哪儿，然后请他们为这些事物创造出各种可能的发展，而不是以各种教材、各种理论、各种标准答案来讲课。

老师应该把自己当成不碍路、只给光与支持的路灯，而不是指挥方向的交通警察——开放思考空间，把自由度给学生。如果是我办一所学校，我会把学生带到一个荒岛上，没有教科书，没有生活指南，没有人告诉他们这些动植物是什么、这里的气候会如何，全部的知识都是要自己观察、命名、记录、分类、系统化……就连一年的时令节庆都是自己订定的，然后学会如何生存，如何自我医疗，如何从现有的手边资源中找出自己需要的，如何与同伴和大自然和谐共处……这才是创意的学习，而不是把这些学生关在教室里背诵与考试，然后离开教室后就无法生存。

一篇在网络上流传，名为《启发式教育》的文章中提到，关于成吉思汗继承人的考题，台湾高中的历史题目会出：成吉思汗的继承人窝阔台，公元哪一年死？最远打到哪里？但美国世界史的题目却会出：成吉思汗的继承人窝阔台，当初如果没有死，欧洲会发生什么变化？试从经济、政治、社会三方面分析。如果台湾的老师能更有想象力，将来的孩子也才有想象力，面对未来不可知的局势。

此外，老师要知道怎么打破学生问题、引发学生更多的问题，才能解决问题，光会回答问题，是无法解决问题的。

《我的野生动物朋友》这本书，描述的是野生动物摄影师将他们的孩子蒂皮带到非洲，他们不担心小孩遇到危险，反而让她跟动物自由自在地相处的故事。这其实是最好的教育方法。但反观我们，怎么可能会把孩子带到那种地方？怕传染病，怕流行病，怕被动物攻击，而在非洲长大的蒂皮却活得好好的，甚至还和大象、花豹、狮子、鸵鸟、牛蛙、变色龙……成为好朋友。可预期的是，蒂皮将来的应变力、学习力、适应力都会非常强，未来无可限量。只是，家长是否够大胆为孩子提供这样的环境？够放心把孩子交给大自然？我们都把自己跟小孩关在一个安全的地方，每天定时喂食，一旦他们吹了风淋了雨，就感冒咳嗽发冷发热，一点抵抗能力都没有。

我们的教育方式，就像在温室里制造罐头，但我们不需要那么多罐头，我很希望这些罐头可以赶快打开，变成鲜活的放山鸡，而不要变成标准的肯德基炸鸡，看不出性别、身份、个性、年龄……放山鸡有自己的质地，自己的生命历程，没有创意的教育就是败在这个部分。

突破体制，保护光芒刺眼的学生

至于如何将死板的学科，转化成有趣味的学习，你可以请学生把自己当成第一次造访地球的外星人，初次到地球来观测、命名、译码、解决问题，以好奇心来探索一切未知——学校只提供环境、素材与资源，学生要怎么定义、怎么使用是他们自己的事，尽可能不要限制他们，因为他们将面对的是一个全新的时代，一个游戏规则与我们截然不同的时代。美国前教育部长理查德·赖利（Richard Riley）曾指出，2010年最迫切需要的十种工作，在2004年时根本不存在，我们必须教导现在的学生，毕业后投入目前还不存在的工作，使用根本还没发明的科技，解决我们从未想象过的问题。

我是一个非常反对教科书、反对考试、反对有评分标准的人，我认为没有一个人有资格去评断另外一个人的价值，更何况是旧时代的老师，怎么会知道新时代的孩子需要什么能力？这就是我对目前教育制度感到忧心的地方。我很佩服电影《死亡诗社》《放牛班的春天》《听见天堂》《地球上的星星》《拉扎老师》《超脱》里的老师，也可以说，每个极有创意的学生背后，都有一个勇敢突破体制，甚至不惜牺牲教职以保护特殊学生的老师。如果这样的老师越来越多，将来有想象、有勇气的学生也会越来越多。

一个真正有创意的老师，可以把自己当成第一天出生，让自己活得很快乐，不仅让自己每天过得很不一样，而且还用新的眼光、新的面貌，去面对仿佛来自不同星球的孩子，与他们一起游戏、一起探索成长，而不是用一堆理论知识把自己搞得很闷，也把学生的求知生活搞得很无趣。

PART 2

关于写作与出版的14个问题

第 24 ～ 26 问：作家身份 · 写作计划

第 27 ～ 32 问：创作流体 · 图文形式

第 33 ～ 37 问：执行出版 · 自他影响

第 24 问
怎样知道自己适不适合当作家，及写的书有没有出版价值？

写作是一种瘾，要戒太难

我不晓得别的作家如何，或许你可以多问一些其他作家的经验。我一开始并没有把自己设定成作家，只是一个热爱看书与书写的人而已，因为看了书有感觉，所以不得不把感觉写下来；因为不写会很痛苦，写了之后就想分享给更多的人，于是开始投稿，开始想结集成书的可能……作家像是一个殉道者，你必须要往自己内在里挖索，然后再去把这个东西分享出来，这就是为什么有人形容，写作是一种“瘾”。一旦你养成了写作习惯，要戒就很难，所以应该很少听说作家想辞职或转行，大多是其他行业跨行当作家。娜妲莉·高柏（Natalie Goldberg）在《狂野写作：进入书写的心灵荒原》中说：“我可没遇过哪位作家跟我说他想转行，他们也许会对自己正在写的东西发发牢骚，但从来没有人会说自己不要再写了，他们也许会停笔几个月不写作，但那些曾经尝过写作真髓的人永远不会放弃写作。”

出书，是一种不得不写的生命分享

出书当作家几乎是每个人的梦想。

你如果心中有一个故事或一个生命经验，很想分享给很多人，写书会是一个最快的方法，只要有电脑或纸笔，在任何地方都可以书写，比起你想把自己的故事拍成电影的门槛低多了。当你那个想分享的欲望大到不得不写，不写会闷得很难受时，就去找一个空当开始动笔，那就是一种冲动，脑袋无法理性分析自己是不是写作的料，写的东西有没有人看，将来会不会有人出版，出版之后会不会有人买，买的人会不会喜欢，自己的生命隐私是不是会被别人知道……如果你还在想这些问题，表示你想写作的冲动并不是很强，也就不需要勉强自己去写书。当你正在构思、书写一本书，就像怀了一个孩子般的心情，你不会因为这孩子将来有没有价值，而决定要不要把他生下来、要不要养大，所以重点在于你有多么渴望写作，有多么渴望分享，有多么渴望出版成书，有多么渴望听到别人的回音，如此而已。

然后你要把书的精华主轴抓出来，全心专注于那个部分就好，避免流于庞杂。以《佐贺的超级阿嬷》为例，假设把它定位成“穷人创意学”，在不景气的时代，这故事本身就很有价值了：阿嬷在极穷困中如何以创意谋生，如何以智慧保持乐观。你在写书的时候，心里也要有一句这样清楚的定位，这样下笔就直打靶心，保持全书的力道。

分享是不怕受伤的，就像你在别人面前痛哭流涕也不会觉得丑态百出，那才叫真正的分享，这就是为什么在新闻中，受难家属的痛哭会让你感同身受，绝不是因为他哭得很美很优雅，而是因为他哭得很真，那才会触动人。如果有人一边哭，一边补妆，一边在意自己的形象，那就没有公开分享的必要，我们要了解“分享”的真正意义在哪里。

写作是灵魂的禅修，禅修是灵魂的写作

洪兰教授在台湾《天下》杂志366期举了个例子：一个8岁的华裔女孩出书，记者问她：“你长大要做什么？”她说：“我为什么要等到长大才做什么？这是很奇怪的观念，你们大人都假设长大之前就什么都不是，我现在就是个作家。”

我认为每个人都可以是作家，只要在你的生命里，当你很认真

地体验每分每秒，淬炼出一些独特的看法与收获时，你只需透过技术就可以把它写出来，它会变成很重要的分享点，这个分享点会让你的生命版图变得很大。不要小看一本书的出版，畅不畅销已不是关键，有时候它会带来好几个对你生命非常重要的人，或是带来非常重要的机会，只要几个，你出版这本书就值得了。

出版的意义不在于赚多少版税，我也不是来教你们怎样写畅销书的，如果你想写书只是为了要经历创作过程，那么写日记就好了，但你若真的想分享给更多人，我会说“勇气”很重要，包括面对自己更深、更黑暗、更脆弱、更真实的勇气，那勇气是你在自我认知上极大的颠覆，像是一场死亡。

这就是为什么我不担心书出版之后会怎么样，因为我每写完一本书，那个“当时写书的我”就死掉了，新完成的书脱离我独立地活着，兀自勾搭很多我不认识的人，并同时跟那些人聊了起来，甚至有很多读者写信告诉我，这本书就是在找他、写他、对他说话、与他谈情。我在办新书发布会时就像在办告别会，“那个时候的我”已经结束了，书出版之后，我就蜕变成一个新的人，进入新的生命纪元。就算之后有读者写信或媒体记者跟我说他很感动，我心里也不会感到骄傲或得意，因为感觉他是在讲别人，我只是“当时的我”的“后裔”而已。

所以我不会回去看我的旧作，偶尔在上媒体时会翻出一些片段来谈，我从不留恋过去，我眼前只有现在与未来。就像航天火箭每飞一段航程，就要陆续把燃料舱一截截往外丢，一个个丢出去，才会变得更轻、冲得更快，但这个不用了的燃料舱，对后进者会是很重要的导引，别人可以因为你的真诚分享，引发一连串新的蜕变过程。

也就是说，其实借着出版分享是不会受伤的，即使有人在批评你或是你写出来的东西，他批评的也不是现在的你了，现在的你已与当时写作的你不同了，这就是为什么有人说“写作”跟“灵修”这两件事根本是同质的。写作是灵魂的禅修，禅修是灵魂的写作——每写一本书，就是一次大生大死、死而新生的过程，无论最后出版与否，你都已经完成了一次独自淬炼自己深度的工程，这部分可以参看心灵工坊出版的《心灵写作：创造你的异想世界》，里面提到相同的概念：“坐下来，再次审视自己的生命，复习一遍，端详生命的肌理和细节，这部分让作家得以再活一次……写作带有宗教意味，它将你撕裂开来，并软化你对尘世的心胸……如果你不害怕自己内在的声音，也就不会畏惧别人对你的批评了。”

不过有一种情况例外，就是如果你的生命很特殊精彩、事业很有成就，自然会有出版社主动找上门来，安排好编辑来协助你出书。如果这是一位优秀的编辑，就像是个锲而不舍的矿工，非得挖到最深处，看到尘土底下最迷人的宝藏不可，虽然不是你亲自动笔，但一样会经历向内深掘的私密过程。

如果目前还没有编辑协助你写书，但已经到了非写不可的地步，那么在你决定要开始写作，以及进入写作的状态时，可以先把自己活成一个已经成功出书的作家状态，这就是在《十四堂人生创意课2》中提过的“预视”，把自己活在一个“已经是”的状态，包括：你在逛书店的时候，仿佛看到你的书在陈列架上摆放的位置；你在参加别的作家的新书发布会时，把自己想成正在台上的那一位，你会怎么看着台下的观众与媒体记者；电视主持人在访问作家时，你可以假想自己就是那一位被访问的作家，你当下会怎么回答问题；你在签信用卡单据的时候，感觉自己正在帮读者签书那样地签名……把自己的未来聚焦在作家这个版本上，活成一个作家的状态，当你成功地切换成了作家的身份，你的所思所言所行，都会以作家的角度在吸取养分，以作家的感官在触动灵感。

写作非工作，而是一种活下来的状态

就好比“创意人”一样，作家也是一种生活态度，一种以观察、书写、分享为核心的生命动力。我自己就是如此，即便是一年都没写作，我还是永远活在“刚出版完一本书之后、即将要写一本书之前”的状态，照娜妲莉·高柏的说法是：“没在写作的时候，你仍是个写作人，那个身份不会离你而去……如果说你在写作时是个作家，那么你在煮饭、睡觉和走路时，也还是个作家；同时，如果你身为人母、画家、马、长颈鹿或是木匠，你也会把这一点带入你写的东西里，这个身份如影随形，你无法将自己与自己的一部分区分开来。”

每个人想成为作家的动机不同，对我而言其实有点“不得不”，因为我的想法太多，多情又敏感，能了解我、与我充分对话的人并不多，所以在人际受挫的情况下，我转而以自言自语的书写方式，虚拟一个听我说话的对象，然后开始肆无忌惮、不怕受伤地写，写了之后就想丢出去，看看是否能找到一两个知音，这就是我在第一本书《诚品副作用》（即《广告副作用》）的自序提到的：“雨果曾说，出版一本书，就像在荒岛上向海丢出一只求救瓶，随着天候潮汐，随着命运，瓶中的稿子，会漂向何处，何时落到何人手里我一无所知，正因为一无所知，所以充满希望。”

通过书写，我找到了疗愈的借口，安身立命的出口。

书一出版，就有它完整的生命和独立的能量运转。令我惊喜的是，自出书之后，来自四面八方读者的回馈，数量之多之盛情，远远超过了我的想象，有时还会有一些意外的惊喜，例如与其他领域的杰出精英认识交流、旅行社赞助旅游、厂商赞助商品之类的，这时候我才发现，自己不只是向未知丢出瓶子，还同时听到海，看到天空，还有满满的渔获涌上岸来。

写作对我而言不是工作，也不只是身份，而是一种让我活下来的状态。

第 25 问
如何拟订写作与出书计划？

有时会觉得作品不够好，写完后觉得还可以更好，所以不想发表，结果因为追求完美，反而造成阻碍，因此作品迟迟出不了手，该怎么把握何时发表的标准？

拟订出书计划，加强写作动力

我身边许多有才华的人，想出书想了十年却尚未起步，这股想写书的点子，很快就被时间磨损了，其实很可惜。一个人能不能出书，和他的决心、意志力、纪律、行动力有很大的关系。

如果没有出版社给你出书的压力与进度，那么就自己拟订出书计划，先把书的出版日定好。例如你想出一本关于爱情的书，可以锁定某一年的情人节，出版日期（新书发布会）确定之后，往前推一个月就是上市日，这样书店还来得及做宣传活动的准备；再从上市日往前推半个月是书的印刷与铺货期；从印书日往前推两至三个月是编辑时间（如果是比较复杂的图文书，最好能抓四至六个月，这段时间，也是向书店预告这本书上市的预热期）；编辑日往前再推三个月是找出版社、审稿、签约期；再往前就是你的写作期了，根据书的规模排定较宽裕的写作计划，短则一星期，长则一年以上，但最好有详细的计划，以免被琐事或新想法干扰，一天拖过一天。

就像婴儿在母亲肚子里已经9个月了，不能永远在里面无限期地长，必须有一个分娩期，时间到了就不需要再利用母体给他养分，就要专心地、全力地被生出来。畅销小说家斯蒂芬·金的比喻很有趣，他说："我认为完成一本书的初稿，即使是长篇作品都不应该超过三个月，时间久了，故事会变得很奇怪，就像从罗马尼亚公共事务部寄来的快递，或是短波广播受太阳黑子影响一样……写作时，你正在创造自己的世界，你需要房间，也需要门，但你更需要有关门的勇气和决心。"

不必对自己严苛要求到无法出手

除了关门的决心，还需要有开门的勇气——当书写完，如果不是有非常大的自信把作品送出门，非要等到完美不可，那么很有可能会等到七八十岁都无法出版。只要你认知到前段生命的精彩，不是后面的生命所能评价的，只要确定自己在有限时间内传达到最好，不必对自己要求太严苛完美到无法出手，就像母亲不可能等到孩子会跑会跳时才生出来。让作品先发表出去，它会带来各方的回响与资源，这样的回馈与交流，可以把你下一部作品的水准推得更高，也会让你离心中的完美越来越近，但如果第一部作品没发表出去，什么浪潮都引不起来。

第一本书很重要，是过去经历与视点的整理，也是你向世界宣告存在的定位。出版的时机也很重要，要搭配哪一个季节或节庆主题（例如情人节、父亲节、母亲节、旅游节、毕业书展），何时才是所有资源天时、地利、人和最完美结合的时间点，这就像是看日子剖腹产，要把书诞生在最适合的时刻。

怎么拟订出书计划

2020 年 2 月 14 日，爱情书之上市发布会（出书时机）

↓

至少隔半个月到一个月

↓

2020 年 1 月 14 日左右，印好书、铺到渠道

↓

至少隔两周以上

↓

2020 年 1 月 1 日左右，送印刷厂

↓

至少隔 2~3 个月，较复杂的图文书则需抓半年以上，开始营销预热

↓

2019 年 9 月 1 日左右，开始编辑

↓

抓 3 个月以上比较安全

↓

2019 年 6 月 1 日左右，开始找出版社、审稿、签约

↓

依个人的写作时间长短、写作规模而定

↓

2019 年 1 月 1 日左右，开始写作

写作必须养成习惯，逐梯向上

梦想，如果没拿梯子逐步往上，就永远只是天边的梦想——作

品已经在眼前，就等你走过去，把它交给出版社。

如果可能，也可以向平面媒体，像是报纸、杂志专栏提案，这样就可以一边定期写作累积稿子，一边定期曝光增加知名度。但无论如何，养成定期思考、写作的习惯是很重要的①，像我的写作时间固定在清晨六点至上午十点，因为这个时段广告客户、出版社、朋友、家人不会来找我。

斯蒂芬·金说："当你发现自己有某方面的才华时，你可能会为此练习到指头流血、眼睛酸疼，每次练习都像是一场完美的演出，就算没人欣赏，你仍会乐此不疲，阅读和写作就像学乐器、打棒球、练短跑一样，同样都要努力地练习，我建议每天花四到六小时来阅读和写作……持续的阅读，在不知不觉中可以引导你进入一个渴望写作的情境。"

你若看到一部很感动的电影（或是一本书、一次旅行、一顿美食……），找两三个好友讲剧情、讲感动，几分钟就讲完了（朋友还不一定有耐心听，而且讲完就忘了，什么也没留下来）。但如果你在第一时间，把感动写成一篇文章，放到微信、微博或是发表在

---

① 关于养成写作习惯的好处，可以参看《商业周刊》2007年4月11日《越写，越聪明》的专题，里面谈道："写作，是心智综合能力的展现，它至少牵动三项能力，包括观察感受力、想象创造力以及逻辑思考力，所以写作最能活化大脑，促进神经回路高度联结，尤其逻辑思考力，更是作文训练脑力的关键。"

媒体上，就会有成千上万的人分享你的观点、你的感动，你还可能赚到稿费去看下一部电影、找到同好，甚至会有电影公司找你看首映写影评……在表达欲最浓烈的第一时间向内聚集、沉淀、淬炼、生产上市，就像酿酒，这就是“写”比“说”有更大效益的地方。

在写作过程中，如果你有任何想法要跟读者分享，可以随时写在自序的草稿中，等到正文写完就可以专心写自序，然后全书就完成了。

第 26 问
写书的时候，需不需要先拟定写作大纲？

如果有大纲，会不会被限制住呢？如果出版社对书稿有修改意见时，该怎么评量？

把自己丢进写作的流里

如果是有出版时间压力的书，最好要列出写作大纲与写作进度计划，以期准时完成。如果写作时间够长，则可以不必拟大纲，先尽情随意地写，不顾章法地写，想写什么就写什么，把自己完全丢进写作的流里，随身带上笔记本与纸，吃饭、坐车、上厕所、看新闻、看电影、与人聊天、睡觉做梦……都可以思考，写下与这本书有关的事。直到写不出来了，再找个完整的空档期，从自己的角色中跳脱出来，做一个客观的审稿人，将书稿分类、排序、定标题、润饰各段文稿；完成后，再假设自己是从未读过这本书的读者，从头到尾读一遍，找出不顺畅的地方再修改一遍，如果读后发现结构上的缺失，可以再补写，以求结构的完整。

自己的书由自己主导

如果可能，可以在定稿之后，多找几个读者或出版界的朋友帮忙看，不过别人的意见参考就好，真正的定夺还是看你自己。例如，我在写完《心灵蜕变之旅》亚洲篇的书稿后，出版社建议我把文中提到的书与电影，加上附注，让第一次接触灵修主题的读者，可以有一份延伸阅读的书单，这对我来说并不会影响到全书的架构，所以我就照他们的建议补上了附注。

还有一种情形就像我当初写完《十四堂人生创意课1》时，本来预定要交给某家出版社出版，但他们要我把“老师的口吻”修改成“励志作家”的语气，这可是会动到全书结构的，后来我就把稿子转给另一家出版社，因为我觉得要以不违全书架构与精神为前提，所以这个时候，相信自己的直觉就变得很重要。

但如果这是你第一次出书，而且非出版不可，你也可以先拟个写作大纲，并初写几段稿子，让出版社在你正式下笔前，给一些市场的建议（以不改变你写作初衷与风格为前提），这样就可以省去事后重修稿子的过程。

第 27 问
什么是创意的流？

写非文学类的书，如何处理写作之流的问题呢？是不是和之前谈的文学类型不同？

创作的流体力学

前面提过，Horn and Hardart的文案埃德·麦凯布说，如果灵感一来，他临时找不到铅笔、钢笔、电脑，他就会用自己的指甲，别人的口红、眉笔，或是地上的树枝、石块在人行道上写文案。有时在地铁上趁旁边老妇人不注意，撕一角购物袋来写文案，或是写在餐厅的餐巾上、路人的衣服上、情人的身上、厕所的墙上……这就是创意的流。

创作的流也是，举两个比较极端的例子：电影《鹅毛笔》中，作家萨德的写作欲无人能挡，他用酒、用血写满身体、衣裤、床单与墙壁。日本作家北川透的《罪与罚》文集中，列出一条书写罪：“毫无理由的书写者先断一手……被切断一只手后还写的，再切断另一只手。这样还继续写的，挖掉眼睛。如此还不死心继续写的，割掉耳朵。再写，就切掉双脚。依然不停止者，嘴巴里塞泥土。仍然书写者，剁碎身体。还要写的，烧成灰。还是不死心，就让他写，写个不停，当永远的书写机器，一直到太阳不再升起为止。”

如同杜拉斯所说，她没有生活，她不是在写自己的生活，因为写作掏空并取代了她的生活，她无法区分生活与书写，无法区别曾经与真实。①

我也对书写犯了无可救药的瘾，如果忘记带笔而无人可借，我会用口红、眉笔或是指甲在纸上写字，以记下源源不绝的思绪。我的床边一定有笔与白纸，因为醒来有很多梦境要写，对我而言就是二十四小时不中断地创作……灵感来的时候就要赶快写下来，因为那个“流”太快了，就像水龙头爆破似的，得赶快找很多盆去接，当时已经没办法思考要怎么去控制那个量，直到那个“创作流”逐渐变弱、倾泻完毕之后，就可以开始分类、修整。

当你正在书写一本源自你感情深处的作品，你会知道那就是一

① 引自陈玉慧《作家的秘密》一文。

种“非写不可，不写会死，不出版会终生遗憾”的状态，那文字会先感动自己，然后才可能感动别人，也会具有跨地域、跨时空、跨文化的感染力与留下来的价值。

所以“流”很重要，比架构更重要。你可以不用管书写架构，先把自己的情绪勾起来，把那个泉眼挖开，灵感思绪喷涌出来之后，就赶紧写下来，不要用理性架构去阻挡，整个过程有点像是附身似的无法控制，不写会很痛苦，写出来时就会很畅快，而且最过瘾的是，你永远不知道下一段、下一篇章会流进来什么内容，也不知道“流”还会进来多少、何时停止，整个书写就是一个同步经验与搜集的过程。美国作家戈尔·维达尔形容：“好的写作就是最棒的旅行。”前面提到电影《复制贝多芬》中，贝多芬告诉作曲新手说，放弃调子，放弃有头有尾的概念，让音乐自己活出来，不要摆出严谨的规则，挡住了音乐的流动与呼吸，就是这个道理，我称之为“创作的流体力学”。

创作，全程必须专注

娜妲莉·高柏说：“我全然深入其中，全速前进，让小说前往它自己想去的地方，我知道它完全失控了，根本没有一个人物做我想要他做的事，我后退一步，让写作自己开展……你能做到吗？放掉掌控，让荒野的心灵接手……写作需要体力，肉体和笔紧紧相连，手连接着臂膀，五官知觉的种种记录正从那只手倾注而下……让文字从你的腹部出来，把你的脑子往下移到胃部，让胃来消化你的思想，让它们供应营养，身心本为一体，是不可分离的……我写字的那只手可以打倒拳王阿里，所有的作家都有一副好身材。”

当我进入了“创作流”的状态，就会体验到灵感文句来得又快又急，身体几乎都快跟不上那种速度与长度，这就是“创作流”的力道展现。懂得启动“流”的小说家，只要把人物摆在纸上，让他自己动、自己活，让文字活出一个故事——只要放掉“我”，流就打开了。

对我而言，如果我还在思考下个字应该是A还是B，还在琢磨东琢磨西，还在思考逻辑与修辞，还在想接下来该怎么写，就表示我没开对“创作流”的开关，我宁可先放着不写，试试看其他方式的开头，因为如果开对了，就会一路狂泻下来，情绪一灌到底，几乎连吃饭、睡觉都在那种状态，废寝忘食，直到泻完写尽为止。

所以，写作要有绝佳的意志力与体力，等到“创作流”写尽，全书进入修整过程，会再度启动“创作流”，像是在酿酒或是精炼香水似的，有时会从头到尾，来来回回很多次，以让全书维持一气呵成的气脉，这才会是可读性高，读者必须得一口气读完、欲罢不能的作品。

整个过程必须专注，排除杂事杂念的干扰，仿佛在真空中的时间戛然停止——我自己有很多本创作，都是因为当时没及时把“流”泄尽收齐，被打断之后就再也接续不下去。我没来得及写完就中止的书，比已出版的书还多，所以我几乎得用很高的效率，像抢救自己的孩子似的，快速接生出来，避免胎死腹中。

《出口》这本书中提到“Beyond Supernature”（超越超自然）概念：“禅修射手的体验透露出一个事实，我们人人都有与‘不受限制’体验结合的能力，在体育运动上，这种现象被称为‘地带’。奥林匹克体操选手卡萝尔·约翰逊（Carol Johnson）说，当她感到自己身处于这‘地带’时，平衡木看起来更宽了；美国一级方程式赛车选手把这种状态称为‘超越自我的驾驭’；生物学家莱尔·沃森（Lyall Watson）称这种时刻为‘完美速度’，所有构成动作的元素，包括准备、人群、天候、心理、能量瞬间的释放，都以一种能让运动选手暂时不受地心引力限制的方式，密切地合作，打破万有引力，好像这些元素存在另一个世界一样……我们可以把它称为‘超肉体’状态。”

结构主义人类学者克洛德·列维-斯特劳斯（Claude Levi-Strauss）也曾说：“虽然我所要讲的是我过去所写的，我却不曾有我写下我的书的感觉。我倒是感觉我的书经过我而写出来，而一旦经过了我，我则感觉空虚、一无所有。”

写完全书，让创作流消磁后，再来修稿

写完、改完之后，如果还有充裕的时间，可以先放一两周，恢复正常的生活作息，不再思考任何与这本书有关的事，让创作流消磁；等到一两周后，再以“第一次看这本书”的读者身份，重新看一次书稿，做一次大审修，没问题之后，再交给出版社——斯蒂芬·金的说法是：“作品在搁置六星期后再重新阅读会有陌生的感觉，这常是一种令人兴奋的经验……你重新翻阅作品的此刻，你会觉得在看别人的作品，没有什么不对，这是你等待的理由，也证明了杀死别人的最爱，确实比杀自己的容易得多。”

非文学类的写作流与文学类的写作流有些不同，非文学类的写作流比较像是弹钢琴旁边的节拍器，比较强调节奏、结构，有如在工整的渠道中，而非放任感情四溢漫流。

第 28 问
如何启动创意的流？

文笔不好，或是突然词穷、没灵感了该怎么办？

词穷，表示你的文字养分不够多

如果你有很多想法要分享，但觉得自己文笔不是很流畅，可以有两种方式：

一种是找适合出这类型书的出版社，约他们的编辑人员出来当面谈，把你的想法用口语的方式说出来，建议同时带一支录音笔录下你的即兴话语，如果出版社有兴趣出版，你可以交出录音档让他们整理成书稿，或是请他们派一位采编人员（你出钱聘一位文字编辑也行），来记录你的想法，并代为整理成书稿。

另一种，如果没有人能代为做采编的工作，在你完成全部录音之后，找个时间多看同类型的书，看别的作者如何以文字呈现，并分析其架构、句型，然后思索自己怎么开始下笔。初写时流畅易读就好，不必求特殊的表现形式——这部分，可以参看《佐贺的超级阿嬷》系列，文字虽简单、质朴、易读，但故事很感人，所以畅销。

至于如果突然词穷，或是没灵感了该怎么办？我会说，如果你到了词穷的地步，表示你的文字养分还不够，读的书不够多。身为作家，书一定是要看得比别人多很多，如果你要写一本书，至少应该读过上百本相关书籍，你才可能知道同样主题，有哪些人以哪些形式，写出了哪些内容。诗人木心形容寒春："阵阵大风迎面刮来，把我仅有的一点隐私也刮光了。"戴思杰在《释梦人》中有一段描述童年的文字："所有人都停在门口往里头撒尿，有时候我们还比赛，看看谁尿得最远，后来我在自己的精神分析中，花了很多时间探讨过这厕所中的奥运会。"如果你能多被这些独特有力的文句感染，你就会有一支点石成金的笔。

同样是"红色"，有人会讲夕阳红、酒红、圣诞红、西红柿红，也有人会说嫉妒红、复仇红、警戒红……红色有很多的形容词，很多的描写方式。我在写《诚品商场1998年春特卖》文案时，也用各种我对白色的理解，完成下面这篇文案：

白感交集的春天，白无禁忌

霜白。雪白。冬天北极狐的白。
川久保玲“没有存在”的白。基耶斯洛夫斯基情迷的白。
波希米亚颓废的白。

云的白。轻的白。鸟羽的白。梦境的白。
洁癖的白。不贪污的白。痛恨有颜色暴力的白。用过防晒油的白。

与黑对比的白。所有光混合的白。极限主义的白。
玉的白。灵性的白。香槟白。大曲茅台有酒意的白。

简单的白。勾描不上色的白。五四运动口语化的白。
智慧华发的白。真相的白。不想有瑕疵的白。

白色是一种没有重量，可以飞的幸福；
世纪末无色调风华，百件春品，白感交集，
1998年3月6日至4月5日，诚品商场春品上市，
请您开始白无禁忌！

如果你没有看过其他人描述颜色的方式、想过颜色描述方式

的其他可能，当然会词穷啊。能悠游在阅读及写作之间是件很棒的事，整个过程就像是一场探险，因为当你真正写完一本书之后，你的感官会变得更细致，你成了多层次的观察者，宛如绵密的千层派，各种版本的你，在深耕同一件事。

除非你是天生的作家，本身的感官非常敏锐，你写出来的东西就可以非常原创、源源不绝而且力道很强，但这样的人可能不多，因为我们长期受填鸭式教育与环境牵制，当昏迷指数只剩下三时，就需要大量地刺激意识、灵感、创作流，让文辞表现活起来。你可以去找很多的强心书、催泪电影，刺激你的反应，等到昏迷指数恢复到九的时候，就可以去写你想写的东西，因为你已经有满满的文辞库与情感可以自由运用。

试着分析自己的感动触点，找出剧情驱动程序

至于如何启动“流”，可以参看很多作家（例如约翰·达顿编的《作家谈写作》、威廉·津瑟著的《如何写出好人生》）、音乐家、画家、剧作家、演员、歌手的自述、日记、传记电影，或是大排场的戏剧、音乐，这些都有助于启动你的创作之流——在成为一个好作家之前，你必须先成为一个好读者、好观众，当你没有灵感时，可以向别人借电启动创作之流。举例来说，当你被《大长

今》《甄嬛传》感动时，不要就这样过去了，应该觉察并分析自己，为什么会被一个旧时代的戏感动？在哪些部分感动？是哪句话、哪个画面、哪个点触动到你？背后是哪些原因，让你可以连看几天几夜都欲罢不能？哪些情节吸引你如上瘾般地看？背后隐藏了怎样的一套剧情驱动程序？向自己打破砂锅问到底，分析出最深的核心之后，就是创作之流深处的共同触点。这些跨朝代、跨文化、跨文本的触点，如果被你顺利找出来，就可以让你在启动创作流时，埋进这些触点，这些点就会是最精准刺进人心、最有力的情绪高浪。

找到“非写不可”的理由，启动“不写会死”的创作流

接着就要追问自己，你想传递的东西究竟是什么？为什么觉得跟大家讲这个东西很重要？出版这本书对这个世界的意义在哪里？将来会是谁在看？会影响谁？……一路追问下去。当然你也可以找别人来问你这个问题，由那个人来问与这本书有关的问题，直到你找到了“非写不可”的理由，直到你厘清这本书最终的精华与焦点在哪里，之后，你的创作流就会被启动。

再重复一次：去写一本你“非写不可，不写会死”的书，不要去写一本你“可写可不写”的书。

当真正要进入那个写作流时，你会开始变得很敏感，很容易为别人的故事掉眼泪，可能在路边看到一只狗或一则新闻，就会马上痛哭流涕，或突然亢奋起来，因为你觉得那主角就是你自己。如果不是这样感同身受的话，表示你还要再往内走得更深，进入人类情绪的共脉层——生命之流，是很多人共同的生命经验，根源于非常原始的情感。一旦进入最底蕴的生命共脉层，你在看电影、小说，或是听别人讲故事时，就会马上被“触点”刺到，如此才能让整个感官打开更多。

但如果你没找到那个点，表示你的生命之流还没接上，你找不到与别人生命之流的共通点，就算这样下笔，别人也不太会感动。也就是说，在写感动自己的故事之前，你要先被别人的故事感动，因为你知道那个感动点在哪儿，下笔时就会知道那根针，该怎么施在对的情绪穴位。

不过要特别保留部分的清醒看护自己，这创作的流有时太大、太激烈，会把人逼到疯狂的绝境，像邱妙津的日记，情绪很浓烈，她不得不写得耽溺，很容易让看她书的人启动创作之流，但她承受不了选择自杀，自己要注意不要被过度影响。

第 29 问
找寻创作的资料或灵感时，如何不分心？

目中无人，肆无忌惮，让人臣服

电影《香水》谈的是艺术家的“专心一致”，真正的艺术家在创作时，眼前不会有别人，只有未完成的作品：那个他要完成的终极气味。但不是要你因为创作而真的去杀人、害人，至少小说家聚斯金德没这么做，他不需去杀了十二个人后才能完成小说，他只是用这么极端的比喻，描述艺术家在追求极致时是目中无人、肆无忌惮、完全专注、不在乎他人，绝不可能分心！我们要探究的，就是那股不惜一切代价的动力是什么？最后香水被做出来时，让所有人臣服的力量到底是什么？

刚提过，如果你真的非常耽溺在“创作流”上，你会食不知味、寝不成眠，眼前只有作品，没有出版社、读者或其他人。因为眼前的作品太大了，大到你只能全心全意地面对它，不可能看到其他，如果你还会被其他事情分心，还会顾虑到别人，表示你创作的强度还不够高，或是作品规格还不够广大，还没有逼得你几乎快放弃一切、不惜一切代价非写不可。如果是这样，你要不要把这本书写出来，其实还可以再考虑。

某种程度来说，这是一种病，就是不得不写、不吐不快的过程，当你真的要吐，你还会顾虑旁边有谁吗？你只能吐出来，只有吐出来才会比较舒服。写作就是这样，有没有掏心掏肺到非写不可的程度？如果你觉得痛苦，可以考虑不这么折磨自己的心神，写写粗浅无伤的心得就好。

这也就是为什么，一个真正的创意人，是没有任何挡在他前面的偶像，没有让他分心的敌手或干扰物的，只有更完美的作品，在眼前等待他一心一意地完成。若是你现在有竞争对手、效仿的偶像，那么你铁定走错路了。

回到现实来看，假设你现在正专心写一首关于杯子的诗，你走到哪里一定会被各式各样跟杯子有关的东西吸引，你就留在那边没关系；如果被别的、与杯子不相关的事物吸引也没关系，只要记下你有兴趣的部分，等到诗写完再回来看就行了。就像我上网找与创作有关的资料，如果我突然被一则与主题无关的文章吸引，我会先把它下载，贴在待看档里，等到忙完了再看，这就是在“放纵之流”中必备的“克制”与“管理”。当你非常专心写A主题的时候，你很难有余力分心注意到B，因为你的焦点都在A上；就像如果你正热恋中，就很难对其他的事物，例如政治、财经……有任何的感觉。

第 30 问
假如同时有好几本书的创作计划，该怎样进行？

平时分箱怀胎灵感，安排“书的分娩期”

如果你同时有两本书以上的写作计划，你可以在房间里准备几个空箱子——以我为例，假设我现在有写七本书的计划，我就会在书房放七个空箱子，然后把今天在外面看电影、看书的任何想法或句子，写在活页记事本上，等到晚上再依书别放进箱子中，当某个箱子满到像是一个抽奖箱似的，且已经没别的新想法产生时，我就会把那个箱子抱到书桌上，花一两个星期的时间把来自各时空的零散文字纸条，专心理成一本书。这段时间就只思考这本书，不去想别的，也不接受媒体采访或朋友邀约，尽量不出门、不讲话，不断地重复播放一首音乐以维持思绪的定调。即便是会被生活的琐事打断，比方得去交水电费、与家人吃饭等，但只要一回到书房，一放那首定调的音乐，就可以瞬间回到那纯粹的时空，我称为“书的分娩期”，这就是我当时在农历新年以七天完成《十四堂人生创意课1》、以十天完成《十四堂人生创意课2》的过程。

很多人都觉得写书很困难，其实只要你养成每天写作（例如写微博、微信、日记、书信）与累存作品的习惯，顺利体验过“流”与“收”的过程并成功地出版第一本书，之后就有办法同时思考六七本书，同时开启六七道“流”，而且不会互相干扰，彼此之间切换，就像转电视频道那样容易。

第 31 问
如何决定写作形式？

如果有一个故事想表达，应该要以日记体、小说体，第一人称还是第三人称写？该如何决定？

试试每一种写法以启动“流”

的确，同样一个爱情故事，可以有不同的写法，写法决定说故事的方式、看故事的视点，以及小说最后呈现出来的效果与结果，小说《爱情盛宴》，就是个可以参考的例子。这部分，就是平时多看书和电影，累积结构与形式的分析心得，我之前说过：看电影时不要把自己只当成观众，同时还必须要有导演、编剧、摄影的视点。我常举的例子是拉斯・冯・提尔在拍《黑暗中的舞者》时，有一段女主角在火车顶上跳舞，导演用一百架摄影机同时拍摄这个片段，他想知道有哪一百种不同的角度来呈现这段画面，连他这么资深有名的导演都如此认真，你身为写作新手，其实也可以效法他的精神，每一种开场的写法都试试，看哪一种最能启动“无法遏制的流”，那一种就是了。

出书并非唯一的分享形式

分享有很多形式，也不一定要以出书的方式，编、演短剧，或是唱一首自己写的歌、画一幅水彩……只要你所选的形式，可以百分百地传递你想传达的情节与情绪，任何形式都可以，更别说是日记体、小说体、第一人称还是第三人称……内容是灵魂，形式是骨肉，只有一种最浑然天成的合体方式，就试其所有可能地去找出来。

新手在沙漠中找水源，一开始需要探测器多方探寻，或是找个有经验的向导协助，到后来熟能生巧，就像猪闻出松露般地快速精准，表示感官的敏锐度达到了一定的水平。之后要动手把一个故事说出来、写出来、拍出来、演出来，都是一步到位，如行云流水。

第 32 问
如何将旅行经验变成书？

让你的旅行书，感动读者非到此一游不可

现在市面上旅行的书很多，除非你有很特别的观点、体验、呈现方式，否则发表在微博、微信上就能达到分享的效果了。我自己当初写旅行书时并没有思考这么多，只是旅行回来之后，看到成堆的照片，觉得应该做个分类整理，加入当时的文字心得，假想要跟别人分享这次旅程，我该怎么将图文编辑如电影分镜脚本，让没去过的人也能身临其境。当初只是想替自己留下一本比相册更完整的旅行记录，结果在整理历史相关文献与书写的过程中，发现自己又深度经验了一次旅行，例如希腊、北欧、北非，写成书之后，我让零散易逝的旅行经验，变成了系统性的图文，书变成了比相册更方便的形式，也很容易转成投影图文在演讲厅中分享，这些都是写了书、出版之后自己的意外获益。反观其他去过但当时没写成书的旅

游经历，现在印象模糊，有点可惜了。

现在的旅行书已经很多，要问问自己这本书的内容，是否强到非出版不可，假设你想出一本埃及的旅游书，你有没有办法让读者看了你描述埃及的文字之后，感动到马上非去埃及不可，甚至非埃及人不娶不嫁的程度，否则你的旅行书会对不起埃及。现在除非我有很特别的、主题式的旅行书写内容，例如印度心灵修行经验，我才会出版成书。

用有趣的观点，而非流水账般地去书写

整理成书的过程，不一定要照旅行的时地顺序，你可以按照目前的生命结构去写。比方你面对这些人、事、景物时，产生了快板、慢板的情绪，你可以用很个人的方式，来分类你的旅游图文，或是用一种有趣的观点去分类，不一定要像流水账。

不管是否要出版成书，旅行中的图文记录还是很重要的。出发前多看相关的资料、多问已经去过的人，好好安排一趟独特的旅程；沿途放下所有成见，放开所有感官去感觉，每天简要记录（写关键词，像是为一个段落的旅程贴上标签一般）；旅行回来后，第一时间把感动的细节专心写下来，写成一本书或是逐周放在微博、微信里。这样的一趟旅程，除了让你在生命中有新的视野外，公开分享之后，还可以产生很多你意想不到的效益。

第 33 问
是否该辞职去写作？

注意时间管理，就可以兼顾工作与写作

如果你已经有了丰足的生活费与退休金，当然可以专心写作。但如果还需要为生活担忧，就不要辞掉工作，只需注意时间管理，就可以工作与写作兼顾（我自己一向如此，念书、教书、接案、旅行、看电影、看表演、写专栏、写书都是同时进行的）。如果想要以专职写作谋生赚钱，除非是年度畅销作家（运气成分居多），否则是很难维生的。

如果现在的生活让你没法写作，你可以试试利用周末两天，看看自己能否排除杂念，专心写稿，如果连两天假日都无法静下心来写，那么就算辞职一年也不一定写得成。有很多作家在工作上寻求灵感的例子，例如小说改编成电影的《日本头家》《穿普拉达的女

王》，都是把职场上的受难经验，写成黑色幽默的故事，反而能引起广大上班族的共鸣。

有人跟我说，目前的工作不是他喜欢的，所以想辞职写作；也有人跟我说，想搬离开家自己独居去写作；还有学生跟我说，因为想当作家，所以想从商学院转到文学院。试想如果侯文咏当时为了当作家，放弃念医而去念文学，现在会有《白色巨塔》这部以医院经验写出来的小说吗？或许你可以想想，现在的工作、现在的家庭，是否给了你观看与书写人生百态的界面？写作不是逃避现有生活，相反地，要广纳眼前的一切，就算是麻烦挫折，也有可能是天外飞来的一笔剧情转折——如果生活上连这点都做不到，那么写作时，必须真实面对自己的智慧与勇气就更没有了。

第 34 问
如何向出版社提案？

三分钟吸引编辑的注意

书稿写完后，可以先拟定你最心仪的3~10家出版社，依序写信给出版社的总编辑或主编，信上包括：书名（可以请帮忙看你书稿的朋友，在全书中圈出有感觉的关键词，被最多人选出来的，即可考虑变成书名的方向）、整本书最大的特点（50字内告诉对方非出版不可的理由，书的定位最好能跳脱目前的同类书）、不超过一百字的精彩文章摘要（以上你可以先在朋友圈中测试反应，如果他追问你这本书是谁写的、何时上市、在哪购买，那就成功一半了），并附上营销计划、希望对方最迟回复的时间，以及联络方式等。因为出版社接到的这样的书稿一定很多，所以你必须在3分钟内吸引他们的注意与兴趣，要不然就没办法了。

不怕被拒绝，不惜自费出版也非出不可的决心

最重要的是，不要怕被拒绝，很多畅销书在热卖之前，都有被拒绝过很多次的经历，例如《与神对话》《哈利·波特》……我目前卖得最好的《十四堂人生创意课1》，却是我所有书中被拒绝最多次的一本——要有一股不惜自费出版、非出不可之气势及意志力，这个过程，其实也在考验你出书的信心与决心。

平时练习找营销刺点

至于如何替书写出吸引人的定位、特点与文章摘要，平时可以多看电影命名、简介、预告短片，看是哪些部分会吸引你去看电影或是买书，把那些诱发你行动的影音图文留下来，然后再去看电影或全书，等到看完之后，试想如果你是电影片商或是书的作者，你会怎么写简介或是广告文案？接着再拿这份你写的简介文案，与原本厂商印妥的文案，念给还没看过的人听，看他们对哪一种有兴趣，这就是平日最好的练习。

出书本身就是一门如何吸引人的学问，平时可以多研究畅销书、热门电影的营销与文宣。当你学会了如何在一本书、一部电影中，找到最吸引人注目、让人无法抗拒的一两句话，那你就学会了在市场上“点石成金”的魔法，将来你在向出版社编辑提案、说服

合作单位、写文宣新闻稿，或是帮别的电影或书写推荐语时，你都能信手拈来，发挥神来之笔。

第 35 问
如何进行书的图文编排?

经常翻阅美术设计书，培养图文美感

因为做广告，所以经常翻阅美术设计相关书籍，这对我有很大的帮助，让我与书的美编沟通有了共同的语言，而我也有能力让书的呈现，不会离自己的理想太远。

平时要多看多买一些特殊装帧或内文编排很有特色的书（我每两年都会到东京去买些设计类的书，或是在参观海外艺术展时，大量搜集很好的文宣品、书籍杂志），仔细研究版式、图文比例、字体、颜色……每一处细节都是很大的学问，将来在书进行编排时，可以先让美编完全发挥，除非是后来看了版式、封面之后觉得不妥，再以你心目中的蓝图进行沟通。

以情书式小说为例，《寄给我相同的灵魂：葛瑞夫与莎宾娜三部曲之一》的形式很有趣，你必须逐页打开信封，看两人的通信，有点像偷拆别人信封那样的阅读经验，这就是作者的巧思。还有一本弗雷德里克·克莱门特（Frederic Clement）创作的《巴黎情人》，把情书化身在树叶、树干、公园座椅、扑克牌、餐巾纸、石板路、木墙……你在读情书时，也同时在游览巴黎的一景一物，宛如一个情书的立体剧场。其他像是彼得·格林纳威的电影、罗伯特·勒帕吉的戏剧等，都是很棒的典范。

养成定期采集艺术灵感的观赏习惯

谁说书只能像一本书？它也可以是一场纸上的服装秀：春夏秋冬的衣服上，写着每一段换季的情感，整本书就像是一本服装宣传册，或是一个个被文字占满的舞台空间。这些点子，在很多的艺术表演、实验小剧场、前卫美术展……都可以看到，所以请养成定期采集灵感与形式的观赏习惯吧！

第 36 问
如何营销自己的书？

把自己活在“这个世界只有这本书”的状态里

我刚提过，日后看到媒体或是座谈会主持人在采访作家时，可以当场练习，这问题如果拿来问你，你该怎么回答；看到电视上在采访热门话题或是热门人物时，同步想一下与你的书的关系是什么，能刺激你哪些营销宣传的点子。

总之，就是在你开始构思、书写、进行编辑、出版的过程中，把自己活在分分秒秒“这个世界只有这本书”的状态里，活成已是一个作家的状态，你就会有源源不绝的营销灵感可用。

新手作家既是艺术家也必须是商人，像布波族的概念，必须同时兼有“波希米亚”加上“布尔乔亚”的能力，必须随时跳出来切换各种角色，可以同时当自己的伯乐、自己的法律顾问、自己的经纪人、自己的宣传者、自己的造型师、自己的幕僚、自己的发言人……

如果你能成功地掀起风潮，把书营销出去，一来你的影响层面广，二来你所得到的后续资源，包括出下一本书就会顺水推舟，出版社与媒体愿意给你更多的营销协助，你就可以有更多的时间与空间，更专心地创作下去。

第 37 问
写书与出版，对你的影响是什么？

你正在写一本影响你与其他人未来命运的书

在看过《秘密》影片与书之后，回头再看一遍过去所写的书、所写的观念、所写的担忧、所写的梦想……都在不自觉的情况下一一实现，召唤了相同频率的人、事、物，这才发现书上所说的“同类”会吸引“同类”，当你出现了一个思想，会吸引其他同类的思想过来，“吸引力法则”是真的在运行。

一本书少则上千人、多则数万人看过，这些文字，不只是召唤、决定自己未来命运的走向，也会带领、影响、改变别人的生命方向（例如《死亡笔记本》带给读者、影迷的影响），文字所传递的意识成真力量，比你想象的还大上数千万倍，就像《灵魂永生》第五章提到的“思想如何形成物质”：浓缩的能量点，是由情感强度来催动的，能量越生动密集，就越能加快它成为物体的速度。亚伯拉罕《有求必应》也提到：专注17秒，吸引的能量开始启动，专注68秒，意念开始形成物质实相——所以下笔要慎重。

用个比较极端的说法，就是你正在写一本你未来的命运书，你现在所思考的、写下的每个字，拍摄的每张照片，画的每张图……都在改变、扭转、决定自己及很多人的现在与未来，所以在你要把书稿交给出版社之前，再把稿子慎重地、宏观地看一遍，想一下这本书出版之后，会产生、引发什么样的后续影响？这样的结果，是你要的吗？如果不是，你要的是怎样的影响、怎样的结果，然后再从这个你想要的结果倒推回去，你这份书稿需要做哪些微幅的调整？

套一句《斯蒂芬·金谈写作》里的形容：“你可以问任何一个在书店邮寄部门工作或在存放书籍仓库工作的人，他们会告诉你文字是有重量的。”

信仰你所写的，写你所信仰的

电影《笔下求生》里，知名小说家卡伦·艾菲尔，花了十年时间将要完成新作，但她却遇到一个写作的瓶颈，不知道书中的主角哈罗德·克里克，该以怎样的死法作为漂亮的结束（作家让角色死，为的是让活着的人珍惜生命）。凯伦并不知道，哈洛·克里真的存在于这个真实世界，而且是跟作家笔下的旁白，同步生活着。你可以在看这部电影时，把剧作家当成现在的自己，男主角当成未来成真的自己，看一下二者之间的关联，然后重新思考，你正在创造什么？你想要创造什么？你笔下的角色是有生命的，会与每位读者说话、引导着他们的意识灵魂，这些角色也会影响着将来的你，你的生命会因为越来越多的读者、媒体的汇流，而变得出乎意料的不同。

信仰你所写的，写你所信仰的，你现在就可以成为那个改写自己、全人类未来的人。

PART 3

关于旅行与人生的12个问题

第 38 ~ 40 问：旅行 VS. 创意

第 41 ~ 43 问：人生规划・时间管理

第 44 ~ 46 问：灵修 VS. 创意

第 47 ~ 49 问：心想事成・人生终极

第 38 问
如何寻找旅行的意义，及旅行中怎样激发创意灵感？

不带成见、不带惯性去旅行

旅行需要找意义吗？如果带着意义去旅行，结果就只有两种，一种是如你所想象的，一种是不符合你想象的，那么这趟旅行就无聊了，少了惊奇。

旅行让人开阔，对于许多眼前汲汲营营、牛角尖越钻越小的事情，也就更能包容与放下。旅行也是强迫自己离开惯性的生活方式：换一个时间睡觉，换一种姿势起床，换一种口味的早餐，换一种语言聆听……只要你不带既定的成见或期望去旅行，即使在旅程中不做任何事，旧有的生活框架也会自然消融，如此才有新创意生成的空间。

在旅行中，让自己混血质变

每一次旅行，不要只像个观光客似的走马看花，而是去深入体验当地的民俗风情，把自己当作“第一次投胎变成当地人”般地融入，去领悟某句广告词所说：“在地球的彼端，有人过着和你截然不同的生活。”——每去一个国家，就是一次后天混血的过程，到最后就彻底成为自由进出各国的世界公民。

旅行是我最精准的人生里程碑，我的人生分成“尚未去威尼斯”时期、“去威尼斯之后—去西班牙之前”时期、“去西班牙之后—去布拉格之前”时期、“去布拉格之后—去希腊之前”时期、“去希腊之后—去格陵兰之前”时期、“去格陵兰之后—去西藏之前”时期、“去西藏之后—去吴哥窟之前”时期……每一次旅行，我的人生就会产生重大质变，连看世界角度、与人谈话方式、走路步调都不一样了。至于旅行的准备与收获，可以详看《十四堂人生创意课1》第四堂：如何栽培自己——从五项养成教育开始。

如果生命只剩下半年，最想去的地方是哪里？

电影《练习曲》中经典的一句话是：有些事现在不做，一辈子也不会做了。同样的概念，我推荐大家看看电影《遗愿清单》：亿万富翁爱德华·科尔，在癌症病房里遇上蓝领技工卡特·钱伯斯，面对人生的终点，他们发现彼此有“人生最后梦想”的交集，于是两人离开医院，展开一趟奢华刺激的环球之旅——这部电影可以让我们虚拟一下，如果生命只剩下半年，最想去的地方是哪里，我们能不能现在就放下一切，背起包包去旅行？

第 39 问
对于常到世界各地旅行的你而言，“回家”是什么样的概念？

“家”的定义不在地点，而是心灵状态

对我而言，所到之地就是家——到印度菩提迦耶时，我觉得回到家了，因为那个地方很宁静，像是一个心灵的避风港；到希腊圣特里尼岛时，我也觉得回家了，那是一个身心感官上可以全然放松的家。也就是说，“家”的定义不在地点，而是心灵状态，从这个家到那个家之间，就是旅程。

旅行者心里藏的是亚历山大大帝想征服世界的欲望

旅行对我而言，就是一种移动状态，从印度到希腊到冰岛到

摩洛哥……凡走过的都是我的版图、我的原乡、我的家。有人说，旅行者心里藏的是亚历山大大帝想征服世界的欲望，没有军队长征，所以靠旅行来征服地球。对我而言，旅行更像是一个正在扩建的“家”的概念：我在威尼斯圣马可广场上，享受与戴面具陌生人交谊的客厅空间；在斯德哥尔摩市立图书馆里，享受挑空三层楼的书房空间；在西班牙餐厅享受丰盛的海鲜饭；在迪拜望向阿拉伯湾的泳池里游泳；在印度宫殿的皇后床上入梦……这些人生难得的经验，比住在固定的豪宅里，更令我兴奋！

第 40 问
不能常旅行的人，如何有常旅行者的创意？

旅行是一种态度，一种看世界的新方式，而不是旅行地的累积

如果你无法常出外旅行，可以借着看旅游节目、电影中的异域场景，虚拟一下旅行者产生创意的状态。或是你可以散步、骑脚踏车、坐地铁、搭火车，像电影《练习曲》，在各地做短期的旅行；抑或是把自己假想成另一个身份、另一个年龄、另一个性别、另一类生物、另一种呼吸速度、另一层所在高度，一样可以转换惯性的生活——有创意的人从家里开车到公司，即使是塞车的一段路，心境也可以悠闲地像是在塞纳河的豪华游轮上。

旅行其实是动力问题，如果你真的想去旅行，就算身上只有一点钱，你也会想办法边打工边赚旅费，想办法累积假期，想办法克服所有的困难，套一句网络流行语：如果你真的想做一件事，你

一定会找到千百万种方法；如果你不想做一件事，你一定会找到千百万个借口。关于上述38～40问：旅行VS.创意的部分概念，已经纳入《旅行创意学：10个最具创意的“旅行力”》之中，有兴趣的可以继续阅读。

第 41 问
如何让创意延续、源源不绝？

你是否有定短程、中程、长程目标？创意是否会因为这些目标而受到阻碍？当实现目标后，是否会突然空掉，不知道下个目标在哪里？你对自己的定位在哪里？

“创意”→“创造”→“创世”三层次的人生规划法

这在《十四堂人生创意课2》第六章提过，我是从“短、中、长期人生计划”改为“一主七副·风火轮转计划：培养一个主专长，周围至少七个副专长”，现在已变成“放射性爆炸计划：从自我的终极原点引爆开来，各版本的自己，从各经纬度的视点投向四面八方，每个分岔点、每个选择背后，都是巨大无边的可能”，这也是“创意”→“创造”→“创世”三层次不同的人生规划法。

我目前处在第三阶段：每个版本的自己，会向四方爆长出新计划，已经没有“定位”与“下一个目标在哪里”的问题了，因为我每天都不同，甚至无法预言自己明天是个怎样的人。

从各种经纬视点，看各种可能

我之前提过的小说《爱情盛宴》也是很好的例子：同一个故事，不同的人看出不同的版本，小说家查尔斯·巴克斯特自己就要扮演这么多不同的角色，他必须站在很高的视点来看这个故事，所以就把自己爆炸出去，散落在宇宙四方，从各碎片点看出不同的可能。

每个人可以从自己的立足点，去引爆全方位的可能，再从遍布各经纬度各版本的自己，去延伸新的视野、新的梦想、新的动力方向，就算看到同一个故事，你可以瞬间拥有各种观点，可以同时看到各开端引起的各种结局（像电影《预见未来》）；也可以同时创作各类作品，像法国阳光剧团、法国动画导演米歇尔·欧斯洛、加拿大导演罗伯特·勒帕吉、韩国导演金基德……在同一作品里开“实”与“虚”，以及“多次元时空”的窗口，在“梦”里开很多层的“梦中梦”窗口——整个世界因为你的分化、你的复眼，而变得非常丰富。

第 42 问
创意能否永葆竞争力？

如何转换人生跑道？如果你是 50 岁的人，如何与 20 岁的年轻人竞争就业的机会？

联集的人生，不必刻意计划转换跑道

生命是一条很有智慧的河流，流经高低起伏的地表，从高山到峭壁，从溪谷到平原，整个过程是非常自然的。我先是广告文案然后转作家（第一本书就是广告文案的结集），从作家转教书（教的是广告文案），从教书转写剧本（以我的人生故事与旅行为灵感）。即使现在全心写剧本，仍不会中断写文案、写书、教书——生命像是一条流向大海的河，支流从四方汇入，当水流量增大，就会依地表顺势而流，一切水到渠成，完全不必决定方向，生命流域

只会越来越广，联集的人生，不必刻意计划转换跑道。

不畏别人眼光、不怕失败的人永远年轻

50岁的人有20岁的人没有的经验与视野，是20岁的人无法竞争与超越的。如果我50岁，我不会与20岁的人竞争工作，我会去找适合我50岁做的事，而且必须是我喜欢的事。有机会可以去看《杂耍与疯狂：新世代马戏团幕后大揭秘》，里面有一位50岁转行到马戏团表演空中飞人的人，他克服体力与心理障碍，在舞台上表现优美有力的肢体动作——有勇气、有梦想、不畏别人眼光、不怕失败的人永远年轻，如果不敢冒险，就算18岁也没有生命活力；如果敢挑战自己的极限，就算80岁也无人能敌。

第 43 问
如何兼顾“工作”“兴趣”“生活”的时间管理？

你同时念书、教书、写书、演讲、接受媒体采访、写广告文案、大量看电影与艺术表演、海外旅行……请问你的时间管理是怎么安排的？工作、兴趣、生活之间怎么维持平衡？

刚在第41问时说明过，以前的我拟定“短、中、长期人生计划”并且如实执行，使我可以有效率地同时做很多事，这部分在《十四堂人生创意课1》第三堂“如何画一张自己的生命蓝图”中谈过粗浅的概念，现在我再针对这部分，做更详细的解说。

我的时间管理，靠的是一本活页记事本，依序有：

A. 年度共同页

电影《再见，不联络》有句名言：我们往往高估十年后能做的事，却忽略一年内能做的事。

1. 年度月计划，列出1～12月的表。

举2个月的例子如下：

我通常将时间分为出关期、闭关写作期、旅行期三种（在笔记本上用不同颜色的字来标示会更一目了然）。

☆是出关期，这段时间可以演讲、接受媒体采访（尽量排在同一天）、接广告案、与朋友聚会、看电影与艺术表演。

△是闭关写作期，这段时间不接受媒体采访、邀稿、与朋友聚会邀约（会要求延到下一次出关期），若临时有广告案会议或演讲，则会尽量排在晚上（我闭关的写作时间为清晨6点到晚上6点），或是在必须看的电影试片会（或必须去听的演讲）当天排入。广告案会在当天写作进度完成后进行，不会影响到写作进度。

○是旅行期，在飞机航程中会排入看书、写零星约稿。

※若有会议或演讲欲排进来，必须先看这张表，看当天是否排了不可更动的事。

	6 月		7 月	
五	1	☆晚上信义讲堂 1/5		△闭关写书 2/15
六	2	☆看人体书页表演		△闭关写书 3/15
日	3	☆敦南诚品演讲	1	△闭关写书 4/15
一	4		2	△闭关写书 5/15 ☆晚上信义讲堂 5/5
二	5		3	△闭关写书 6/15
三	6	☆东华大学演讲下午 2：40—4：40	4	△闭关写书 7/15
四	7	☆下午 1：30 高雄创新演讲 ☆下午 5：00—7：30 成大演讲	5	△闭关写书 8/15
五	8	☆晚上信义讲堂 2/5	6	△闭关写书 9/15
六	9		7	△闭关写书 10/15
日	10	☆下午 2：00—4：00 县图演讲	8	△闭关写书 11/15
一	11	☆听演讲	9	△闭关写书 12/15
二	12	☆听演讲	10	△闭关写书 13/15
三	13	☆耕莘演讲下午 6：00—9：00	11	△闭关写书 14/15
四	14	☆下午 3：30—5：00 东吴演讲 ☆看萌荷表演	12	△闭关写书 15/15
五	15	☆晚上信义讲堂 3/5	13	☆写零星稿
六	16		14	☆听演讲
日	17	☆与学生聚会	15	
一	18	△闭关写书 1/10	16	
二	19	△闭关写书 2/10	17	
三	20	△闭关写书 3/10	18	
四	21	△闭关写书 4/10	19	
五	22	△闭关写书 5/10 ☆晚上信义讲堂 4/5	20	○北京

（续表）

六	23	☆上玛雅历	21	○北京
日	24	☆上玛雅历	22	○北京
一	25	△闭关写书 6/10	23	○北京
二	26	△闭关写书 7/10	24	○北京
三	27	△闭关写书 8/10	25	○北京
四	28	△闭关写书 9/10	26	○北京
五	29	△闭关写书 10/10 ☆晚上信义讲堂 5/5	27	○北京
六	30	△闭关写书 1/15	28	☆学学文创教课 1/5
日			29	
一			30	
二			31	

2. 两年内重要计划表：以我的两岸出书计划＋旅行计划为例

年月	简体版出版计划	繁体版出版计划	旅行（当年度旅行计划排出来，就可以搜集相关资料）
2016/10	诚品副作用		
2016/11	广告败物教		
2016/12			
2017/1	十四堂人生创意课 1		
2017/2			
2017/3	食物恋		
2017/4	恋物百科全书	十四堂人生创意课 2	印度旅行 7 天（与好友自助之旅，旅行前可与媒体谈好以专栏或特稿方式发表，旅行时做好照片与文字记录，若行程有趣，回来则可排进写作计划中，或是写文章放在微博、微信上分享）
2017/5	希腊 十四堂人生创意课 3	虚拟国境	
2017/6	爱情教练场 虚拟国境	食物恋	
2017/7	爱情采购指南		秘鲁印加文化之旅 15 天（半自助）
2017/8	爱欲修道院	爱欲修道院	欧洲：瑞、意、法、西、葡、希 30 天（与两位好友的自助之旅）
2017/9	长篇小说（剧本）	长篇小说（剧本）	云南 13 天（半自助之旅）
2017/10			
2017/11			南美之旅
2017/12			

3. 信用卡资料：

卡别	用途	免年费 / 时间	红利点数 / 到期	联络电话
（1）主　卡				
（2）次刷卡				
（3）折扣卡				
（4）折扣卡				
（5）折扣卡				

4. 航空里程表（同以上形式。记录欲到期的里程，列入日计划作为提醒。）
5. 银行账户资料（同以上形式。列出目前账务，记录账之出入明细、退休计划，并列出三年的财富与存款计划，至于怎么设定金钱目标，可以参看《有钱人想的和你不一样》，这是《秘密》之财富版。）
6. 各书版权、保险合约到期日（到期日列入日计划中）
7. 各网站会员密码一览表
8. 我的星盘与相关生命数字数据
9. 我的通讯录（包括：家人、同学、同事、客户、医院、事务、餐厅……）
10. 最新个人简历（每增加新的“丰功伟绩”就同时记入，若临时有人向你要个人简历，就可以马上交件，另外，随时检查是否有比去年增加一些资历与作品。我的简历范本可参看我的作者简介，这是多年累积的成果。）

11. 愿景页（可以贴小图的方式，例如迪拜的帆船酒店……在等人或等车时，看图观想，启动吸引力法则。注意：专注17秒，吸引力法则的能量开始启动，专注68秒便开始成为物质。）

    a.今年的十大愿望（优先排进月与日计划中）

    b.明年的十大愿望（随时想到就写进去）

12. 座右铭或是提醒自己的话
13. 今年的收获
14. 我的人生蓝图

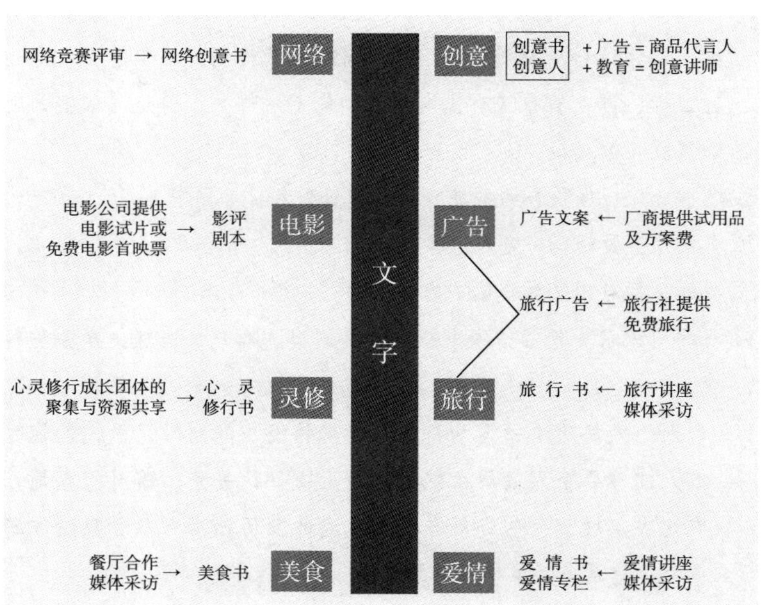

B. 必完成之周计划

举例如下，前方格为打钩处

8/7（二） ▼ 8/15（三）	□广告书一校完成、封面完成 □创意书简繁体完成、做版式、月底确定全书与封面稿 □创意书营销宣传计划 □大陆版合约签订
8/16（四） ▼ 8/19（日）	□统一广告案全部写完 □《十四堂人生创意课 1》简体版完成 □广告书第一本定稿 □广告书第一校 + 封面
8/20（一） ▼ 8/22（三）	□《虚拟国境》繁体改版完成，送谈出版社与美编
8/23（四） ▼ 8/27（一）	□文案光盘剪接 □广告书第二本定稿
8/28（二） ▼ 8/29（三）	□食物书图文简繁体完成 □食物书营销计划、制作计划 □食物书签定约 □食物书交美编、洽谈周边商品 □确定创意书的定稿

C. 每日行程

原则上会先将半年内的都排好。以下举5天为例，☆表示需要特别注意的重要行程，○为每日读的书，△为提醒读者的事项。这部分也可以在一天结束之后审视一下，你一天24小时分配在哪些地方。

1/17（四）	半闭关
1. ☆上午11：00—下午5：00到光点戏院，看阳光剧团之《最后驿站》。（△外出时，包包内会放一本今天要读的书，在等车或是地铁上可看，若有看到与写作计划有关的资料，会画线折角，并写张小纸条，回家丢进写作箱中备查。必回的短信，就集中在坐车时一并发。） 2. 到旁边的文具卖场买红签字笔、立可带、活页纸、立可黏、细红笔。 3. 回家前取刚配好的眼镜，买矿泉水与水果。 4. 写创意书 1/10。 丨今日日记丨 写下今天的惊喜、巧合、感动、快乐、感谢、愿望、欲交托给上天的事，也可写下对“未来自己”或是“未来伴侣”的心灵对话。（养成随手拍照与录音的习惯，在一天之中若看到有趣的场景、人物就拍下来，或是听到有趣的声音可以录下来，作为写日记的提醒。照片与录音也可以放在微博、微信上，当成配图与声音，增加丰富性。） ○本日空闲时、睡前看：《禅与脑》	△一半时间外出，一半时间写作

1/18（五） **半闭关**

1. 写创意书 2/10。
2. 管理费，去银行办事。
3. ☆下午 2：30 看电影《伊丽莎白：辉煌时代》（△看电影时做的笔记，回去也会分别丢到数据箱中）
4. ☆下午 5：00 台北市形象广告案开会。
5. ☆晚上6：30仁爱路一段十七号青少年育乐中心十楼，方智出版社尾牙，给编辑书稿。
6. 写完台北市形象广告案。（△传给客户后，就备档进“自己的待出版作品集”中，等于一边完成广告案，一边累积出书作品。）

｜今日日记｜

○本日空闲时、睡前看：《灵魂的旅程》

1/19（六） **全闭关**

1. 写创意书 3/10 — 5/10。
2. ☆下午 5：00 接受《时尚伊人》杂志电话访问。
3. ☆回家与父母吃饭。
4. ☆晚上 9：00 看 HBO 影集。

△写作时间为完整的 10 个小时以上，写作时不接电话、不上网，当日写作进度完成后，才会恢复电话与网络之联系。

｜今日日记｜

○本日睡前看：《印加灵魂复原疗法》

1/20（日） **全闭关**

1. 写创意书 6/10 — 9/10。
2. 传真《十四堂人生创意课 1》之简体版合约。

| 今日日记 |

○本日睡前看：《预知生命大蜕变》

1/21（一） **半闭关**

1. 写创意书 10/10 + 自序 + 营销计划→交稿给出版社。
2. 整理电子报名单。
3. 与大陆出版社洽谈新书进度与计划。
4. ☆下午 4：00 — 6：30 光点戏院：阳光剧团《河堤上的鼓手》。
5. 晚上整理已不用的写书资料，全屋大扫除。（△我在家里最爱做的事，就是打扫房子，如果连自己的空间，都还要人家帮忙打扫，我就没有机会与我的空间产生很好的沟通与共鸣。况且，每次在打扫时，看看自己拥有的东西，会发现自己已经是非常富足的。）

| 今日日记 |

○本日空闲时、睡前看：《公主向前走》

查下个月的电视节目表：（△有好的节目，就增列入下个月的日计划。）

D. 日计划页之后

可放活页空白页，分别是：

1. 待看电影：（△可以集中安排在同一天看完）
2. 待买书：（△可累积到一个量再到网络书店买，可以有较高的折扣或是积点，也可一次送货）
3. 待买物：（△想到就写下来，当哪天行程有经过，就可以一次买足，不必特意跑一趟）
   家乐福
   宜家
   电脑卖场
   唱片行
4. 待取物：（△有谁欠了你什么，可以记在这，下次见面前一天，提醒对方带来给你）
5. 待还物：（△欠谁的、欠什么，都记在这，下次见面给对方，或是见到对方的朋友时请代为转交，可省下邮寄或快递费）
6. 电影心得：
7. 会议记录：
8. 想到的点子：

排计划时注意事项：

1. 愿望是所有创造的开始。在年底时，先列出新一年的年计划（列出必完成的关键大事）、月计划、日计划，把你最伟大、最恢宏的梦想版本列进计划之中。每周留一天是不排事的，万一有新计划插进来，或是哪一天未完成进度时可灵活运用。

2. 排计划时，请从三天后再开始，排计划当天与隔天不排事，是为了让身心准备妥当，这两天为“过渡期”，把一些琐事集中在这一两天完成，之后才可以全心完成计划。

3. 做计划时可放轻松的音乐，心情要愉快，同时体验自己已完成计划的喜悦。之后随时翻记事本，也请感觉所有计划都已圆满完成、自己“已退休”的喜乐状态。

4. “过渡期”琐事完成后，可以提前做隔日的计划，这样确保在计划开始进行的前几天，都能如期完成进度，以增加继续完成计划的信心；最怕排了半天的计划，开始的第一天就进度落后，之后就会失去继续完成的动力。

5. 每天必须专心地把该日的计划有效率地完成，完成之后才可以去做自己想做的事，例如逛街采买、聊天、吃大餐、与朋友见面、上网、看电视……

6. 每完成一项大计划之后，可以安排一个短期或中期的旅行犒赏自己。

记事本是你最好的造命师

前文所提是我累积近20年“笔记本效率管理时间”的经验，后来看到日本医学作家米山公启写的《笔记成功术：升级你的大脑创意与效率》，日本网络公司GMO集团创办人熊谷正寿写的《记事本圆梦计划》《一周工作4小时，晋身新富族》，里面有些与我的经验类似，但也有些不同的建议，大家可以去找这几本书来参考。

国际知名作家达里尔·安卡（Darryl Anka）说：“只有当你给予它们能量时，工具才可能强大有力，因为能量是来自于你，透过你，所以是你决定工具的效率，它们并没有能力为自己工作，它们只能从你这里获取动能，获取明了的能力。”利用记事本，做自己最棒的个人造命师、经纪人、私人教练，以意志、决心、专注、效率，创造自己最好的版本。

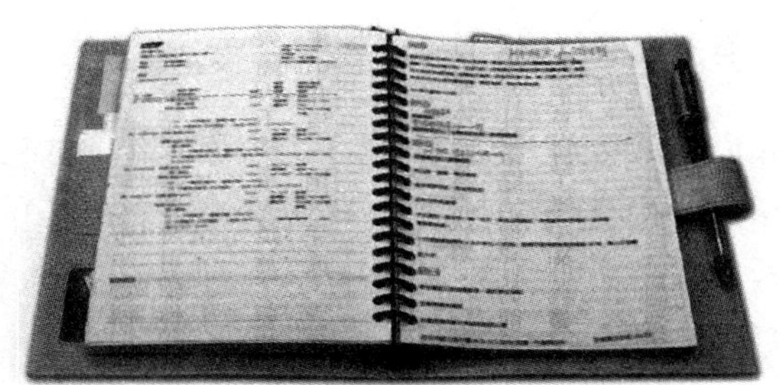

第 44 问
心灵修行后，还会有令人惊艳的创意吗？

就你的定义而言，心灵修行是什么？心灵修行之后，会不会觉得创意比较没力？会不会因为心灵修行后变得平静，没有什么激烈的灵感？

净空之后，有更大的创造空间

刚好相反。心灵修行前的创意，就像一个人在房间里玩积木模型，自己用想象力创造出假山假水，因为没见过真的高山、瀑布，所以玩得很过瘾、自以为很精彩，而且还能让来房间参观的人感到惊艳。

净空之后才能创造，就像龙卷风里面是空的，空的范围越大，吸转万物进来的力道也越大。等我心灵修行之后（我的印度心灵修行日记《心灵蜕变之旅》亚洲篇中有详细记载），感官更敏锐、反应更强大，视野也变宽广了，真正见到意识上的高山大水，都是很自然壮阔，真实而令人感动的，现在比较像是：清空过去费尽心机耕耘的一切，在“空山灵雨”之中，“信手拈来”就是“神来之笔”的状态——写文案的速度更快更好，写书也是行云流水、下笔即成，演讲则是一拿起麦克风，不必用讲稿就可以流畅地讲到底……以前我是一个经后天努力打造出来的创意人，现在比较接近天生带有天赋才华的创意人，如果用水来比喻：以前生命地表平坦，需要费劲打水泵，才能激得起水花；现在心灵地表非常丰富，只要顺着流，水会依地形激荡出精彩的瀑浪。这就是为什么我曾在台北开的课是“人生创意学”，而不是“广告文案创意学”，因为从心灵与感官上蜕变成“活”的、随时应变的创意人，才是必然、恒久之道，如果我讲的是文案技巧、创意方法，今天讲完了，明天就瞬间过时。

套一段网络上流传的“你是聪明人还是高明人”的说法：聪明是在一杯咖啡里变化出数种花样，高明是从一盏清水中感觉出单纯的甘甜；聪明的人可以折服别人，高明的人却能摆平自己。

心灵修行是要让生活过得平静快乐，跟自己好好地在一起

心灵修行不是一般人想象的需要参加团体，进行很繁复的仪式

或是戒律才叫心灵修行。对我而言心灵修行很简单，只要让自己倾听平静轻松的音乐，跟自己好好地在一起，很快乐地独处，很深入且勇敢地探索……不需要花钱，不需要远赴任何地方，真正“住心立命”的所在，就是心灵修行最好的地方。

心灵修行是要让生活过得平静快乐，如果你对现在已经很满足，就不需要去做心灵修行这件事，千万不要为了心灵修行而心灵修行，有时候反而越修越苦，还不如回到最简单快乐的生活。

第 45 问
如何相信自己的直觉？

每个人的直觉都是正确的吗？如果每天都有直觉，今天与明天的不同，明天又与后天的不同，那该怎么选择？

自己就是直觉的最佳守门人

这个世界上可以百分百相信的就是自己，如果连自己的直觉都不相信的话，基本上就没有什么可以相信的了。只有你愿意全然信任自己的直觉，进而信任外在世界，你才能开始接收远超过你头脑的神奇灵感，以及取之不尽、用之不竭的创造流，因为灵感与创造力都是直觉带来的，不是理性逻辑思维。印度大师就提道："所有最伟大的科学都不是来自智力，而是来自直觉；最伟大的发现与突破，都来自'超乎之上'，从阿基米德到爱因斯坦都是。"

除了刚提到的印度大师之外，还可以看《克里昂灵性寓言故事》《灵界大觉悟》《印加灵魂复原疗法》，以及博弈理论的发明者、诺贝尔经济学奖获得者、数学奇才约翰·纳什的传记电影《美丽心灵》，他以“直觉”为这个世界创造出很多惊人的发现，他的答案都是突然冒出来的，而不是来自精算的理性头脑。

如果你每天的直觉都不同，可以问“自己真正要什么”，从这个最根本问题所生出来的直觉，就是最适合你的答案。但“直觉”与“惯性思考”不同，在《圣境新世界》（*The Celestine Vision*）中提道：“所谓直觉（intuition），指的是浮现在我们心中、跟未来事件有关的一个意象……通常这种意象是正面的、积极的……万一出现在你心中的直觉是负面的、消极的，譬如预感到一场灾祸将发生，或是必须避开某些地方，这时你要好好想一想，此时心中浮现的，究竟是源自一再搬演‘控制戏’的恐惧思维，还是‘直觉’发出的警讯……也许你一向害怕独自参加演讲，如果这恐惧三番两次浮现在你心中，我们可以肯定的是，它应该是‘一般性’的恐惧，但如果你只是对某一场演讲突生恐惧，以前从没这种感觉，那这心像有可能是某种直觉预警……我们得靠自己摸索与体验，才能弄清楚这两者的差别。”

直觉是你随侍在侧的智囊团

苹果公司创办人乔布斯曾经说过：“追随我的好奇与直觉所投入的事务，后来都成了无比珍贵的经历……你得信任某个东西，直觉也好，命运也好，生命也好，或者‘业力’……你无法预先把点点滴滴串联起来，只有在未来回顾时，你才会明白，那些点点滴滴是如何串在一起的……你们的时间有限，不要浪费时间活在别人的生活里，不要让别人的意见，淹没了你内在的心声，最重要的，拥有追随自己内心与直觉的勇气，你的内心与直觉，多少已经知道你真正想要成为什么样的人，任何其他事物都是次要的。”[①]当你有了“最高直觉导航系统”，你就拥有了二十四小时免费的高阶智囊团随侍在侧——这部分在《十四堂人生创意课2》第五层已经详述过了，有兴趣可以再翻出来看。

---

① 引自乔布斯（Steve Jobs）2005年6月12日在斯坦福大学毕业典礼的演说*Stay Hungry, Stay Foolish*，详见*Cheers*杂志2005年9月《倾听你的心跟直觉，找到所爱》。

第 46 问
做梦也可以产生创意吗?

如何在梦里找答案?梦境里所取得的创意,如何与现实生活中需要的创意做有效的联结?

在梦中孵出创意

我自己通过梦境,吸收到相当多的灵感与启示——睡前把议题丢出来,在梦里产生运作,等早上起来,把梦给我的灵思泉涌记下来,拿起纸笔,一篇文案便完成,有时候连标题的三四种版本都出来了……后来开始写书,书名与内容也会借着梦境跑出来。

《广告副作用》几篇文案旁边有好像是文案又不是文案、好像是诗又像是小说的部分,其实它们是那个时候与文案一起生出来的梦境片段，我没有办法把它们跟文案分开来，但我未在旁边注明这来自梦境，为的是让读者在看的时候，可以在“商业文案”与“梦境创作”两者模糊的界限间，享受不带目的性的阅读之流。

被提名21次诺贝尔文学奖的英国小说家格雷厄姆·格林，在《我自己的世界：梦之日记》中提到，有几部短篇小说使用了梦的材料，其中一篇《万恶之梦》（*Dream of a All Evil*）发表时，唯一增加的内容是最后那一声枪响。他说，小说很简单就能生出来，只要睡觉就好：他在梦里进入越南、墨西哥、海地、马来西亚、西非等危险之地，当过盖世太保、英国情报员、美国军队、墨西哥游击队，而他总是借着“梦能醒来”这个长处，一次次逃脱……他这么做并不是不想活，而是想要活得更刺激，因为在梦里不会死，在梦里也不会受伤，记住梦是极大的娱乐，仿佛被俘虏进另一个世界一般。

格雷厄姆·格林还说过，他会在梦里跟已过世的名人交流，例如，他会在梦里跟萨特讨论哲学，跟穆索尔斯基讨论艺术。梦本来就是一种潜意识的活动，在潜意识层面与别的灵魂沟通，也不是什么奇怪的事。

找出自己的梦境创意方法学

有一阵子我忙于开会或演讲时，最喜欢做的事情就是睡觉，因为一觉起来，所有的事情：与人和解沟通、构思广告文案、草拟演讲大纲、确定下一本书名……都同时处理好了。

至于如何在梦里找答案、怎样运用梦境，如何与现实生活中需要的创意做有效的联结，其实每个人的途径很不同，我的方法不一定适合各位，但建议大家多看这方面的书和电影，这些大部分在《十四堂人生创意课2》的“梦境创意学”中提过，不过我新增了一些，从初级到进阶整理如下：

与梦有关的书

·《你是做梦大师：孵梦、解梦、活用梦》

·《梦境实验室》

·《梦境地图》

·《梦的工作坊》

·《我自己的世界：梦之日记》

·《召唤天使》

·《灵魂之旅》

·《超凡之梦：激发你的创意与超感知觉》

·《印加巫士的智慧洞见》

·《圣境新世界》

·《找寻奇迹》

- 《梦的智慧：荣格的世界》
- 《做梦的艺术》
- 《梦、进化与价值完成（赛斯书）》
- 《梦与意识投射（赛斯书）》
- 《梦境完全使用手册》
- 《穿越梦境：遇见最真实的自己》

与梦有关的影片

- 《解梦大典》，湖北音像艺术出版社
- 加拿大导演罗伯特·勒帕吉的作品《灵魂啊！你在何方？》：人可以透过梦境自由进出各时空、进出人生各版本
- 日本导演黑泽明，以八段十五分钟的短梦影像，组成宛如史诗般的作品《梦》
- 改编自夏目漱石作品的电影《梦十夜》
- 影集《奇幻嘉年华》

这些书与影片，涵盖了梦的种类，以及做梦、记录梦、解梦、用梦、孵梦、改梦等理论、方法与创作，你们可以将书上提到的每一种方法都试试看，整理出一套你的“梦”方法学。当你记得梦、会解梦、可以利用梦进行创作时，你就拥有了一座私人专属、永不枯竭的创意工作库。

在虚幻的梦境，提炼鲜活的创意

除了可以把生活上、工作上、关系上遇到的困境，丢给梦境来处理，或是如书上所说，在梦里与发生争吵的人，进行潜意识的和解之外，还可以让梦境提醒你一些平常忽略的事。举我自己的例子，我有一阵子老梦到我正在开一辆刹车失灵的公交车，公交车上载满了人，我在驾驶座上很紧张，因为即使遇到红灯，也无法让车停下来，只能努力地闪躲来车与建筑物——这个梦其实在警告当时工作量过大、行程排得过密集的我，必须马上结束已经失控的生活节奏，排出让自己放松的时间。

对于修行的人来说，有时会觉得真实生活像是在梦里，做梦时却又像在真实生活般逼真：在梦里怕被火烧、怕被追杀……在梦醒来前一刻感觉都是真的；在死亡前一刻，反而觉得整个人生像是一场梦般虚幻。在生活与梦境之间，真实与虚幻有时是完全翻转过来的——如果你能体会什么是“人生如梦之梦”，你就能游走于“梦”与“非梦”的任意时空之间，随时随地摘取灵感不竭。

第 47 问
为什么有时候会“心想事不成”？

我曾与学生们密切讨论过这个话题，依照我们的亲身经验，简单归纳出几个最常“心想事不成”的原因。《秘密》书中提到，心想事成的三步骤：A. 要求；B. 相信；C. 接受。我们来检视这三个步骤：

A. 给错“要求”了

1. 你所提的“要求”，并不是你真正想要的

我有个朋友一直有不孕的困扰，经检查后夫妻两人都没有问题，因为丈夫是独子，有传宗接代的压力，她很努力试了各种中西医的方法，也试了“活在自己已经怀孕的喜悦状态”，但每个月都让她失望。后来我问她一个问题：“你从小到大，觉得什么是最重

要的？”她不假思索地说：“自由！能够不被羁绊，想去哪儿就去哪儿的自由！”当她突然冒出这句话，不用我再说什么，她自己就完全明白，她真正想要的“自由”，与她所许的“怀孕”愿望是相违背的，因为如果她怀孕，她就无法“自由”地想去哪儿就去哪儿。

《召唤天使》提到一段祈求怀孕的祷词，内容如下：“亲爱的神，我们有如此多的爱要付出，我的伴侣和我想要与一个婴儿分享我们的爱，我们祈求大天使帮助我们怀孕，请送我们一个最聪敏与快乐的灵魂，进入我们的生命中，让这灵魂成为我们的小孩，谢谢你！”请仔细看一下，里面的关键词是“爱”“分享”，而不是“自由”，所以我请她重新思考，究竟她到底想要什么。如果她觉得“自由”比较重要，那么她应该许一个让她感觉更“自由”的愿望，如果她真的比较想怀孕，就得从改变最根本的价值观做起。

但话说回来，如果要体会“爱”“分享”，其实也不必一定要有亲生子女，领养小孩反而更能体会“大爱”“分享”的意义。上述其实就是“大我”与“小我”愿望不一致的例子，也有类似的个案：有人希望此生经历高潮迭起的戏剧性，非常害怕单调与无聊，于是当他遇到亲人好友接连遭遇变故，他每每许“平顺度过”的愿都无法成真……这些矛盾，都需要自己抽丝剥茧地厘清自己到底要什么。

2. 再次确认一下，你是用“正面词”还是“负面词”许愿

在《秘密》《吸引力法则：心想事成的黄金三步骤》《把好运吸过来》《失落的致富经典》《与神对话》中一再提醒，要以“正面词”“现在完成式”的口气来许愿，还是有学生问我：“老师，我每天都告诉自己：我要减肥、我要减肥，为什么没效？”她的许愿词里有“肥”这个字，所以能量还是集中在她不想要的那结果：“肥”，而且那个“要”字，等于宣告她的“未完成”状态，就像有人说“我需要钱”，宇宙就如他的愿，一直让他保持“我需要钱”的状态……下次改成“我即将恢复苗条身材”，而且要百分百地活在那种喜悦的状态，应该会比“我要减肥”有成效。

3.“要求者”的层次不够高

欧林说过，当你依循内在讯息的建议做出改变，你的生涯会起飞，你的计划会成功，对于为你带来更大利益的一切，你会心想事成，你所要求的一切都会更快地实现，因为实现法则在愈高的世界愈明显，在较高的次元，你会立即经验你所想到的一切。

当你的视野越高、版图越大，你所能启动的吸引力就越大，也可以说，灵魂的境界越高，心想事成的能力与速度会越快。他对世俗名利的需求变低，不会有额外的欲望。

这时候，你重新审视一下自己的愿望，去深究你为何要许这个

愿，为的是要满足什么？你现在无法满足这个部分吗？举例来说，有人希望换更大的房子，来放更多的东西，但其实他只需要把不再用的物品，捐出去或是拍卖掉，就会多出足够的空间。

打个简单的比方：当你达到自我圆满的状态，就像是你爬到一棵树上，俯瞰四方版图，你会一眼看到资源在什么方位，但如果你在地面上，你根本看不到你要的东西可能就近在身后，这时候你站在原地一直吵、一直要也没有用。只有当你往高处走，视野全方位，视线没死角，你才会看到立即满足愿望的各种可能性（有时连这愿望都不必要了）。“心想事成”不是只要有信心就够了，智慧反而是关键。

4. 把现状调整成与愿望一致的状态

如果你希望有伴侣，你真的已经准备好两人的生活吗？重新看一下你的生活、你的环境，有哪些部分并不适合两人生活的，是否需要做调整？书上常举的例子是：如果你老把车停在双人车位的中间、人老睡在双人床的中间，等于没有为未来伴侣留下住进来的空间。

5. 你的要求句，是否限制了愿望完成的方式

在《十四堂人生创意课2》中提过，我当时很想去迪拜帆船酒店，但如果我以“希望能多接几个案子进来，让我赶紧存到一笔去迪拜的钱”为计划，那么就限制了资源进来的方式。我那时是以

“人已经在迪拜帆船酒店”的喜悦，取代任何具体的口头许愿，七天后，有一家专门代理迪拜帆船酒店的旅行社，通过邮件找我写形象文案，于是，就以这篇文案，马上换得了住在帆船酒店三天、在迪拜七天的一切费用，比我慢慢接案存钱来得快。当时想如果能在帆船酒店住一晚就心满意足了，结果我住了足足三个晚上……把自己放在“愿望”已完成的状态，不要去想、去限制这愿望会怎么成真。

还有一个例子，有个学生失恋，他每天都在想象变心的女友回心转意，也动用了《秘密》的心法，想象她回来与他重新在一起的快乐，但他跟我抱怨怎么试都没效——这也是一个“限制愿望完成方式”的例子，他不能把愿望加之于某个人身上，因为这样就有“控制别人”，以及限制“更适合他的对象”进来的可能性，他应该要列举他希望的伴侣特质，然后开始观想她已存在，体会与她相处、生活在一起的那种快乐，但不要去限制“她”一定要是原来那一位，要创造而非争夺。结果他真的就以非常快的速度，一天之内遇到这样的女子，甚至比原来的那位相处起来更有默契、更开心。

还有很多案例，包括：有人经常吸引到不适合自己的伴侣，这些在鲁斯·麦可《寻找灵魂伴侣》《灵魂伴侣的召唤》书中，都有更深入的探讨。

B. 许了愿之后，半信半疑削弱了心念力量

这部分在上述提到的书中有很多例子，但是否做到百分百地相信，就看个人的信心是否坚定。《失落的致富经典》强调，要特别注意从口中说出的词句，永远不要以泄气的方式谈论你自己，谈论你所遭遇的事，谈论任何一切，永远也不要承认失败的可能性。

有很多时候，是因为过去的创伤、过去的信念[①]，卡住了愿望进来的门，例如《失落的致富经典》中提到，一个失恋的男子希望拥有更好的伴侣，当真的有一位条件非常好的女子在他面前时，他反而觉得自己配不上她，把大好的机会拒绝在门外——透过思想，可以把你要的东西带来给你，但必须透过行动，你才能收下这些东西。

C. 接受

如果愿望不能实时成真，请以“感谢”取代“抱怨”，让自己抛开对现况的不满，改以创造性的愉悦，继续维持吸引力法则的运行。

---

① 列出自己很喜欢的电影、歌曲、励志格言，仔细看一下里面是否有不当的信念或程序，阻挡了你心想事成，例如：吃得苦中苦，方为人上人；防人之心不可无；红颜祸水；下一个情人会更好之类的。

除了“感谢”，在《失落的致富经典》中还提到一个非常重要的步骤——“给予”：你所要的东西，必定会通过某个人送到你面前，他会向你要求同等价值的东西，如果想要得到你要的东西，唯一的方式，就是给对方他所要的东西。这部分麦克·罗奇格西也有类似的说法：如果你想要获得一万，就先给出一千，在给一千的当下，感觉那一万已经进来的喜悦。也就是说，当你先给出一千，留出一个空缺，那个创造金钱的能量就开始流动了。

许了愿、给予了之后，如果眼前来的，并不如你所预期，请重新看一下，是不是自己没看出这件事，与你愿望成真的关联性。以我自己为例，当时我的第一志愿是台大外文系，但差几分落到了第二志愿：政大广告系。本来很沮丧，因为进入外文系后可以当作家、当老师，现在回想起来，因为念广告系成了广告文案，非但没有阻碍我成为作家（创意作家）、老师（广告创意老师），还因为我有广告文案这份高收入，让我无后顾之忧地写作、旅行，而且有了美术设计、市场营销、媒体宣传的专业知识，对书的定位与推广有了加分的力道。

所以当有些念商、念医的学生对写作、艺术有兴趣，问我要不要转系去念文学或电影，我的建议是可以念双学位，或是等到研究生再念你喜欢的科系，总之以“联集”的方式，来加总你的人生版图，而不是用“删去法”，这样只会把路越走越窄。真正的创意是：在看起来“不如意”“不完美”中见到最恢宏完美的版本。你只要专心致志地停留在最大、最完整的梦想之上，现在所有被你吸引来的人、事、物，都是来成就你，而不是来考验你、阻挠你。这世界以一种不可思议的巧合联汇方式，开展出每个人独特的广大流域，不要被自己短浅的视角与思想框限住。

这部分可以参看《当和尚遇到钻石》[①]，看麦克·罗奇格西如何把眼前的负债危机，瞬间转成高获利的机会——如果带着成见与框架的你，看不出眼前来的正是你要的，你的愿望也就会一直不得其门而入。如果你能以很高的视点看到，这个世界以一种不可思议、创造独特的方式在完成你的愿望，你就会在看起来“不那么完美”的表象中，发现背后那“真正完美”的本质。

去看一些名人的传记电影，分析他们的机遇巧合转折点，看他们如何转成他们要的那个版本。你们也可以回顾自己过去生命中，哪些本来是你不想要，但后来接受之后却意外通往你想要的路径；

---

① 如果你想体验一个创造非凡、心想事成的人生，你可以把以下与“吸引力法则”相关的书单依序读完，整理出一套属于你自己的幸福方法学！

初级版：《秘密》《吸引力法则》《有钱人的口头禅，贫穷人的口头禅》《心想事成》。

实务版：《把好运吸过来》《打破墨菲法则》（*Breaking Murphy's Law*）。

财富版：《创造金钱》《当和尚遇到钻石》《有钱人和你想的不一样》。

理论进阶版：《失落的致富经典》《世界最神奇的 24 堂课》《世界最神奇的心灵潜能》。

终极版：《秘密的副作用》《活在喜悦中》《灵性成长：与大我合一的学习之路》《新世纪扬升之光》《奇迹课程》，及《心想事成的秘密》（*Ask And It Is Given*）系列、《与神对话》系列、赛斯系列。

也可以一览从出生到现在，有哪些重大的巧合事件影响你至今。特别去看那些当时没选择的版本，虚拟一下如果当时选择了这版本，现在会如何，可以把结局拉回来联合吗？例如，小学时爱画画的我很想进美术班，但因为升学压力被迫放弃，现在我是否可以重拾画笔，把这个梦找回来？

关于第48问的部分概念，已经汇整入《秘密的副作用》《爱情觉醒地图》之中，有兴趣看完整论述者可以去翻一翻。

第 48 问
把自己放在已经痊愈的快乐心情上，就会康复吗？

去研究为什么会得这种病？

每个疾病背后都有一个重要的功课，首先大部分是直指心理的原因，其次才是后天环境或是先天基因的问题。如果疾病真的发生了，除了看医生外，平时把自己想象成“正在痊愈或是已经痊愈”是不够的，我觉得还需要加一个动作，就是去研究为什么会得这种病。

我母亲2006年10月因晕眩送医院，被发现得了“血小板低下紫斑症”，血小板指数掉到6 000以下紧急住院，医生说这病原因不明，也没有特效药，只能以数次全身换血、每天输血浆的方式，看是否能将血小板指数往上拉。我在极度沮丧之余开始思考，为什么这么注重养生的母亲，会得这么怪异的病？除了去分析她的饮食习惯，找到一些可能的原因之外（其实都是全家一起用餐，为何其他人没事？），我在思考“免疫系统疾病”应该是身体本来要抵御外侮的功能，转向攻击自我体内细胞，想到这儿，我才突然发现这个关联性：我母亲对自己要求非常高，家人平时相处，也经常把最麻烦的协调工作交给她，如果出了问题，就算完全不是她的错，她都会责怪自己做得不够好，长期以来养成“自我苛责”的惯性思考——这样的心理状态，完全在身体上如实反应，所以照《秘密》的方法：把自己想象成“已经痊愈”并不够，还得要注意从现在开始，停止自我苛责、自我攻击。

当时医院已经换血、输血无数次，治疗了一个月仍不见有重大起色，于是我跟母亲慎重地说了这件事，如果她希望病赶紧好，从现在起就要完全停止自我攻击，也千万不要有“这场病会拖累全家人”的自我苛责，应该告诉自己是来休息度假的；而且我还跟她保证（为了给她信心），如果她开始这么做，再过两星期就可以健康出院。没想到，在治疗方法不变的情况下，她的血小板指数开始攀升，之后就算换血、输血次数减少，身体的抵抗能力仍继续增强。果然，两星期之后她就顺利痊愈出院，到目前为止都是完全健康的状态。

更精确的“正面思考”，转换“负面情绪”

“正面思考”对于痊愈非常重要，但“正面思考”有很多种，最好还是去分析这场疾病，是哪一种“负面情绪”所引发，针对这

“负面情绪”去转成相对应的“正面情绪”，以取代担忧、恐惧、抱怨、绝望。例如，我观察过几个帕金森综合征的病人，有着“控制欲强大，威权掌控别人，以及控制自己”的问题，于是身体表现出“失去控制”的现象，但不代表每一个帕金森综合征都是相同的理由。我也看到罹患阿尔茨海默病的祖母，与她想忘掉丧夫之痛有关。我的胃酸逆流，与过去悲观弃世的想法有关，所以胃酸逆地心引力而上……我们虽然不是医生，但身为自己身体的主人，或是病人的家属，在穷尽医疗努力之余（也请以正面思考，相信目前的医生与技术是最好的），与其悲观沮丧、束手无策，还不如去探究出情绪病灶，当下转换心念，以更精准的正面思考、更愉快的心境，来转换疾病考验。

这部分可以再延伸阅读《秘密的副作用》《召唤天使》《健康之道：最后一堂赛斯课》和许添盛医师的书籍与演讲光盘，以及上网看亚伯拉罕关于“人本是健康”的信念。

第 49 问
人生终极的意义是什么？

在《十四堂人生创意课2》提过，能以全像角度看全剧本者，才是真正懂得“臣服”真谛的人，因为他可以清楚看到，一切的发生都是有理由的：冬天需要储存能量，所以一年四季之中，没有任何一个季节应该消失；黑夜是必须存在的，否则人们无法安眠；失败是必需的，否则人们不懂得适时停下来休息与反思；刮风下雨是必需的，否则生物就无法展现奋斗的生命力……这部分，可以去看《黑暗，也是一种力量》《失败，也是一种力量》，去体悟那些表面上看起来是灾厄诅咒，但里面是华光珍钻的礼物。

当我们了解，所有的发生都有其深刻的道理，所有的组合都是最完美的时候，我们当下就圆满了，生命便全盘蜕变成享受、庆祝、分享、感谢四件事，这就是“臣服”。“宿命”不一样，是对“现况”与“未来”失去希望、不得不认命接受的态度，这两种心境、频率大相径庭。一个真正有智慧的臣服者是喜悦的、感激的，一个宿命论者是悲观的、无力的，两者所吸引的事物、所创造出来的生命版本截然不同。

把自己从“悲观的宿命论者”提升到“惊喜的臣服者”，就是“悲剧模式”→“喜剧模式”→“自我完成”的过程。关于“臣服”这个概念，可以参看《纽约时报》畅销作家麦克·辛格写的《臣服实验》（*The surrender Experiment*）。

人生终极的意义是什么？当我完成了《十四堂人生创意课2》最后一层中的“认同每件事，感谢每个人”之后，我的生命变简单了，并且淬炼出三个准则，随时用来检视我的所思、所做、所说、所写：

第一，所有有“相反词”的都不是永恒为真，例如对错、自他、男女、爱恨、离合、生死、坚贞与背叛、身体与灵魂、白天与黑夜、神圣与罪恶……都是虚幻可变的，也就没有必要“分辨”与“坚持”，更不需要为其一而与另一方对抗，因为在二元对立之上，还有一个“合一的”“永恒的”“浩大的”层次，那个才是灵魂终极之所在。

第二，可选择的都是值得经验的：如果照赛斯的平行宇宙概念，所有已选择、未选择的，各种可能其实都在发生。全观来看，没有错误的决定，都是体验生命的方式，所以不需对过去做的某项决定感到遗憾或悔恨，只需从其中学到功课即可。①

第三，我只问：如果明天就死了，现在在做的事、说的话、写的字，有没有意义？②如果我从公元3000年的外层空间，看现在我在地球上做的事、说的话、写的字，有没有意义？③

让自己只专注于有意义的事，不浪费生命在无谓的事情上。让去年的自己，很羡慕现在的自己，好到不想与任何人交换我的人生，感觉每分每秒是如此的不同、如此的完美，想不出有什么比现在更好的状态，这就是我终极的人生意义。

---

① 参考电影：《土拨鼠之日》《人生遥控器》《预见未来》《灵魂啊！你在何方？》。参考书籍：《克里昂灵性寓言故事》《心灵蜕变之旅》，及赛斯著作。

② 参考电影：《遗愿清单》《潜水钟与蝴蝶》。

③ 参考电影：《难以忽视的真相》《第十一个小时》。

附　录

把人类意识展现到极致的导演：罗伯特·勒帕吉

《灵魂啊！你在何方？》（*Possible Worlds*）

最近大量看赛斯等新时代书的我，一直想以“开发人脑超能力的各种可能”为研究目标。正当我已经读完近百本书，却还只是瞎子摸象般一知半解时，看到了加拿大导演罗伯特·勒帕吉2000年的《灵魂啊！你在何方？》，我完全被这部电影的境界吓到，因为这部片，把量子物理学家讲破嘴，我们也听不懂的宇宙实相奥秘，以93分钟极精彩的谋杀案剧情，搭配很酷的音乐、场景、对白……淋漓尽致地把宇宙秘密一次说完。

电影是从一个被挖走脑的尸体开始说起，然后我们得跟着男主角，虚拟体验一下什么叫“进出各次元人生”的情况。男主角对一名女子一见钟情，但他已经在各次元的时空，把各种结局都演了一遍（有点像《预见未来》的剧情）：有两人热恋后吵架分手的版本，有她选择别人的版本，有两人甜蜜相处的版本……最后男主角想要以他认为最好的版本，在别的时空改变结局，却导致被女子的男伴告上警局，然后被关进牢中。

这让我想到英国《每日邮报》上的一篇报道：43岁的德国心理治疗师彼得·布雷克，与他多重人格分裂患者莫妮卡·米尔特之各分身（卡瑟琳、芬嘉、莉欧妮），进行各种关系，与一个分身发生关系，使唤另一个分身打理家务，向第三个分身借钱去德国夕尔特岛度假。

但这真的只是“多重人格分裂”的个案吗？还是我们每个人其实都有很多个分身，如同《灵魂啊！你在何方？》所说的“潜世”（Possible Worlds）？什么是“潜世”，简单地说，就是现在在地球上的你，只是活在各次元、各时空、众多的“你”的一小部分而已，如果你懂得开启与其他次元交流的方法，就可以在考试时、面试时、求爱时……请更高次元的自己前来帮忙，然后你的人生，就有如神助般顺利极了，什么都会，而且一点就通。但如果各次元的同时开启导致错乱，无法允许其他次元有别的可能的、完全独立的版本，像《灵魂啊！你在何方？》中的男主角，企图把其他次元的版本统一改为他认定的最好版本，那就出问题了；或是，操弄别人的各次元人格进行利用，也会出问题。

不过当然也会有后遗症，比方因为每个次元感觉起来都很真实，所以就很容易搞混，或是记忆力变差……我要提醒你的是，千万别把这部万年难得一见的电影，当成是一般的科幻惊悚片来看，只要你看懂了《灵魂啊！你在何方？》，顺利地与其他时空的“你”联盟，并懂得趋吉避凶，那么，你就算是开悟了！

《捕月》（*The Far Side of the Moon*）

一个充满挫折但不乏想象力的男人，总是寄情于外层空间，于是他拍了一部给外星人看的地球影片，透过征选，让SETI（外星智能研究单位）传到外层空间，一解全世界都不了解、也不愿听他讲话的郁闷——这很像是一部专给苦闷的广告创意人，或是不得志艺术家的影片，我总觉得自己一定是来自宇宙某星球的外星人（就像电影《K星异客》《火星的孩子》），要不就是觉得自己超乎常人的想法，只有更文明的外星人才听得懂。

寄情于外星人，就跟嫦娥奔月的典故是一样的，美好的梦总在地球之外，远方的星球永远是灵魂逃避的唯一去处——如果最近的日子真的把你闷坏了，就去看这部加拿大导演罗伯特·勒帕吉的《捕月》，或是去看“阿米”系列小说、《召唤天使》，然后上SETI的网站以想象力联结一个随时可投奔的外星梦家园！

十四堂人生创意课 Ⅰ

【全三册】

如何画一张自己的生命蓝图

李欣频 著

北京联合出版公司
Beijing United Publishing Co.,Ltd.

图书在版编目（CIP）数据

十四堂人生创意课：全三册 / 李欣频著. —北京：北京联合出版公司，2019.7

ISBN 978-7-5596-3169-5

Ⅰ.①十… Ⅱ.①李… Ⅲ.①人生哲学—通俗读物 Ⅳ.① B821-49

中国版本图书馆 CIP 数据核字（2019）第 070845 号

十四堂人生创意课：全三册
作　　者：李欣频
选题策划：木晷文化
策划编辑：朱　笛
责任编辑：楼淑敏
特约编辑：曹　海
营销编辑：黄思维
封面设计：今亮后声

北京联合出版公司出版
（北京市西城区德外大街 83 号楼 9 层　100088）
河北鹏润印刷有限公司印刷　新华书店经销
字数 426 千字　880 毫米 ×1230 毫米　1/32　21.75 印张
2019 年 7 月第 1 版　2019 年 7 月第 1 次印刷
ISBN 978-7-5596-3169-5
定价：119.00 元（全三册）

CONTENTS 目录

目 录

推荐序一

创意不是火花

赖建都　　台湾政治大学广告系教授 / 系主任

身为水瓶座的男生，我非常欣赏才华横溢、充满自信的狮子座女生，而这些优点似乎都可以在欣频的身上找到。认识欣频已经十几年了，从她进政大广告系到现在，她所展现的文字才华与创意火花，往往令人惊叹不已。

市面上的广告创意书不少，但《十四堂人生创意课 1》从别样的角度探讨创意的来源，欣频以她丰富的历练，再加上广泛的旅游、电影中影像声光的刺激，甚至是梦的解析与诠释，重新建构属于她的独特的创意哲学。如果你是一位创意新手，这本书可以给你有别于一般市面上常看到的“教条式”创意方法，让你看清楚创意的本质；如果你自认是创意行家，欣频的创意法宝能让你耳目一新，重新找到创意的回春水。你不一定要从事广告行业才要阅读这本书，创意落实在生活中才有价值，它不单是火花或灵机一动，更重要的是勇敢地实践它。

当初中原大学商业设计系的樊主任要我推荐一位广告文案的老师，我毫不犹豫地推荐欣频，除了她的表现优异足以胜任外，我也希望她从教学中找到新的创意启发。没想到她这么快就有成果产出，而且是超乎我预期的好，这也印证了她创意的能量比常人多很多，相信你也能从本书中感受到这股创意的潜能在你心中蓄势待发。

这是一本值得年轻学子们阅读的好书，我很高兴为欣频的书再版写序，任何教过欣频的老师都会觉得她是一块瑰宝，并且永远以她为荣!

推荐序二

十四帖心灵药方

向阳　台湾著名诗人

《十四堂人生创意课 1》把人生可能遭遇的问题浓缩到十四帖心灵药方中。李欣频将她跨越不同领域的知识、阅历，和她广泛的人生兴趣、视野，丰富的想象，娓娓叙述于每一帖“药方”。这些既是她在大学教授广告课程的教学笔记，同时还是她在广告专业上的全力演出。当然，这其中更多的是如何重新看待世界、自然和自我的种种人生课题。

我在她的这本著作中，看到了生命的魔力、智慧的光芒，以及想象的花苞如何逐渐绽放，又如何让自我舒展于阳光和风之中，不被风雨、阴云和嘈杂的尘世声音摧折、蒙蔽、干扰。课堂上的言语，能够用这种方式呈现出来，就是一种创意，这足以启发我们：严肃的、枯燥的、制式的课堂也可以如此活泼、流动、幻化，而又充满律动与喜悦。

过什么样的人生，看你用什么样的想象。

推荐序三

创意来自精彩的生命

丁敏　　台湾政治大学中文系教授

我很欣赏那个写诚品广告文案的女子，她能用一长串排比、比喻句，展现魔幻魅力、古典前卫、浪漫写实、辛辣奇巧又明快的文字交融风貌，把诚品勾勒呈现成一个可以任心灵漫游书中的异想世界，一个充满后现代风格的空间。她的文字魅力深深吸引我，但我不认识她。

直到她跑来中文系选修我的课，我才惊喜地发现：嘿！她不正是李欣频嘛！

惜才与爱才是天下老师的通性，欣频不但是她高中甘老师心中的宝藏，也是我心中的宝藏。

这本《十四堂人生创意课 1》是欣频将如何培养自己成为创意源

头的生命经验分享给学生的创意宝典。读过此书我才明白她源源不断的创意来自精彩的生命。精彩的生命来自对自我生命潜力的深掘，以及对生命版图的逐步扩建。这其中包含两大要素：一是不断吸纳经典与新知，包括持续大量的阅读、旅行与观赏电影等，让自己长出触角与世界相连，建立自己与世界关联的数据库与情报系统。二是把吸纳的知识内化为生命的智慧，打造自己独特的生命风格，一种别人替代不了的创意源泉。这属于生命视野的转化与腾跃，需要心灵的修炼、想象力的翱翔，与专注持恒的实践力。用书中的话来说就是："知识是船帆，智慧是船底，要维持协调的比例，否则会翻船。"

此外，我读到欣频对学生真挚诚恳的关爱。书中殷殷叮咛他们，要专心做自己，和自己竞赛，不要预设假想敌，因为我们毕竟做不成别人，只能完成自己。因此要相信自己能为这个世界带来独特的生命惊喜。这才是为自己摆设的生命宴席啊！

这本书的几篇初稿我曾在课堂上和学生一起阅读，得到很好的反响。这本书可以作为年轻学子塑造自身生命风格与培养创意的借鉴，是值得教师参考与学子阅读的好书。

推荐序四

创意的秘密

陈刚　北京大学新闻与传播学院副院长 / 博士生导师

在汉语中，有的词本身就很有气质。“创意”这个词就很有气质，包含了无限的韵味和意绪。

广告业在社会上已经成为一个褒贬不一的行业。如果说，这个行业还有些微魅力的话，也正是因为创意了。绝大部分人喜欢广告，主要因为创意。而绝大部分人希望进入广告圈，吸引力也主要源于创意。

创意的魅力迷倒了无数红男绿女。

许多创意人会介绍自己创意的经验和技巧，甚至讲到在创意的过程中，如何因为一些生活的细节突发奇想，产生了拍案叫绝的创意。

听的时候确实很过瘾，但听完之后，一旦回到自己的工作中，马上就会像以往一样茫然。同样的策略，为什么别人会那样想，而自己苦思冥想也只能拿出一个平庸的方案？这种差距似乎无法解释，也无法通过学习来追赶。

创意的悲剧性和珍贵，就在于它的技巧没有办法复制。从这个角度讲，创意是无法学习的。

如果创意是无法学习的，那么它就只能是一种天赋了。

李欣频的这本书揭开了创意的真正秘密。

创意其实是可以学习的。它不是一种技巧，创意的功夫，在创意之外。它是人生资源的积累和能量的开发。所以要想构思出优秀的创意，就要学习创造性地生活。只有掌握生活的技巧，让人生不断丰富和深化，才能在需要的时候，使能量瞬间迸发，从而产生优秀的创意。

所以，创意的技巧是人生积累的技巧。

这种技巧如果做一个不准确的概括，就是读万卷书，行万里路，看万张碟。从广度和深度上体悟和感受生活，而读书和看碟的过程，既是间接接触生活的一种方式，也是学习别人对生活表达的一种方式。而这一切最终的目的，是形成自己的独特语言。

秘密一旦说出来就是最简单的。但在说出来之前，秘密始终是秘密。说出秘密的人，必定是这个领域优秀的一批人，卓有成就，洞彻自己和他人，并进行智慧的提炼。当读者阅读的时候，字里行间渗出的思想和结构，一下子令原本混乱迷茫的感觉清晰而完整起来。

这就是《十四堂人生创意课 1》一书的秘密。这本书的秘密就是说出了创意的真正秘密。

推荐序五

没有圆滑，就不可能有真诚的创意人生

梁冬　　著名传媒人

只看李欣频的广告文案，必然以为她不谙世事，大抵是一个在文字与自我中过于沉迷的人，花在其他方面的精力就要少些。待看完这本《十四堂人生创意课 1》，才发现，原来欣频也是极圆滑的。

这本书，和欣频一贯的风格不同，没有什么花哨的文字，都是极平淡实用的东西。虽名为广告创意课（或者叫：人生创意课）的讲义，可是欣频讲的，却全不涉及具体的操作，而是如何修炼内功以及如何将内功外化。跟那些照本宣科的讲课比起来，欣频的风格清新而直接，这也是一个真正被教育制度所累过的人才讲得出来的课。她不愿意给学生讲那些教条、经验，因为都是陈腐烂肉，不过浪费年轻人的时间与生命而已（正如她曾经经历并痛恨过的）。她也不愿将自己供奉起来，给学生传授什么了不起的大道理，因为她深知年轻人大多没什么耐心，即便是经典的道理，也要极快就能见效才好。

总结起来，欣频的创意心得，有两点贯穿始终，一是大视野，二是韧性。前者非一时之功，需日积月累、兼容并包，书本、电影、旅游、人生经历……都是奠基的好材料，只是比例却需依各人的特质自行调配，才见得其功。后者则是关乎性格。世间的道理，大多已经被说出，然而往往知易行难。打个比方，如果一个人从小没有培养起读书、看电影等习惯，成人以后，如想好好进补，非得有极强的意志扭转不可。即便先天的灵气、基础不错，在如今这样一个纷繁的世界里，要想坚持终身的自我教育，也非得有大韧性不可。

欣频既不以为单纯的文艺就能把人养活，也不以为商业味就是万恶可耻的，她寻求的不过是一种平衡——一种巧妙地结合文艺和时尚的平衡。所以她传给学生的养分，也不是偏食的东西，既有如何修炼内功的秘籍，也有如何将内功外化为招式的诀窍。行文到最后，她又告诉我们：不要相信任何一本书所说的，包括这本书在内。我看，这才是她真正想说的。她的心态与姿势，真可以用一个词来形容——恰如其分。说她圆滑，也就在于此。

浅薄、深沉、天真、圆滑……不过是种种姿态而已。透过这些浮光掠影，存在本身，已然充满创意与奇迹，我们所需要的，不过是在其中静坐片刻，看清自己的所需，哪怕再诚实那么一点点。欣频的这本书，正提供了些线索，助你扫除种种路障，进而回归人生的创意本体。

自序

我是老师心中的宝藏

我去教书是意外，这本书的诞生也是意外。因为我以前从没想过会去教书，那时的刻板印象是，教书只是重复自己已经知道的，一点建设性也没有。

人生果然充满机遇与巧合，当年因为不想成为老师，所以高考志愿单上没填任何一所师范学校，但十年后居然回到学校教书，果然是命。在政大广告系赖建都老师的引荐下，我到中原大学商业设计系兼一堂广告文案课，开启了教书的生涯。一开始，我把教书视为苦差事，觉得台北到中坜的漫漫路程真是疲惫极了，后来渐渐发现其中的乐趣：我在讲课，其实是在同步建设自我——我在台上几乎变成了另一个人，另一个阳光健康的我，变得话特别多，变得超乎寻常的有耐心，变成一个很唠叨的人（我以前的文字一向精简，我也一向寡言）；每次教完课我都会很开心地离开教室，因为与学生互动不错时，自己的收获也很多。所以教课前几天我都会失眠，因为脑中排山倒海地跑出一堆这星期想跟学生说的话，我只好在床边留下纸笔，像在记录别人说话般速记脑中想的事，然后站到台上时，还会即兴说出一些之前没想过的想法；而且我的语速极快，急急追着自己飞驰的思绪，所以对学生我很抱歉，因为一开始他们实在跟不上我讲话的速度，但后来也就习惯了。

原本只是一学期的课，只是期末答应写给学生的一封信，后来变成了一篇文章，越写话越多，结果两天无法停笔，一口气写了两万字的初稿，最后就变成了近十万字的书，中断了我原本已排定的写作计划。

自从我出版《广告副作用》（原《诚品副作用》）和《广告拜物教》等广告文案书之后，我常被问到如何培养创意。我个人觉得创意是可以后天培养的，但创意不是一种可被教授的技巧，而是一种无法言传的生活态度。所以我在教广告文案课时，没有制式的教科书，当周我的新发现与心灵感动，就是那一周的教材。

这本书除了整理自己上课前手写的教学大纲、在其他学校演讲的讲稿外，还有一些是看学生们的上课笔记与课后心得勾起的记忆。现在我独自一人在书房，看着过去所说的话，宛如还身在教室，感觉当时像是有一股未知的力量，借我的口说出这些特别激励向上的话。除了说给学生听之外，有时我也会听听自己在说什么，学生在问什么，即使在课程已结束很久的此时，说和听仍然在我脑中继续进行，思想的会面如此迷人。总之，那是一种很特别的精神分裂状态。

到后来，我利用每周两到三小时的课堂，把这周从电影、书本、生活……中所累积的能量都给了学生，课后虽然疲惫虚脱，却仍然精神奕奕地继续回答学生的疑惑。这段时间，正是我在研究所念书压力最大的时刻，还好有这两三个小时，我孤独思索的灵魂找到与他人交会的点，我开始享受与学生共修人生智慧的乐趣，它给了我重建信心、自我教育，并与外界互动的机会，否则辛苦高压的学术研究生活，真不是一般人可以承受的。

每次上完课，我都带着一个更坚毅的灵体离开教室，我希望我的学生也是。

教学用的三个抽屉，经过三年，已经塞满了笔记与讲义。加上很多老师的鼓励，我决定把这些在课堂上零散的思绪做个系统性的整理。在过年期间，因为家人都出游，刚好朋友们都各自回家过年，所以可以一个人安安静静地从小年夜整理到大年初十，希望赶在我中原大学的学生毕业时出版，以留一整本供他们离开校园后可以回忆点滴的书稿。

我教书经验不足，而且并不能完全做到我所说的，自我的完成度还不到及格的程度，我只是勾勒出一个蓝图，目前自己仍在实践中，边做边修正。我知道出版这本《十四堂人生创意课 1》本身是危险的，出书是单向发声，毕竟不像上课，有疑问可以当场讨论、修正，况且白纸黑字更难有改正的空间。但我发现很多学生从高中毕业进入大学，四年期间还不清楚自己能做什么，沉沉浮浮，孤独摸索，而我当年也是彷徨无助，所以我把“找自己”的十年成败经验，诚恳地、毫无隐瞒地告诉我的学生，希望他们从现在开始思考自己、正视自己、发现自己、开挖自己，希望他们因平凡的我，联想到自己更多可能、更加精彩的未来。

其实有资格写书、出书的老师比比皆是，写这本书时我异常惶恐，因为自己人生阅历还不足，看得也不够深刻。之所以斗胆写下自己教书的经验，只是希望将来能看到越来越多的老师，把他们一个个精彩的人生体悟与心得分享出来，因为生命教学，每位老师都是一个开挖不尽的宝藏，而我们很少有机会与渠道同其他老师交流，出书只是想抛砖引玉——我相信教育的可贵之处在于经验的传承，像点灯而不是指路，不是技术的交棒，而是学生自我与未来潜力的激励与培养，老师只能陪伴一时。

关于教育，我自己在高考与不当的教育体制下深受其害，也正因为有好老师，以爱心与耐心帮我在人生的歧途中急转弯，才到达安全的彼岸，挽救了当时险些因抑郁而跳楼的一条年轻生命。现在每每看到报纸上层出不穷的青少年自杀事件，我心里非常焦急，不知道自己能帮点什么忙，所以就通过课堂亲身实践生命教学的理念。我想，米奇·阿尔博姆写的《相约星期二》，是这本书很重要的楔子。

很遗憾没听到过去教过我的老师们的生命教诲，他们身上一个个精彩的生命灵魂令人尊敬，我会在有生之年尽可能地去找他们挖宝续课，也不吝把自己的所见所闻都教给我的学生，哪怕是我跌倒的痛或挫败的伤，都是很好的经验教材。

当每个老师都这样自我整理时，也可以从各式各样学生的反映与回馈中，看到很可贵的教学相长的奇迹。

我期许自己是一个不轻易对学生做好坏评断的老师，打分数是我非常不愿意做的，因为好坏标准都在他们自己身上，没有人有资格告诉他们什么是对、什么是错，什么是好、什么是坏，所有的价值都随着时空而变、因人而异。我常常提醒自己，不要用自己的价值观去影响他们，虽然讲课本来就很难避免主观，但我希望有一天，如果有机会再教书，我会让学生自己设计这一学期的课程，自己设定教学目标与评核标准，自己在环境中找学习教材，自己打分数，做老师的只是咨询者，没有权力，没有权威，只能给建议而已。

第二个期许是，即使我被丢到一个完全没有书本的荒岛，我希望自己凭借应变力与联想力，可以立即在陌生的环境中适应良好，而且能够马上找到环境的脉络与资源，与学生一起探索，并合力建构一套新的生活知识体系，就像电影《金氏漂流记》，在意外被漂到荒岛无人救援的绝境中，学会用创意求生存。

最后，将这本书献给精神上永远给我勇气、视我为她心中宝藏的甘训宾老师。献给在我漫漫人生中包容我的叛逆，耐心教导过我的老师们。献给与我一起参与现在与未来的学生们。献给催生这本《十四堂人生创意课 1》的所有工作人员。献给每个正在看我实验生命过程中的你。

写在十四堂课之前

记得我在中原大学上最后一堂广告文案课时，因为时间不够，还有很多话没交代完，所以答应课后要送学生们一篇文章，把我来不及说的话写下来。现在课已经结束很久了，而我在电脑前书写却困难重重，因为文字会比话语留更久，所以我必须谨慎。

我必须诚实地说，在我人生早期的规划里，并没有当老师这一项。而我也一直以为，在人生的漫漫学习之中，自己的努力比老师所给的更重要，甚至很多时候，我觉得学校给的都是限制，所以一直对抗学校、对抗体制，以保全我狂野的想象力。于是在很长的一段时间里，我都是让学校和父母十分头大的问题学生，高中时期离家出走、逃课逃学，屡屡被记过。直到我自己当了老师，直到我的高中老师甘训宾过世，我才知道，老师所能给的，远远超乎我的想象——可以让一部失控即将撞毁的车转向，可以让一颗失去希望的种子重新发芽。

在我高三想放弃自己的时候，甘老师在重重的校规限制与高考压力下，冒险给我最大的自由，耐心地给我时间与绝对的支持，让我及时找到自己的路，就像赫尔曼·黑塞的《在轮下》中的启示，我从老师勇敢的关爱中，平安地从轮下逃生，直到现在。

甘老师在我低潮的时候，以绝对的信任让我看到未来；现在她过世了，也以死亡教会我生命的意义。这些点滴心路历程，我在课堂的一开始都会说给学生们听，目的是要我的学生们谢谢我的老师，因为如果没有她，也就没有现在站在这里的我，继续传承她的力量给更多的人——这就是教育的神圣。甘老师的精神通过我的课堂，传递出以前从未觉知的巨大影响力，希望能从每个学生身上、每个还在沉睡的灵能中，开始启动。

当我第二次在中原大学讲授广告文案课时，恰巧被安排在星期二下午，也正逢甘老师过世不久。我记得在甘老师去世前一个月，我第一次看《相约星期二》这本书时，边看边掉泪："……你有没有遇过一个真正的好老师？他把你看作是一块璞玉、一颗原钻，只要假以智慧磨炼，就可以发出耀眼光辉。如果你很幸运能有这样一位老师，你总有一天会回到他的身边，有时你只是在心里想，有时你会陪侍在侧……"我记得老师每年过节都会写卡片给我，卡片上第一句总是"我最可爱的宝贝学生欣频"。

我在那个月常去找老师，虽然老师已经退休了，住在阳明山上的老人公寓，但我还想继续修老师的课，想继续听她的人生智慧。甘老师当时已罹患癌症，做过很多次化疗，但她见到我时永远都是快乐、爽朗的样子，真正不舒服的时候却不让我知道，即使她都病成那样了，还叮咛我要注意身体。我本来要仿照《相约星期二》书上所计划的，每星期固定去听她讲一次人生，但没几天老师就突然过世，一切都已经来不及了。

我记得就在老师过世的前两天晚上，她打电话给我，谢谢我送她暖袋，让她的胃痛舒缓很多。我告诉她，最近正在赶稿，但我已经约好学长学姐们过两天就一起上山去看她，她衰弱的声音变成了开心的语调。没想到，那就是老师和我的最后一通电话，老师就在我们约定要去看她的前一天凌晨突然过世。听甘老师的家人说，她一直不愿意下山看医生，就是希望撑到见我们，因为她害怕万一进了医院就再也出不来……我很自责，居然没听出那通电话就是老师求见最后一面的讯息，我是与老师最后说过话的学生。

听师丈说，甘老师被送到太平间之前，放在她胸口的暖袋还持续地滚烫着，我虽遗憾在老师最后的时间没在身边陪伴，但令我欣慰的是，她离世之刻最后的温暖是我给她的。

如今我能为老师做的事，就是在头七法会为老师长跪诵一整天的经。等我帮老师做完头七，从家祭到公祭，我的世界顿时失去一根非常重要的支柱。我记得老师生病期间，正是我写书发表比较密集的时刻，只要当天报纸上有我的文章，她一定在清晨七点准时以亢奋的声音打电话给睡眼惺忪的我，说她看到了我在报纸上的文章，她比我还兴奋。老师过世后一整个月，我都会在梦中听到清晨电话铃响，听到老师大声地叫我的名字，然后醒来。

事后我到老师家帮忙收拾遗物，看到一大沓老师的剪报，全都是我在报纸上的文章，以及老师在上面用红笔留下的批语。我当场痛哭，我知道自己已经失去一个最重要也最忠实的读者——原来老师一直是一字一句地看我的书与文章，因为她老人家视力不太好，可见她的吃力。

因搬家整理旧书信，我找到了当年在高中时的生活周记，当时甘老师总用红毛笔批写很大的字，开头总是：我的好宝贝。我的亲人都未曾这样叫过我，她却视我为她疼爱的骨肉。她曾经跟我母亲说："你女儿很棒，如果我有这样的女儿，一定很开心。"当我在高中离家出走又逃课逃学时，她这么说；当我面临人生的低谷时，她也这么说；当我硕士毕业时，她还这么说……老师一直视我为她的骄傲，直到老师过世了很久，我才慢慢学会自己给自己信心，现在我终于可以对着她的照片跟她说：老师，我很好，我做到了。

这让我想起《天堂电影院》片尾，当小男孩多多长大，回家乡参加当年带他走进电影世界的老放映师的葬礼时，放映师的太太告诉多多，他生前从未错过多多拍的任何一部影片，也未曾漏掉任何一次关于多多的报道，他视多多的成就为自己的荣耀——也正因为背后有这么一个永远支持、永远信任自己的强大力量，才让每个在冷酷现实中打艰难战役的弟子，义无反顾地为理想冲锋陷阵，信心不死。

我总会在最脆弱的时候想起甘老师，想起那次陪她到文化大学看夕阳，听她思念因车祸过世的儿子，想起她的哀伤、她的勇敢，想起她所给过我的能量，让我至今还相信自己，可以渡过每一次的人生难关。

这就是甘老师所给我的活着的力量，至今我越来越坚毅，即使老师已经过世两年了，她的声音还在我脑海里，随时给我鼓励、打气。她说，所有的学生中她最放心不下我，因为我常会为了写作忘了照顾自己的身体，她说她希望能活着看到有人可以照顾我一辈子。她待我如同自己的女儿，我对她也是无话不谈，没有秘密，甚至比和自己的母亲还亲。

我在甘老师病情危急的时候跟她说："老师，我的书快出版了，你一定要好好地活着才看得到。"她生前细细看过我已出版的前九本书，却在我即将出版第十本书之前的几周过世了，来不及看到我以后的每一本书，但我仍然持续书写，边写边念给老师听。在老师过世后没多久，师丈梦到老师要师丈把她的老花镜放到灵前，因为她要看我刚出版的书和我刚登在报纸上的文章。等到师丈在祭台上放了她的眼镜后，她就从此安息了。

老实说，如果你们问我写书是为了什么，我必须说，其实我是写给老师看的。有一次我跟她抱怨：“老师，我不知道我写书有没有人看，我好像在写没人会打开的书。”她说：“不会呀，你写的书老师都有看，而且是每个字都看，所以你要继续写，只是老师的眼睛越来越不行了，以后可不可以请出版社把字放大一点？”她到去世之前都是我忠实的读者，只要求我把字放大一点。

《十四堂人生创意课 1》一出版，我照例会替老师留一本，无论她现在人在哪里，她永远都是我最重要的家人、最敬爱的老师、最强大的支持者和最珍视的读者。我会永远感谢这位最初启蒙我写作，教会我文学与爱、生与死的老师。

无尽的遗憾、悔恨与伤心，我知道自己错过很多甘老师一生难得的智慧，再也追不回，她没有充分的时间与我们好好地说再见。老师的离去让我当下决定：我要从自己的课开始讲，讲人生、讲经验、讲智慧、讲我的快乐与悲伤、讲我的领悟、讲我的未知……我不要等到自己垂垂老矣，才让学生来听人生的智慧。就像《相约星期二》中，那个即将辞世的莫里老师说的：“我要对你讲我的生命，我要趁我还能讲的时候跟你说清楚……研究我的缓慢步向死亡，观察我身上发生的事，和我一道学习。”虽然我的阅历与知识还不够，但学生们可以和我一起学习，让我们目睹彼此的成长，让我们一起改变。

我的课虽然名为广告文案，但我必须自作主张地说，有太多事情比学会广告文案重要得多，而且不管专业学的是文案还是设计，如果对周围的环境没有特殊的感悟力，没有想象力，没有自己消化、产出独到风格的能力，学再多技能都是没用的，充其量只是别人好用的工具而已，很快就会被取代。我无法事先规划具体的课程，因为世事变化太快，每周都有新的生命教材还来不及写进教科书里，于是我在每周的广告文案课里，都以当周世界上发生的重大事件为每次上课的开头，以自己的体会与心得开始我的生命教学。

以下是我根据讲课大纲、手边零星的演讲稿（历经三届中原、一届台科大的讲课过程，在台大、政大、师大等校的演讲，以及给毕业生们的建议），所汇总出的十四个课堂主题。现在就让我们来学习一下，这些不用广告文案教科书（只谈我最深刻的学习历程与生命体验），却是用交代人生遗言的慎重心情来上的十四堂人生创意课。有些东西，因为你们还年轻，可能暂时用不着，不过现在记下来，或许可以在未来的路上及时给你们一些提醒，因为我不会一直在你们的身边，我只陪你们走到这里，接下来就剩你和你自己的明日世界了。

我已经遇到如《相约星期二》里所说的，一个真正的好老师，她把我看成是一块璞玉、一颗原钻，深信只要假以智慧磨炼，就可以发出耀眼光辉，她给足我一辈子用不尽的绝对信心与勇气。我希望我能把她巨大慈悲与智慧的能量转给你们，让你们在漫漫未来，即使为理想孤军奋战，也要相信有个像我这样的老师，无条件地给你们最坚定的支持。

在这本书中我所说的，只限于我工作十多年、生命三十余年的体验与建议，以及我现在正努力尝试的方向，但将来的路你们得自己走，冷暖自知，我所说的也只能作为你们的参考，不是唯一。我绝对相信你们会有足够的能力，自己面对未来不可知的世界，我所能给的只是些许的能量，哪怕只有一句话，哪怕只影响了一个人，如果这一点点的小火花，能启动一个沉睡的灵魂运转出强大的力量，我就觉得非常值得了。

写于甘老师两周年忌日

纪伯伦的《先知》中，

亚墨斯达法有一段很美的描述，

当有人说：

请告诉我们一些关于学习的事。

他说：

因为你问，所以我回答，

但是要记住，

我一方面在回答，

同时我也跟你一样在听。

第一堂

如何在意外频仍的时代活下来

- “9 · 11”恐怖袭击事件，标志着一个意外剧变的时代来临，你该有怎样的生存应变力
- 《生存手册》系列书帮你描绘出可能的意外与灾难，以及如何脱困的方法
- 战乱与灾难电影、死里逃生的纪录片等，都是演练、应对意外的最好范本
- 从日本电影《大逃杀》，洞悉生存战斗力的本质

“9 · 11”恐怖袭击事件，标志着一个意外剧变的时代来临，你该有怎样的生存应变力

还记得我教学生的第一堂课，我并没告诉他们这堂广告文案课将传授他们什么伟大的创意理论，或是如何写好广告文案的技巧，我只告诉他们，“如何平安地活下来”是他们最先要学会的事，因为我在上第一堂课的时候，恰好是我9月10日刚从纽约回来不久，第二天，“9 · 11”恐怖袭击事件就发生了。那是我生平第一次去纽约，第一次在世贸双子星顶楼俯瞰整个曼哈顿城，从黄昏待到夜晚，惊艳的记忆犹新，却被比电影情节还夸张的惊吓瞬间毁去——整个曼哈顿风云变色，和平盛世的景象不复存在，如末日毁城般，电视画面中数千人就这样从世贸大厦一一跳下、被烧毁……两架载满数百个珍贵生命的飞机撞向世贸大厦的片段，回放再回放。整整好几年，从不可置信的震撼到现在，我才慢慢接受它已经不在的事实——曾经身处的高楼崩毁消失，只剩一张长形的双子星大楼门票，成了永远的纪念。

图 1

00104002689177

STUDENT

11.00

TOP OF THE WORLD
TRADE CENTER
OBSERVATORIES

Tax Included

TOP OF THE WORLD

J&R MUSIC WORLD

图 2

本来我打算“9·11”当天晚上才回来，要不是因为旅伴有事必须返台，还真难逃这个世纪劫数。

回到台湾不到一星期，又遇上百年一见、宛如恐怖分子入侵的“怪台”纳莉（台风百合）……这一切都已经超乎一年看四百多部电影的我的想象力，现实切身的连续震撼，比银幕中的夸张剧情还要残酷而不可思议，吓得我连远门都不敢再出，安分地待在家都还不知道会不会有事。

意外太多，一切都变得光怪陆离，人们只好去找之前的预言来说服自己：世界其实还是有逻辑的，只是自己没留心这些警讯；上天还是有好生之德的，不会平白无故杀人。但我们不能老活在事事占卜、每小时看预言的宿命之中，比较积极的人生观，应该是随时准备接受无常、面对死亡。更重要的是，要有绝佳的求生能力，天要亡你，你总能在千钧一发间找到缝隙，杀出一条生路来。

我在2001年沉重地跟学生说，天灾人祸的时代已经来了，我将开始与你们一起面对恐惧、一起学习应对危机。以前我没遇过地震、水灾、战争、SARS（严重急性呼吸综合征）疫情、失业潮、大楼集体瓦斯中毒事件……现在却大规模，且接连残酷地发生在现实世界中；SARS让我们每分每秒担惊受怕，对人防备不信任，有人临阵脱逃，但也有人赴汤蹈火地到第一线救援……以前只有在电影里才看得到的灾难情节，现在国际新闻、社会新闻中比比皆是，甚至比电影还夸张。

我将与你们一起面对这个意外频仍的时代，学会居安思危、演练危机处理。就像前纽约市长朱利亚尼说的，在刚当上纽约市长时，他花了一年半的时间了解纽约市事务，发现纽约并没有应付例如生化、炸弹攻击之类重大危机的能力，所以他马上建立了一个紧急应变部门，反复演练与修正，没想到后来事情真的发生了，这些预备让纽约仍可以保持相当的秩序与镇定，如果不是朱利亚尼事前杞人忧天式的万全准备，恐怕灾情不止如此。

所以应变力非常重要。今后我在课堂上教的，绝对不足以应付你们现在及未来的变化，所以你们平时就要锻炼出绝佳的“预演未来力”“环境应变力”“绝处逢生力”“自救自生力”……如果在未来任何一场意外中，你们因为没有绝佳的警觉性、应变力、求生力而等不到救援，那以下我教你再多的创意与文案技巧都没用，因为你没有命可以用得着。

《生存手册》系列书帮你描绘出可能的意外与灾难，以及如何脱困的方法

我这次从纽约带回来的《生存手册》[①]系列书很有趣，除了你想得到的：怎样防止被骗，如何在飞机失事、暴动、绑架、抢劫、深山迷路、海啸、山崩、雪崩、水灾、火灾、沙尘暴等灾难下安全存活；还有你想不到的：收到炸弹邮包怎么办，如何控制一只发疯的骆驼或野马，如何停住一部刹车失灵的车，如何紧急迫降一架失控的飞机到水面上，如何尾随刚偷完你东西的小偷，如何摆脱人或熊的跟踪，如何从这栋高楼屋顶跳到另一个屋顶上逃生，如何从行进的快车上安全跃出，如何从挂在悬崖边缘的车里爬出来，如何从后车厢中逃脱，如何在被外星人绑架的现场找机会与器材向外求救，如何在高速坠落的电梯中自保，如何在火车碾过来的千钧一发之际躲到轨道夹缝中求生，如何从瀑布、深井、冰河洞里爬出，如何在

---

① 《生存手册》（*Survival Handbook*），乔舒亚·皮文、戴维·博根尼奇著。

沙漠干涸之地找水，如何在雪地里挖避寒洞穴，如何在丛林里做猎兽陷阱觅食，万一被毒蜘蛛或蝎子咬了该怎么办，如何安全通过有食人鱼的河，如何保存断肢新鲜直到送至手术室接回去……这些都以清楚的图解、步骤将解围的方法说明仔细，真是实用又好看——这群作者都有丰富的被害经验，或许我们一生中不一定会遇得到，但一旦你遇上，因为你已经排练过了，所以也就比较容易临危不乱。

这些临场反应与机制，都需要你个人的创意能力作为后盾。此外，旅行亦是训练危机处理、应对意外的最好方式，这部分我留到第四堂课的时候再细述。

战乱与灾难电影、死里逃生的纪录片等，都是演练、应对意外的最好范本

除了《生存手册》系列这样的书籍，有关战乱、灾难的电影、纪录片，探索频道、国家地理频道的求生影片……都是很好的锻炼紧急应变力的方式。我们平时太安逸了，久了就缺乏危机意识，但纪录片可以让你仿真实况，电影可以让你演练机智反应——电影集合众人之想象力，而且是浓缩成两小时的戏剧性结晶，所以当我在看战争灾难片时，第一，我会把自己当主角，一边看紧张的剧情，一边思索如果是自己该怎么办、怎么逃、怎么活，旁边有什么资源、什么出口，怎么面对危机，而不是去等答案。第二，我还会把自己当成主角的对手，因为主角通常可以活到最后，如果我刚好是主角的对手，我要怎样去破解那个输赢已定的局面？第三，如果我是摄影师，我该怎么取镜？我要用怎样吸引人的镜头语言去讲这样一个故事？如何以不同的镜头，说一个不一样的故事？第四，把自己当导演，我该如何掌握所有的人力资源与全局情绪？第五，不管电影好不好看，如果我是写剧

本的人，我有没有能力写得更引人入胜？

我从这些电影里学会绝对的信心、勇气及团体合作协调的力量，比方《角斗士》[①]《低俗小说》[②]《拯救大兵瑞恩》[③]等，讲的都是人在生死存亡的战斗场上所激发出来的能量，往往超过我们想象的极限。

要有很好的生存力，前提是你要有很好的体力。在电影《暗流》[④]里，有一所在山顶上的著名学府，那些成绩优异的学生平时会去攀岩、滑雪，自给自足。体力与健康永远是体验人生的唯一门票，所以随时保持极好的体能状态是必要的。渊博的知识、过人的智慧，配上矫健的行动力，你就可以上山下海无处不能去，可以看得比别人更多、更高远、更深入——好体力可以让你经历更长时间的生命历程，目击更多发生在这世界每个角落的精彩生活。

所以寒暑假要安排旅行，年轻的时候尽量参加可以冒险的旅程或野地战斗营，但请以安全为最高前提。至于如何规划旅行，我们留到第四堂课再细述。

---

① 《角斗士》（*Gladiator*），2000 年出品，导演：雷德利·斯科特，演员：罗素·克劳等。

② 《低俗小说》（*Pulp Fiction*），1994 年出品，导演：昆汀·塔伦蒂诺，演员：约翰·特拉沃尔塔等。

③ 《拯救大兵瑞恩》（*Saving Private Ryan*），1998 年出品，导演：史蒂文·斯皮尔伯格，演员：汤姆·汉克斯等。

④ 《暗流》（*The Crimson Rivers*），2000 年出品，导演：马修·卡索维茨，演员：让·雷诺等。

欣频告诉你：

过什么样的生活，你来决定

现在开始，你可以花一天的时间做一个统计，看看自己把时间花在什么上面。一天24小时，你花了多少时间在网上聊天，传手机短信，或是看八卦新闻……然后，好好想想，就这样重复过365天、366天之后……你的人生会变得怎么样，你要那样的人生吗？如果答案是不要，那现在开始，就请立即修正。《深夜加油站遇见苏格拉底》[①]一书中，提到安妮·迪拉德说的一句话："我们怎么过一天，就怎么过一生。"所以，如果你不想像今天这样过一生，那么就从明天开始改变吧！

我不是要大家很努力、很积极地做每件事，实际上也没人能做得到。我的意思是，你要花时间做你很喜欢的事情，而不是麻木地过生活，因为这样过生活，过了三五年，你会发现自己一无所有，而且不知道自己在干什么。最后你会领悟到：自己的生命都耗在这

---

① 《深夜加油站遇见苏格拉底》（*Way of the Peaceful Warrior : A Book That Changes Lives*），丹·米尔曼著。

些无谓的事情上面了，反而没时间做对自己生命最有意义的事。

我平时很少看电视，除了看新闻，很少看其他的节目，但我一定会把下个月探索频道、国家地理频道的节目单全部列出来，选出自己感兴趣的节目，记在行事历上。通过收看或录下这些节目，我等于帮自己收集教育自己的素材。

所以，现在开始，你可以根据自己“一个主专长、七个副专长”（见《十四堂人生创意课2》）的线索，为自己开书单、电视电影节目单，给自己做培训，同时找到可以向这些领域的人请教的途径，和他们成为好朋友。像我，就会和各个领域，比如广告界、艺术界、建筑界、设计界、心灵修行界、旅行界、电影界的朋友，每个月定期见一次面。每次见面都可以从他们身上吸收到最新的信息、知识，彼此激荡出看事物的独特方法与体悟。

请学会把时间和精力都放在自己喜欢的事情上吧，同时给自己的人生开出七个以上不同的窗口，这样，你的人生就永不会有激情枯竭的时候。

从日本电影《大逃杀》，洞悉生存战斗力的本质

接着我要讲的是“态度”问题，一样是从电影取材。我请你们去看深作欣二执导、北野武主演的《大逃杀》[①]，这是一部充满戏剧性的电影，把电玩中夸张的生死情节放在真实的人生中：日本某中学的学生去毕业旅行，在游览车上被老师迷昏后载到荒岛上，被迫加入到以军队与电脑控制规则的“生存游戏”中——每位同学随机配给不同的武器，在三天之内，全班必须互相残杀，只能活下一个人。

本来我还在犹豫这样残忍的电影适不适合你们看，但后来一想，保护并不是最好的教育方式，因为以我自己的经验，现实有时比电影更残酷，或是将来你们也很有可能目睹到更残忍的社会事件，所以我决定放手让你们看。只是在你们看之前，我向你

---

① 《大逃杀》（*Battle Royale*），2000 年出品，导演：深作欣二，演员：北野武等。

们建议一些我认为可以深入思考的角度，因为如果你以错误的方向解读，反而会增加你们暴力或嗜杀的倾向，那会是很糟糕的反效果。

你们可以观察这部片中哪些人先死，哪些人活到最后：有些人没有抵御能力，成了第一批被杀的对象（所以自我防卫能力很重要，我建议你们尽可能都去学防身术，并留心最新犯罪手法，诸如诈骗、抢劫等，以随时保持警觉，将来去治安不好的国家旅行也可以用得着）；有些一时想不到办法但又不想杀人的人，就一一选择自杀（我觉得很可惜，因为他们太快被制约、太快屈服在游戏规则之下，没仔细想想有没有可以不杀人又可以自保的出路，就轻易放弃自己，放弃“有无限可能”的生命资本）；第三批死得很惨烈的，是那些看起来很讨厌、让人很有威胁感、很嗜血好战的人，因为他们把自己搞得神经紧张，杯弓蛇影，草木皆兵地打杀成一片。所以如果你面带凶相，或是那种把聪明写在脸上的人，因为你平时不自觉地经常树敌，就很容易引起别人攻击的战火，当别人有武器时，你往往就成了众矢之的，成了被围杀的目标，要不就是这一群同一属性的人互相残杀。

举一个比较贴近现实的例子，将来你们去应聘工作，第一次面试你们的不一定是大老板，而可能是中级主管，如果你把厉害写在脸上，他们会感到威胁，也会预期你的骄傲将是他们工作指派上的大麻烦，于是你就不容易被录取；就算你被录取了，你那种不可一世的傲人态度，也很容易引人反感，你就会发现无论做什么事，别人不但不配合你，还会伸出脚来暗中绊倒你。如果你能力不错，请做一个不忮不求、无条件帮助别人、对周遭有贡献的人——这个社会已经死伤无数，我们不需要多一个善战的勇士，我希望你们将来都成为有能力让这个世界变得更好、更和平的人。

《大逃杀》这部片子到后来，能活得比较久的有两种人，一种是战斗力特强，防卫力也不弱，什么都会、生存能力很好的人，他可以马上在荒岛上找到水源、电源、粮食，而且会开船、能煮饭、能换灯、能医疗，非常能适应环境，通常这种人会和比较没有威胁性的人联盟，互相看守，瞻前顾后。如果你不是一个能力很强的人，那你至少要是一个很容易取得别人信任与喜爱的人，但这样的人的生存时间也有限，因为如果真的只能活下来一个人，你只有被消灭或是逃跑，而没有别的选择余地。不过我还是很贪心地希望你们能成为两者的综合体：会各式各样谋生技能、能力很强，但态度上像《易经》里的“谦”卦——外水内山，外柔内刚，本性很好，又有耐心，别人对你放心、没有防备，把你当盟友而非敌人，才可能把资源共享给你，而不会在你一转身就扯你后腿或放暗箭。

如果现在你已经觉得自己很厉害了，表示你站的水平线太低，还没看到山外有山、人外有人，这时候就要赶紧把自己拉到更高一阶的层次上，你就可以看到自己的不足之处，就会懂得谦卑，懂得学习精进。太骄傲会让你看不到眼前的精彩生动，因为你已经把学习的窗关起来了。

我很欣赏《大逃杀》片中几个很棒的学生，他们不想被迫玩这个游戏，他们找到电脑室，企图以更改指令的方式，把控制他们生死规则的电脑系统破坏掉，如此他们就可以全数共存，不需要流血杀戮。可惜有这样觉察力的聪明学生不多，所以他们还来不及找到出路，就被嗜杀的同学杀了，暴乱中引起的火灾造成伤亡累累，最后没有人是赢家。但我仍欣赏他们的慈悲与智慧，能想到去改变游戏规则，企图让大家都能活下来。

于是，你可以思考：你是哪一种人？会选择怎样的生存方式？可以把自己进化到哪一个层次？所以，好好活，活得聪明，活得好，是你们第一堂要学，而且要花上一辈子才学得好的功课。

欣频告诉你：

人生第一堂课——生存应变力

真正好的教育，是提供一个自由的成长环境，不要让孩子成为工厂里制造的罐头。我特别欣赏《我的野生动物朋友》[①]里的野生动物摄影师父母，他们带着孩子蒂皮到非洲，让小孩子跟狮子、大象一起玩。蒂皮不仅可以跟动物沟通，也可以跟人沟通，应变力、学习力、适应力都超强。这样的孩子，我们可以预测，他们的未来一定无可限量。

如果我要办一个创意学校，第一堂课就是把我的学生全部丢到荒岛上去，让他们锻炼生存应变力和彼此之间的合作能力。在荒岛上，你要思考如何在一个完全陌生的环境活下来，你要想方设法充分运用有限的资源，最终培养与大自然、与人合作的能力。

荒岛生存训练听起来很严酷，但我们所处的社会同样非常残

---

① 《我的野生动物朋友》（*Tippi, mon livre d'Afrique*），蒂皮·德格雷著，阿兰·德格雷、茜尔维·罗伯特摄影。

酷，虽然和平盛世不拿刀不拿枪，但竞争非常激烈，包括基本的能力、学识，卓越的胆识、超强的应变力、坚韧的耐挫折力等都会决定个人的成败。如果你不能更大胆、更独特，就不能让更多人看到你。我说独特，就像在外层空间可以看到长城一样，你的独特性，就是你可以立足的价值，也是你可以被大家指认并记忆的个人关键词，如果你没有特异的可见度，就跟一般人没有区别。

第二堂

如何开挖自己的生命穴脉

- “偶然与巧合”，活在机遇中的“灵”“活”身段
- 从电影《傀儡人生》中，看到多面向、多性格的自我可能
- 从《魔鬼、性、狂想曲》中，找出灵魂里的“善”与“恶”、“创造”与“毁灭”两股拉扯的力量

“偶然与巧合”，活在机遇中的“灵”“活”身段

接着上一堂课所谈，在意外剧变之下如何生存的主题，我再继续讲“偶然与巧合”。《偶然与巧合》[①]这部电影，讲一位知名芭蕾舞星的故事，她有才华，但爱情总是给她很多的试练与急转弯。这部电影让我们领悟，人在巨大的命运力、自然力作用下，能够自主做决定的极大值和极小值在哪里——有很多状况是你无法决定的，比方你的出生、性别、年龄、肤色、长相、家庭、环境……在外人看来一切似乎都是命中注定，但我们却能在其中获得很大，而且是意料之外的力量，让我们的未来有极大变化的可能。

---

① 《偶然与巧合》（*Chance or Coincidence*），1998 年出品，导演：克劳德 · 勒鲁什，演员：亚历桑德拉 · 马提尼斯等。

从电影《傀儡人生》中，看到多面向、多性格的自我可能

顺着第一堂课的脉络来谈，我们的应变力就是为了要锻炼活在机遇里的柔软身段。我常会想各种可能的自己、各种可能的未来，我的脑中不止有十八套剧本，也正因为我同时繁衍不同版本的自己，所以我可以有各种风貌的灵魂，在一个身体里同时活着，我一次经验很多版本的自己，有点复制突变的效果。因为我不是演员，所以是靠书本、电影、旅行、想象力与设身处地的同理心，用更多的面向，向世界伸出多条体验的触角。就像电影《傀儡人生》[①]，不同的灵魂个性进入同一个身体里，会展现出截然不同的人生成果。我也希望看到你们不受限地演化自己的灵魂物种，一个人绝对可以活出很多种精彩的风景，请相信自己的力量。

---

① 《傀儡人生》（*Being John Malkovich*），1999年出品，导演：斯派克·琼斯，演员：约翰·库萨克等。

关于机遇、人生抉择、命运巧合的电影还有很多，比方《机遇之歌》[①]《罗拉快跑》[②]《男人女人：恋爱手册》[③]《居家男人》[④]《时光机器》[⑤]《预见未来》[⑥]《人生遥控器》[⑦]《无姓之人》[⑧]《另一个人的生活》[⑨]……我希望你们能透过这些多结局的电影，去思索自己的各种可能性，懂得看清各种机遇的初期征兆与后续变化，懂得洞悉因果的景深，知道自己能做到什么程度，能改变或决定的幅度有多大。要有随时抽离自己、旁观认清自己的能力，只有自己随时提示自己，才能清晰地面对如此高速变化、充满不可思议与意外的人生。

---

① 《机遇之歌》（*Blind Chance*），1987 年出品，导演：克日什托夫·基耶斯洛夫斯基，演员：勃库斯洛·林达等。

② 《罗拉快跑》（*Run Lola Run*），1998 年出品，导演：汤姆·提克威，演员：弗兰卡·波坦特等。

③ 《男人女人：恋爱手册》（*Men, Women: A User's Manual*），1996年出品，导演：克劳德·勒鲁什，演员：法布莱斯·鲁奇尼等。

④ 《居家男人》（*The Family Man*），2000 年出品，导演：布莱特·拉特纳，演员：尼古拉斯·凯奇等。

⑤ 《时光机器》（*The Time Machine*），2002 年出品，导演：西蒙·威尔斯，演员：盖·皮尔斯等。

⑥ 《预见未来》（*Next*），2007 年出品，导演：李·塔玛霍瑞，演员：尼古拉斯·凯奇等。

⑦ 《人生遥控器》（*Click*），2006 年出品，导演：弗兰克·克拉斯，演员：亚当·桑德勒、凯特·贝金赛尔等。

⑧ 《无姓之人》（*Mr. Nobody*），2009 年出品，导演：雅克·范·多梅尔，演员：杰瑞德·莱托、萨拉·波莉等。

⑨ 《另一个人的生活》（*Another Woman's Life*），2012 年出品，导演：西尔维·泰斯蒂，演员：朱丽叶·比诺什、马修·卡索维茨等。

从《魔鬼、性、狂想曲》中，找出灵魂里的“善”与“恶”、“创造”与“毁灭”两股拉扯的力量

我再补充一部影片：《魔鬼、性、狂想曲》①，它以象征的手法，描述魔鬼与上帝同时在世界知名女高音卡拉丝身上，所展现的“创造”与“毁灭”两股力量的拉扯过程。

我相信人有善力也有恶力，一念之间会引转命运前往截然不同的方向，产生一如滚雪球般的强大作用，所以要在一开始注意自己的心念——《易经》里就提到过“知几”的重要，起心动念影响深远，因为你启动了一个极善或极恶力量的源头。如果你们看过托尔金的《魔戒》②，或许更能够感同身受。

---

① 《魔鬼、性、狂想曲》（*The Devil and Ms. D*），1999年出品，导演：伯纳德·艾辛格，演员：蒂尔·施威格等。

② 《魔戒》（*The Lord of the Rings*），系列小说，J.R.R.托尔金著。

在艰难的创作期间，或是独处之时，心中的上帝与恶魔就会跑出来拉扯，比方电影里的女高音卡拉丝，她自体的魔鬼一直嘲笑她肥胖，想尽各种办法让她毁灭自己。上帝给了她绝美的声音，也给了她相信自己、改变自己的力量。后来她节食恢复了窈窕身材，一改当初不被看好的舆论，在舞台上展现她绝佳的歌喉和身段。但最后魔鬼在她演唱高潮的脆弱之刻，展现更大的毁灭力，让她破声，导致她厌世自杀。

我们心中也有善神与恶魔，我们的挣扎都是因为两股力量的拉扯，有时我们会相信自己，会帮助别人，那就是“善”在鼓舞我们发挥力量；有时我们会沮丧、没自信，想伤害别人或是毁灭自己，那就是“恶”的诱惑与考验。

我们若清楚存在心念中的这两股力量，就可以蜕变自己的负面思考，脱胎出正面的价值观——正面思考可以破困境、开出路，对自己的身心，甚至病愈都是最关键性的主宰力量——你们可以去看《爱与意志》[①]，或是探索频道中很多关于“人脑的开发”“意志力的潜力”的节目，里面会有很多更深入的例证可供参考。

老天给每个有才华的人一把刀，会用的人，就像艺术家，拿刀来雕刻石木，化平凡的材料为神奇的作品；但刀在不理性的人手上也很容易伤人伤己，造成无法挽回的生命悲剧。一把刀无善恶，全看你怎么用。

---

① 《爱与意志》（*Love and Will*），罗洛·梅著。

欣频告诉你：

大胆地成为自己想要成为的那个人，
不要成为别人要你成为的那个人！

自由，是在需要说“是”的时候，能够说“是”；需要说“不”的时候，能够说“不”……从他处得来的自由并非真正的自由，去做任何你想做的事也不算是真正的自由，自由的定义应该是：成为你自己！

——印度大师

你喜欢的，就是你的兴趣

我不觉得人要为工作付出人生所有的时间。

创作对我来说，其实是一种发泄，也是一种分享；不是工作，如果是工作，我就不会去做。

我做的每一件事情，都是我喜欢的事。

去做自己喜欢的事，生活就会变得很棒。做喜欢的事情和获得收入，根本没有冲突，如果你把喜欢的事情做好，资源就会自然地靠近你，就会带来收入。例如，我喜欢写作，我在写作这件事情上认真，它就为我带来收入，所以不是一定要上班才能维持生活。我真的不能忍受有人规定我几点到什么地方、做什么事情、固定交什么东西，我要去旅行或是生病还要请假，我的生命为什么要跟别人请假？

我不觉得这是叛逆，我只是热爱自由不喜欢被人管束。有人喜欢料理，让自己的生活更美味；有人喜欢花艺，让院子满是馨香。做自己喜欢做的事情，就能找到人生的目的。

如何找到自己喜欢的事，可以不断地去尝试。旅行、逛街时，你喜欢看什么、买什么，那就是你的兴趣。例如，我喜欢看心灵类的东西，对设计、杯盘很有感情。每个人想要看见的东西不一样，如果把你喜欢的东西变成你的专长，你就能开始做你想做的事情。

有热情，创作自成脉络

开始做喜欢的事，例如我在写作时，我阅读其他参考书籍，可以像一块大海绵般不停地吸收。我的感性和理智并存，写作都没什么大纲，开始写第一章，快写完的时候就会知道第二章要写什么，只要投注了热情，创作就会自成脉络。

每个人都应该知道自己想要什么，这就是选择，你可以选择忠于自己的生活。你如果忠于自己，多半就会选对；但如果你一直很在意别人的想法，就会很容易迷失。生命应该是雀跃的，不该死气沉沉。生活里，只要认真做自己喜欢做的事情，那就够忙一辈子了，怎么还能把有限的生命浪费在自己不喜欢的事情上呢？

把时间花在发挥自身的价值

千万不要有偶像，因为一旦你立了一个偶像，基本上就失去了自我。你会把很多关注的能量都放在对方身上，以你有限的宝贵时间与金钱去追逐他，甚至去崇拜他，那太可惜了。其实最精彩的是你自己本人。

你必须花很多的时间跟自己在一起，然后了解自己的长处，在自己喜欢的事情上，发挥出自己真正能发挥的最大价值，最终你会达到欢呼雀跃、尖叫不已的成就状态，绝对比你拿到某一个偶像签名时快乐数百万倍。

欣频推荐：心灵图书“阿米”系列

“阿米”系列①图书是我最爱、会一再反复看的书，也是我认为

① “阿米”（*Ami*）系列，恩里克·巴里奥斯著，包括中文版已译成十二种语言，全球各地都有喜爱阿米的读者。

当代极有想象力的作品之一。书中的字里行间蕴藏了许多可知与不可知的奥秘。

我觉得这套书最棒的地方是，书的内容既很有爱心，又很有冲击力与想象力，看文字时，画面会随时跑出来。书里讲了非常重要又简单的真理，细读里面的故事，会让你重新思考人生中什么是重要的，什么是不重要的。

我相信看过的人会像我一样，将被带进另一个不可思议的奇幻世界，在未来生命中掀起一个极具跳跃性的转变！

第三堂

如何画一张自己的生命蓝图

- 在碰触世界之前，先端详自己
- 从《爱的五种方式》里，学习训练感官灵敏度
- 借广角镜头延伸感官，上山下海预览世界各地自然与人文奇景
- 透过梦的记录，更加了解潜意识与潜能
- 绘制自己的生命蓝图
- 建一个别人拿不走的身份
- 从《布波族：一个社会新阶层的崛起》延伸新世代的生存法则
- 好的阅读与书写能力，能让专业如虎添翼
- 做短、中、长期的人生计划
- 把握人生每隔七年改变的关键时刻
- 20 岁时把自己当 30 岁，30 岁时把自己当 20 岁

在碰触世界之前，先端详自己

老天生你，让你与别人的长相不同、生日不同、家庭不同、个性不同……就是要让你与众不同。你得找出自己的独特之处，一定有什么是只有你才能做，但别人做不来的，就像《现在，发现你的优势》[①]一书中提到的："如果某人天生有强烈的好奇心，这就是一种天赋；迷人，是一种天赋；有恒心，是一种天赋；有责任感，也是一种天赋……当你发现自己对某件事物有特别的渴望，能快速学习，完成后自我满意度很高时，那就是你天赋之所在。"

以前的我不是像你们现在所看到的样子，我很怕人、怕说话，对自己没有信心，对环境没有安全感，对世界充满敌意，人缘差到不行，连上厕所、睡觉都得拉着好友或家人陪，不敢一个人，更不

① 《现在，发现你的优势》（*Now, Discover Your Strengths*），马库斯·白金汉、唐纳德·克利夫顿著。

要说独自去看电影，或是去旅行了。我把自己关在房间与书本里很长一段时间，不晓得外面的世界是什么模样。直到父母把我一人丢到美国游学两个月，让我不得不离开笼子，逼得我必须得自己出去觅食，自己去选课找教室，学会看地图、认路、搭车……我在大二暑假的那次游学中，才开始和世界接触。自此之后，我被迫面对更多必须一个人的时刻，经历更多次的分离（以前参加营队到最后一天欢别会时，我通常是哭得最惨的那个）、更多回的人生转弯，直到养成坚毅而独立的自己。

我必须承认，过去我在学校里根本没想过关于“自己”的事，直到与外界碰撞，才开始迷惑人生究竟为何、自己是谁、我能做什么……这些基本的问题，我花了整整八年的时间，直到28岁才找出一点端倪。这期间当然也透过很多书籍，比方《生命数字全书》[①]《生命密码》[②]《荣格与占星学》[③]《私人梦史》[④]《梦的智慧》[⑤]

---

① 《生命数字全书》（*The Life You Were Born to Live: A Guide to Finding Your Life Purpose*），丹·米尔曼著。

② 《生命密码》（*Born to Learn*），蓝宁仕著。

③ 《荣格与占星学》（*Jung and Astrology*），玛吉·海德著。

④ 《私人梦史》（*Private Myths: Dreams and Dreaming*），安东尼·史蒂文斯著。

⑤ 《梦的智慧》（*The Wisdom of the Dream: The World of C.G. Jung*），史蒂芬·赛加勒、墨瑞儿·柏勒著。

《爱与意志》《自由与命运》①《躁郁之心》②《通向哲学的后楼梯》③《聪明人的哲学指南》④《重新认识你自己》⑤《大脑的秘密档案》⑥《禅与脑：开悟如何改变大脑的运作》⑦……像是多面镜般来辅助了解自己。

我30岁以前的人生，完成度只有70%，30岁以后的人生一边要补足前30年未完成的计划，一边还要开展未来10年的新梦想——过了30岁后，我像是挖到了第二条坑道，两条互通，让我同时看到两边的人生宝藏，以后每三至五年我还要再挖出新的矿脉坑道，彼此相连，就像展开的扇骨，众多向外延伸的骨架，撑起更大的扇面，直到死去为止。因为我相信过去生命中诸多累世的经验，已经帮自己存下很多生命宝藏，就像《哈利·波特》⑧里的古灵阁银行，等我自己打造出钥匙后，一一打开每个天地，人生就越老越富有。这让我觉得自己越来越有趣，一点也不觉得累。我醒来不是又老了一

---

① 《自由与命运》（*Freedom and Destiny*），罗洛·梅著。

② 《躁郁之心》（*An Unquiet Mind: A Memoir of Moods and Madness*），凯·雷德菲尔德·杰米森著。

③ 《通向哲学的后楼梯》（*Die Philosophische Hintertreppe*），威廉·魏施德著。

④ 《聪明人的哲学指南》（*An Intelligent Person's Guide to Philosophy*），罗杰·史克鲁顿著。

⑤ 《重新认识你自己》（*Freedom from the Known*），克里希那穆提著。

⑥ 《大脑的秘密档案》（*Mapping the Mind*），丽塔·卡特著。

⑦ 《禅与脑：开悟如何改变大脑的运作》（*Zen and the Brain:Toward an Understanding of Meditation and Consciousness*），詹姆斯·奥斯汀著。

⑧ 《哈利·波特》（*Harry Potter*）系列，J. K. 罗琳著。

天，而是又发现了一个新生的自己，一个与昨天又很不一样的自己，所以我一点也不担心老，因为每过一天，就多了一天的生命质地，我越来越喜欢与自己相处。

你们花越多的时间了解自己、开发自己，就越会发现自己是一个开挖不尽的巨大矿坑，而不是人家给你什么，你就吃什么的垃圾场。

你们现在才刚开始要挖第一条坑道，请自己拟订开挖进度。记得，自己跟自己比，自己跟自己挑战，请保持绝对的专注，千万不要分心，专心致志才能“至”——每一个生命阶段，都会让你发现新的人生穴脉，你会发现自己的宝藏其实很多，只是你得尽快打造出开启各宝库的钥匙，用好奇的心一一去发掘。

从《爱的五种方式》里，学习训练感官灵敏度

我请你们去看电影《爱的五种方式》[①]。仿照电影里的情节，仔细端详自己，想象自己的各种感官就是你神奇而灵敏的触角，都是你的灵魂连接世界的管线。如果你只剩下一个月的视力、一个月的听力、一个月的行动力，你最想要看什么、写什么、感受什么、做什么？例如，耳朵让你聆听各种声音，但如果你只剩下一个月就要丧失听觉，你最想听什么声音？你今天听到了什么声音？你还记得什么声音？你被什么声音感动？你能分辨这些声音吗？你发出了什么影响周遭人、事、物的声音？你与别人有共鸣吗？其他的感官以此类推——你有眼、耳、鼻、舌、身、意，你是一个活的触体，可以以各种“器”“敏”每天采集新鲜的生活惊喜。如果你知道自己有如此多种强大得足以发现世界的触感能力，你怎么会觉得无聊？

---

① 《爱的五种方式》（*The Five Senses*），1999年出品，导演：杰里米·伯德斯华，演员：玛丽·露易斯·帕克等。

怎么会活得不耐烦呢？

普鲁斯特说：“很多人都是家财万贯地来到这世界上，却空手而回。”年轻人的缺点就是：我们一直以为自己还有很多时间，等到五年、十年过去了，一无所感、一事无成，没有什么特别留下来的，白白浪费了最宝贵的青春、体力和时间。所以，把每天当成人生的最后一天来感受、来看、来听、来生活，到了晚上睡觉前，心怀感恩地向这世界、向所有人、向上天说晚安，那么这一天的结束，就会充满幸福。

这部分，还可以参考苹果公司创办人乔布斯2005年在斯坦福大学毕业典礼的演讲，以及兰迪·鲍许在美国卡内基梅隆大学最后的演讲①。

① 2007年9月18日，兰迪·鲍许在身患胰腺癌、生命还剩几个月的时候，在他的母校卡内基梅隆大学做了一场风靡全美的演讲，题目是《真正实现你的童年梦想》（*Really Achieving Your Childhood Dreams*），引起了旋风般的反响。演讲的视频片段在网上播出后，数以千计的人与他联系，表示他给他们的生活带来了深刻影响。《华尔街日报》把这次演讲称为“一生难觅的最后的演讲”，之后华尔街日报专栏作家杰弗里·让斯罗采访了兰迪教授五十三次，写成《最后的演讲》（*The Last Lecture*）。

借广角镜头延伸感官，上山下海预览世界各地自然与人文奇景

请多看探索频道、国家地理频道、旅游探险频道……我会在每月月底，利用网络把下个月的节目表打印出来，勾选出自己有兴趣的主题，准时收看，这已经成了我的固定功课。

这些频道中关于旅行、生态、文化、医学、心理、建筑、科技的节目，将取代眼睛与行动力，带我们到实验室里看最新的发现，到北极或外层空间看最远的世界，潜入人体找出最深奥的生命源头，看那些无法亲身经历，但每天都在发生的风俗、仪式、节庆，与人类文明的奇迹。这是我自大学毕业以来，最重要的自我教育方式之一，我每天都在电视机前发现我所不知道的世界，所以每晚都可以在满足中睡去，在期待中醒来。

不要做没有知觉的人。人生难得，请珍惜你所有的可能性，用

你的感官走最远的边境，看最多的新奇事物，尽可能地扩大你的感知范围，饱足你的灵魂性命。

透过梦的记录，更加了解潜意识与潜能

此外，平时可以养成记录自己梦境的习惯，除了让你警觉梦所代表的意义与暗示之外，也有助于你从自己的梦境中，挖掘有趣的创意灵感——我自己很多的创意想法，就是从梦里面跑出来的。推荐一本对我个人极有帮助的书：《你是做梦大师：孵梦、解梦、活用梦》[①]，美国梦学研究心理学家盖儿·戴兰妮在书中教我们如何孵梦（在睡前提出疑问，然后透过梦境的指点获得解答）与自我解梦，帮我弄懂了过去一堆稀奇古怪的梦的意义，并发现有不少梦是具有预言性的，甚至帮我了解到连自己都没觉察到的焦虑与恐惧。当我弄懂了梦要传递给我的警示或启示后，感觉像是身边有个贴心的知己、贴身的护卫，每晚提醒我、保护我、改善我——当我了解梦，梦就是我最好的朋友。

---

① 《你是做梦大师：孵梦、解梦、活用梦》（*Living Your Dreams: Using Sleep to Solve Problems and Enrich Your Life*），盖儿·戴兰妮著。

绘制自己的生命蓝图

以十年一轮来看，假设你现在20岁，照这样的过法，想一想自己30岁会是什么样子？你希望是这个样子吗？如果不是，你该及时做怎样的改变？你想成为怎样的人？你希望自己的30岁是什么样子？如果要完成你心目中的30岁，你现在还有什么不足的地方？请列一个详细的描述清单出来，比方职业、生活状态、经济状况、兴趣、休闲活动，一天及一星期的生活会是什么样子。然后画出一张你想象中的生命蓝图。根据这张蓝图去思考，你还欠缺什么样的能力，还应该补修哪些课程。

依照前面两堂课的脉络，这张蓝图应该是个放射线图，请写出你各式各样的兴趣，找一两样可以发展成专业能力的兴趣，而这专业能力是可以让你衣食无忧的；除了这一两样外，你还要培养一些好习惯作为养分补给线，比方定期上课学习、看书充电、出门旅行……这样才不会在一出社会、工作如排山倒海而来时，一下子就把能量都消耗光。

接着你再回想过去，从你童年到现在，有哪些你曾经怀抱过的理想、梦想尚未完成，把它们一条条列出来，然后继续在你刚画的生命蓝图中补充，勾画出主线与支线，并依年龄阶段规划出多层次的人生版图。比方我们可以从趋势与流变中找到自己可以大展身手的施力点；比方有些职业比较适合年轻的时候去试，有的适合在成熟的前中年期去做，有的则适合在经验老到的中晚年时完成。所以要想远一点，并把社会迁动的变量，考虑进你中长期的人生规划里，免得自己好不容易刚入行，进入的却是一个已经开始走下坡路的夕阳产业——除非你对这工作有极大的兴趣，可以一路执着，随时创新，突破重围，开展新希望；否则时势比人强，越走越是尽头，到时候要转换就很困难。

图 3

当你把中长期的板块移动也思考进你的人生规划中，你才可以在后有追兵、前有断崖时，瞬间启动早已准备好的能量，一跃跳进新的版图。

建一个别人拿不走的身份

有很多人设立的目标是几年之内升到主任，几年之后当上主管，然后是老板……但这些头衔都是别人给的，只要别人能力比你强，关系比你硬，就可以随时取代你的位置；或是公司重整解散，你的位子就会瞬间消失。所以要建立自己的风格与专业，把自己当作一项事业，当成个人品牌来经营，创造自己名字的价值，帮自己建一个别人拿不走的身份，而不是社会价值下的职位。至于将来你是哪个公司的主管、哪家企业的老板其实都不重要，因为别人认的是你的专业、你的风格、你的名字，即使有一天你没有工作了，别人仍然认可你的能力，到时候你想转换到哪个跑道都不难，这就是拿不走的身份，因为专业能力永远跟着你走，但头衔不会是一辈子不变的。

从《布波族：一个社会新阶层的崛起》延伸新世代的生存法则

推荐你们去看《布波族：一个社会新阶层的崛起》①，作者在经过一番采访和研究后发现：这个时代是“智慧资本”和“文化产业”流行的时代，而能在这个时代崛起的人，是那些可以把创意和情感转化成产品的人——他们这些高学历的人，一脚踏在创意的波希米亚世界，另一脚在野心和追求商业成功的布尔乔亚领域中，这些信息时代的精英分子是布尔乔亚（Bourgeois）的波希米亚人（Bohemian），故称他们为“布波族”，成败取决于他们的聪明才智，而不是血统。

这本书认为“布波族”必须具备“高学历＋高创意”，但我

① 《布波族：一个社会新阶层的崛起》（*Bobos in Paradise: The New Upper Class and How They Got There*），大卫·布鲁克斯著。

觉得可以扩充成“高学历＋高创意＋高执行力＋高效率＋高表达力＋高洞察力”。高学历的意义是，现在本科学历已经很普遍，学历的价值已经贬值，如果可能，你们可以往上深造，至少读到硕士，而这个学历有助于扩展你目前大学所学领域之不足，也可以是你的第二专长，让自己扎扎实实地成为信息时代真才实学的博闻者，而不只是拿到表面的学历而已；再者，高创意是让你异军突起的关键，当你对每件事都有独到的创意观点，并且懂得如何将商业与艺术漂亮地结合起来，你就有了很大的优势。

接下来就是高执行力与高效率。未来进入社会后，你就会发现怎么每个案子都要求效率，而且都很挑剔质量。你若能做得比别人又快又好，你就不怕失业，不怕没机会（如果你的价格合理的话）。当然，要做得比别人又快又好，必须在平常没事时多充电、多演练，等案子来的时候，迅速进入状态，立即完成，最好还能练到会议当场修改完毕的功力。因为档期不能等，所以工作刚开始时的熬夜加班是跑不掉的，但如果客户觉得你又快又好，接下来就会主动把案子给你，你就不必担心没有案源。

还有一项，也是非常重要的一项，就是要有好的表达能力，因为没有好的表达，再强的能力都会失去能见度；没有能见度，就没有资源——现在已经没有伯乐了，你不大可能凭着满腔的本领在家等着伯乐来找你，伯乐都去买彩票了，怎么还会有时间跑来发掘你？所以你必须负责展现你自己的能力，做自己的经纪人、发言人，不管你将来从事什么行业，基本的文字和口语表达能力都要很好，即使你的工作不与文字直接相关，但只要你将来在那个专业领域有了特殊的成绩，恰好又有极佳的文字能力，就可以把经验写成书；有流畅的口才，你就可以借着演讲，把你的发现与成果分享给更多人。

我以前很自闭，不仅害怕上台说话，平时也不大喜欢与别人交谈，在经过多次工作上必须亲自提案的历练后，我开始可以说服客户接受我的文案作品，可以上台讲课而不畏惧，再加上平时就有思考与自我对话的习惯，所以现在能连续讲七个小时而不怕没材料可说——所以趁你们还在校园，要善用每次上台做报告，或是在校外演出的机会，把自己完美地展现出去。如果你有七分的作品，你的好口才可以让你瞬间把作品加到十分；你有九分的作品，但如果表达能力不好，就会降低别人聆听的兴趣（现在的人都很没耐心），会把你九分作品的效果降到只剩六七分，那就很冤枉——要保持滔滔不绝且言之有物，平时就得储存很多思考的能量，了解别人的语言与想法，并随时练习系统性地表达自己的概念，熟练如何与三教九流沟通无碍。

所以好的表达能力可以帮你找到生路，让你事半功倍；若能再注意一下自己的表达仪态，则可以为你带来更多意想不到的机会——但前提是要有实力，只有这样才能撑得久。

最后一项是高洞察力。没有这项，你就测不到风向，你会把自己摆错位置，在逆风处走三步退两步，你会很难到达目的地。敏锐的洞察力可以让你看到全局之中你的位置、你的方向，这样，你才有可能看到别人还来不及看见的趋势与机会。况且，你们身处自己的时代之中，只有你们最清楚这个时代的想法与趋势；如果你能整理出类似《布波族：一个社会新阶层的崛起》这种新时代文化观察的“白皮书”，你就可以比别人更快掌握商机，你也会成为这个时代的趋势先知，一直跑在前面让别人追。

好的阅读与书写能力，能让专业如虎添翼

我所教的第一批学生中，以设计院系为主。我常说，你们的设计力很强，平常多以图像思考，却很少看书。我希望你们养成看书的习惯，不只是漫画书、动画片，还要多看一些文学作品，比方诗歌、小说、散文，此外还可多看艺术电影、纪录片、戏剧音乐表演。现在年轻是本钱，你花再多钱维持青春健美，还是会老，到时候你会恐慌自己什么都没有；但如果你见过那些三四十岁还是充满知性风采的男人女人，你会觉得他们越老越美，充满自信与智慧的魅力，那都是书本及人生阅历带给他们的光芒，绝对不是靠保养品和减肥药能得来的。我自许要越老越有气质……因为气质是用保养品换不来的，得靠厚底子的思考、阅读与创作。

多看有文字厚度的书，有助于增加你们的词汇，增加阅读的深度与广度，因为年轻历练不足，思考本来就不深，可用的词汇也不多，但好的诗歌可以给你新的文字表达灵感，小说则是借故事刺激你的情节想象，让你在设计图像作品时有引人入胜的主题思考。如果你惯以

图像思考，平常就应该多读文字，打造出一条文字思考的路径，等文字思考能像图像思考般顺畅后，这两条路径可以交流成一个创意不止的圆，就像左右手、左右脑都能灵活运用的艺术家，他的作品一定比一般人更丰富。反之亦然，如果你惯以文字思考，就要帮自己多锻炼图像、影像思考的途径，有助于你打破现有的框架，大幅跳跃。

你们还可以做这样的练习，以小说《哈利·波特》《魔戒》为例，你们可以趁还没去看电影的时候，透过书本中的文字去大胆想象：如果《哈利·波特》的剧本交给你拍成电影，那么霍格沃茨魔法学校应该是什么样子？魔杖应该是什么样子？魁地奇球场应该怎么设计？若《魔戒》的剧本交给你，霍比特人长什么样子？他们的建筑应该是什么色系？如果能够在看电影之前，先把这些文字转换成自己版本的画面，你就可以比较，你和导演在执行影像创意上，究竟孰优孰劣。

在这个人手一部手机的时代，书写的机会相对减少，还好有网络，让人可以重拾书写沟通的技能，但多半仍是网络实时通信或是短信般的口语化文字，还不能算是有深度。好的书写能力，依靠平时大量的阅读，以及不中止的书写习惯（例如写日志）。你们可以参看《写作这回事》[①]《文字生涯》[②]《一间自己的房间》[③]等，看作

① 《写作这回事》（*On Writing*），斯蒂芬·金著。

② 《文字生涯》（*The Words*），让-保尔·萨特著。

③ 《一间自己的房间》（*A Room of One's Own*），弗吉尼亚·伍尔夫著。

家谈他们生命书写的历史。

另外，看看几本特殊的书吧，比方《盲人的星球》[①]《潜水钟与蝴蝶》[②]《女教皇》[③]，以及电影《鹅毛笔》[④]……看他（她）们因身体，因性别，因社会体制之故，即使读写艰难，却仍然不放弃阅读或书写的欲望——等我们看过这些辛苦的故事后，就会很庆幸自己现在能无碍地看、自由地写，如果有如此健康的眼睛、如此灵活的手可以读写却荒废不用，那真的就太暴殄天物了。

---

① 《盲人的星球》（*Planet of the Blind*），史蒂芬·库希斯托著。

② 《潜水钟与蝴蝶》（*Le Scaphandre et le Papillon*），让-多米尼克·鲍比著。

③ 《女教皇》（*Pope Joan*），唐娜·沃尔夫·克罗斯著。

④ 《鹅毛笔》（*Quills*），2000 年出品，导演：菲利普·考夫曼，演员：杰弗里·拉什等。

做短、中、长期的人生计划

我喜欢电影《再见，不联络》[①]里的一句话："人生有很多个十年，但如果刚好是18岁到28岁，那就是一辈子了。"我在18岁到28岁间专心地大量阅读，领域包括商业、文学、艺术、建筑……也尽可能地旅行，看各大影展的电影。我尝试各种类型的创作，包括诗歌、散文、小说、广告文案、旅行游记……直到我28岁出了第一本书《广告副作用》（原《诚品副作用》）之后，自己的路才正式展开——电影中还有一句经典对白："我们往往高估十年后能做的事，却忽略一年内能做的事。"这也难怪28岁以后可以大声说话的没几个。所以我希望你们看远一点，不要以为30岁还离你很远。18岁至28岁这十年是人生相当关键、宛如地基般的黄金十年，这十年如果你可以看得清楚、站得稳，往后就可以走得很远。请务必把握

---

① 《再见，不联络》（*Since You've Been Gone*），1998 年出品，导演：大卫·休默，演员：玛丽莎·托梅等。

这十年。

所以，计划是很重要的。我目前有一个月的短期计划、一年的中期计划以及三年的长期计划，充实与开发自己一直是我不懈怠的功课，有恒心地按部就班，在眼前的都是可被检验执行度的计划，而不是空泛的幻想。就像网络上曾流传的“李恕权的故事”，里面就提到：他为了完成五年后在市场上发行一张受欢迎的唱片的目标，便倒推进度——第四年一定要跟唱片公司签约，第三年要有一个完整的作品，第二年要有很棒的作品开始录音，第一年就要把准备录音的作品编好曲，第六个月要把没完成的作品修饰好，第一个月就要把目前几首曲子完工，第一个星期就要排出需要修改曲子的清单。

梦想如果没有拿梯子一步一步登上去，就永远只是可望而不可即的空中楼阁，一点意义也没有。

此外，财务规划也很重要，因为只有在无后顾之忧，并留有可供支付意外之备用金的经济条件下，才可能大幅度地拓展自己的梦想版图。

根据之前提到的无常观来思考，万一有一天意外发生了，突然面临死亡，你觉得还有什么没做的、很遗憾的事，就表示这件未成之事对你意义重大，就把它排在手边计划的最前面。我现在每天都要求自己做好今天该做的事，没有马虎，即使今天睡了明天不再醒来，也没有遗憾。

我当然也会给自己弹性休息的时间，旅行也在我的计划之内。计划当然可以因现状而改变，随时修正，就像《易经》中“豫”卦之后就是“随”卦。“豫”就是“预”，就是要有事前计划，但也必须“随”时调整，千万不要浑浑噩噩过日子，否则你会发现30岁倏尔即至，届时还是一事无成，前途茫茫。

把握人生每隔七年改变的关键时刻

《隐藏的和谐》[①]中提到一个观念："生命中有某些片刻是改变会发生的时刻。身体每隔七年会改变一次，而且这个改变会持续下去……每隔七年，身体会迎来一个以旧换新的过渡时期，在这段过渡的时期，一切都处在流体的状态中，如果你希望某些新的层面能够进入生命中，这正是最佳的时刻。"

我回想过去的生命，才发现我的21岁、28岁也正是生命重大转折的时刻：我21岁进入广告圈，正式成为一名广告文案；28岁出版第一本广告文案作品集，正式进入创作出版的生命阶段；35岁完成35个国家及地区的旅行，并开始在大学演讲与教学。所以你们可以翻翻这本书，然后回顾并展望自己的七年转变。

① 《隐藏的和谐》（*The Hidden Harmony*），奥修著。

20岁时把自己当30岁，30岁时把自己当20岁

你们现在多是20岁出头，一定要把自己当成30岁，才能有30岁人比较长远的眼光、智慧、稳重的架势与危机意识——30岁的视野与景深，会让你珍惜20岁很容易忽略的价值与质地。等到你们30岁时，就要把自己当成20岁，开始丢包袱，把自己当成新人重新学习，因为十年后你学的东西、你的经验已经不合时宜，要大胆地放空重来。当你有把自己当新人这样的心态时，你会很谦虚，然后珍惜每次机会，认真地做好每件事。就像知名数字艺术家郑淑丽，她是一个非常自由、没有性别设限的人，极有活力，永远把自己当成小孩子，我从她永远好奇兴奋的口气里，根本猜不出她的年龄。她永远保持最新、最大的爆发力，永远有着刚出道不久般的冲劲，跑在这个世界的最前面。

之后，你就可以练就一身随时加减年龄的本事——有时可以负重跑步练脚力，有时可以丢开包袱练轻功……

希望这堂课可以协助你们从彷徨与昏沉中，醒来去做梦圆梦，然后透过仔细的凝视与落实，抵达你的想望之境——这十年将是你人生之中最重要，但也可能是挫折连连的十年，所以请给自己打不死的勇气，不要半路阵亡。有志者就能事竟成。

第四堂

如何栽培自己——从五项养成教育开始

- 如果你是自己的老师，你会怎么教自己
- 长出触角与世界连接，建立自己的情报系统
- 自我养成教育之一：书本
- 自我养成教育之二：电影
- 自我养成教育之三：旅行
- 自我养成教育之四：人际
- 自我养成教育之五：环境

如果你是自己的老师，你会怎么教自己

找自己，挖掘与世界相连的矿脉，是一辈子要学的功课，请从现在开始。你会发现，自己是一个永远让你惊奇的生物，这个世界比你想象的还有趣好玩。请你们回家开始想自己的人生规划清单及自我教育方案，简单地说，就是请你们花一个星期思考自己、帮自己画蓝图，然后根据这张理想中的蓝图，想想如果你是自己的父母，是自己的老师，你会怎么教育你自己？你想把自己打造成什么风貌的人？你还欠缺什么能力要补足？自己做自己的学生，你还应该再补修哪些课程？你想得越清楚，列得越详尽，你就能越清楚地看见你未来的细节，就越有可能完成你心目中的自己。《哈佛经验：如何读大学》[①]里面的一些教育理念，可以拿来作为你教育自己的参考。

---

① 《哈佛经验：如何读大学》（*Making the Most of College*），理查德·莱特著。

长出触角与世界连接，建立自己的情报系统

每个生物在环境中生存，必须有健全无虞的觅食系统，以及一套对环境敏锐的感知系统，如此才能实时知道气温有什么变化、周围有什么危险即将靠近。

前面第三堂课提过“碰触世界之前，先端详自己”。在发展出个人风格之前，我们必须由自体长出感知与觅食系统，长得越长越广泛，你的根就越扎实，也越不会有能源殆尽的危险。

所以你们一定要有固定的阅读习惯，这阅读不只在书本，比如网络、电影、生活对话等，都是你们采集养分的来源。然后养成定期“进食”的习惯，就像吃综合维生素那样，借着知识与情报，有计划地养大自己的脑容量。

你们可以试着制作自己的个人秘籍，把平时吸引你的文句、广告、电影对白、歌词……收集成一本你的私人宝典，以你自己的分

类方式逐页补充，甚至把你突来的灵感奇想也列进去，这样做好几年之后，就可以有你私人的情报局与智库，当你临时需要时就有资源可用，但要记得注明出处。

老师永远只能教过期的知识，因为时代分秒在变。等你们离开学校后，接下来就只剩下自我教育。自我教育是无止境的，有的人十年后心智还停在原地，有的人已经向前进展到很远的地方了，一天差一点，十年后就是天壤之别。你们唯有现在开始培养一个与众不同的灵魂，吸取第一手原始未被加工的创意、材料与养分，才能在未来漫长的挑战中取之不尽、用之不竭。

以下列出自离开校园十多年来，我的五项自我喂养管道供你们参考，并请开始着手构思专属于你们自己的自我教育清单。

自我养成教育之一：书本

书永远是我最重要的朋友

我自觉比同龄的小孩早熟，多愁善感，除了求学时遇到很有爱心和耐心的老师，亦师亦友地伴我成长外，我最好的朋友不是同班同学，也不是兄弟姐妹，而是书本。我总是一个人孤零零地站在世界边缘的港口，独自打开知识货柜，收获其中的惊喜。

当我迷失自己，当我怀忧丧志，当我在人际或是爱情上受挫时，我就会去找书来解困。要不是这些书，我早就一蹶不振了。这就是身为人的可贵之处：动物心情不好，没有前人的智慧为心灵疗伤、为情绪疏困；但身为人，坐拥书城千万本知识智慧之书，都是过去数万人以生命，以创痛，以惊喜留下来的灵魂记录。我们眼前的问题，都可以在其中找到线索与灵感，我们怎能住在人类文明巅峰的宝山之中，还哭穷喊寂寞呢？

书可以带着你的心灵，走最远的旅行

我喜欢看书，因为书可以让我身体不必动，就走出最远的心灵旅行，只要躺在床上窝在棉被里，就可以让作者带我去普罗旺斯，去外层空间，去魔法学校……久了，我就能长出飞抵远处的触角，迅速传导到感官领域，无远弗届。

心情不好时，我很少会打电话向朋友吐苦水（因为吐完洞却还在），我会挑一本能马上带我出走、带我离开当下困境的书，有趣的书能让我忘记挫败，想起世界之可爱，借着作者的文字，把自己拉到更开阔的视野水平上，然后就能瞬间恢复情绪。

每天看一本书，一年别人与你就有三百六十五本书的差距

知识会让你对外在环境有很不一样的眼光，就像是发现世界的线索与指南：如果不懂天文学，你如何对满天星辰背后庞大的运行奥秘臣服？如果不懂法文，你如何被巴黎墙角的那一行情诗感动？如果不懂心理学，你如何知道昨晚的梦境反映了你的什么心理状况？知识是鹰架，透过阅读让你爬上去，从高处看更广的视野与风景——每天醒来，觉得能活着打开一本有趣的书，就是一件很幸福的事。

我希望你们在人生心智发育最精华的时刻——18岁至28岁期间，养成每天看一本书的习惯。刚开始看书速度比较慢，没关系，

先从两三天看一本开始，以后阅读速度快了，就可以一天看一本。因为一天有很多剩余或零碎的时间，比方等人、等车、等餐、等挂号、等银行号码牌……就已经可以让你看好几页的书了，所以我包里一定会有一本我正在读的书，我家里也到处都是书：我在看探索频道的广告时间，会与客厅的书相处片刻；浴缸边的书，是在泡澡时陪我说话的情人；床边的书，是哄我入睡的心灵伴侣；电话边的书，是让我接到话既多、无趣又无法打断的来电时的保释官，可以暂时把我的耳朵和脑袋假释出来。

至于选书，你们可以先从自己有兴趣的开始读起，然后延伸阅读，读出一个自己能乐在其中的阅读脉络，并随手绘制一棵今年的阅读树：比方读了黛安·艾克曼的《感官之旅》①，想延伸阅读里面提到的米歇尔·柯蒂斯的《第六感官》②……这样一路延伸阅读下去，自己的阅读范围就越来越广，慢慢累积出一张属于自己的阅读地图；最好再搭配你规划好的人生蓝图，来设计自己的书单，让自己在专业领域里的知识尽可能地丰足，一进社会就有条件做老板、同事们的智囊，而不是什么都一问三不知的新手。

此外，还要顾及你的延伸兴趣与次专长，有很多你专业领域之外的书，比方艺术、美学、文学都是很好的创意来源，因为它们很滋补，像是灵魂的胎盘素。如果可能，最好每星期都去书店浏览有

---

① 《感官之旅》（*A Natural History of the Senses*），黛安·艾克曼著。

② 《第六感官》（*Love Scents*），米歇尔·柯蒂斯著。

哪些刚出版的书，在脑中建成目录文件，每周更新一到两次，把自己当成美国联邦调查局情报员，建立专属于你自己的知识情报网，即使没把书买回去，但以后如果需要相关信息，你马上就能知道哪些书可以买来救急。此外，要去书店亲手翻书，毕竟真实的书与在网络上查的书信息有差异，至少你还可以翻一下里面的内容，感觉文字流洒在指间的丰沛，体触纸香在手中余味缭绕的满足，但也别买了书就回家束之高阁，以为自己已经有了这本书的知识——如果你的书还是干净无瑕地躺在漂亮的书架上，里面没有画出你很喜欢、对你有用的句子，没有留下你的眉批心得，书角没有任何折角的痕迹，那很难想象你已经真正读了这本书。

你们不要小看一天一本书的影响力，一年之后，你比不读书的人就多了三百六十五本书的知识与智慧（闰年还可以多读一本），十年后就多更多了。除了书本之外，杂志、网络等信息都是随手可得的资源，帮自己建立左右逢源的情绪及情报支持网，长出触角与世界连接，建立“养分运转无虞的自体情报系统”，是你们在进社会之前就得先准备好的功课，虽然没有学分，但绝对受用一辈子。这也将是你们未来的“维生系统”，在一进社会就被大量挤兑能力、体力之前，你得让自己储粮丰沛、供应无虞，并有办法一消耗就随时补给，保证能量不灭。

关于“阅读”的书，比方《读书的艺术》[1]《我生命中的书》[2]

---

① 《读书的艺术》，叔本华等著。

② 《我生命中的书》（*The Books in My Life*），柯林·威尔逊著。

《阅读史》[①]《文字生涯》《一生的学习》[②]《学习与知识》[③]……都是我们在开始进行阅读蓝图构建前，值得参考的好书。

建立这样的阅读路径，除了能让你扩充思考视野、解决日常生活中的疑惑之外，也有助于将来应付大小考试，或是理出客户、老板所给数据的头绪，是很实用的技能。

一半经典、一半新知的书单调配

我的建议是：假设一个月读三十本书，你们可以安排一半是包含最新信息或是展现未来趋势的书，一半是老的、经典的书籍——往上往外跳跃，往下往里深耕，让你从立足点起，往最新以及最老的两端延长自己的智慧，然后自体合成一股创新纪元的力量。到图书馆找读经典，可以让你从知识的源头转换出属于你自己的原创想法，而不是尽读别人已经产出风格的作品。比方要写好广告文案，你就得去读诗，并且是大规模的阅读，而不是去读别人已经写好的广告文案，如此，你才能从诗人最精粹见骨的文句中，找到深触你灵魂的入口，有助于刺激你长出自己的笔下生命。

此外，有些已读过的书可以安排再读一次。书是可以一再反

① 《阅读史》（*A History of Reading*），阿尔维托·曼古埃尔著。
② 《一生的学习》（*Education and the Significance of Life*），克里希那穆提著。
③ 《学习与知识》（*On Learning and Knowledge*），克里希那穆提著。

刍、越嚼越香的东西，因为你的人生体验已不同，再重看你以前读过的书将会有新的领悟与发现。

最重要的是，你得先建立自己的知识架构，有了这个架构，新的东西进来就可以各归其位，或是让你扩增、改建原有的知识架构。但如果你没有一个清楚的知识骨架，新进来的讯息会很容易忽略而过，就像你随手把纸条放进身边的抽屉，等你需要它的时候，又常常找不到它在哪里了。

有知识架构，就像你有了一栋空房子，你再去买家具时就会有所构思，知道该买多大的沙发、灯应该是什么颜色……那是因为你已经有了具体的空间观念，知道哪些适合放入、该放哪里，哪些不该放入，因为你已可以判断具体的尺寸或调性合不合——阅读也是如此，你有了自己的知识架构，就知道这本书的这一段文字，或是哪一部电影的哪一句对白，应该放在哪一类的信息储藏室。阅读也可比喻为人的饮食，消化之后哪些养分进循环系统，哪些养分进淋巴系统，都已分类妥当；但如果没有自己的知识架构，读进来的东西，因为不知该分到哪一类，然后就又排出去了，等于没读。

注意知识与智慧的比例

另外也要注意知识与智慧的比例。现在你们虽年轻，但书单里至少要有四分之一的比例，是那些会增进你智慧的书，你可以视自己的稳定度改变比例，但不能完全不读人生智慧的书。我目前看的是克里希那穆提以及一些修行和心理学的书，这些书帮助我在不安定的都市生活中，过着片刻静修的离尘生活，让我不再随世事波动起伏。关于知识与智慧比例这部分，留待第十一堂课的时候再做详述。

欣频告诉你：

阅读是自己最大的资产，是一种感官享受

我在阅读、看电影的时候总是非常投入，仿佛作者正在我面前讲话；想象他的作品第一时间从脑袋出来的状态；会把自己当成电影或是小说里的人，亲身经历一个故事。

就像我在听音乐会时，我只留耳朵；吃饭的时候，只留味觉和嗅觉；欣赏一朵花时，留下一双眼睛——因为我们感官长期混用的结果，使这些原本敏锐的感官都变迟钝了，所以一次只用一两个感官，会让那个感官的作用发挥到极限，就像电影《香水》[①]把嗅觉发挥到极限，《听见天堂》[②]把声音展演出千奇万变……很快地，你就会找到每一分每一秒呼吸的活力，连走路时都充满创意，活在当下，活得最真。

---

① 《香水》（*Das Parfum*），聚斯金德著。2006 年改编电影上映，导演：汤姆·提克威，演员：达斯汀·霍夫曼等。

② 《听见天堂》（*Red Like the Sky*），2006年出品，导演：克里斯蒂亚诺，演员：马可·科奇等。

读书是我戒不掉的瘾

还记得高二时，因为课业的压力，图书馆成了我的避风港，让我可以自由地悠游在哲学与小说的天地，在加缪、卡夫卡的存在主义世界中，找寻人活着的意义；在文艺风潮盛行的当时，在琼瑶、三毛的文字中，开启了我写诗及创作的本能，一路直到现在。如今我涉猎最多的主要是创意学、心灵哲学方面的书籍，最欣赏的作家是英伦才子阿兰·德波顿和《我的圣经狂想曲》①的作者雅各布斯，从文字中往往可以窥见他们对生活及事物的有趣解读。

阅读是自己最大的资产

对我来说，阅读是一个很棒的感受，如同召唤另外一个灵魂来跟你对话，即便书中的作者已经不在世上了。很多人只注意身体养生，其实心理也需要养生。你知道人生是没有答案的，但各类的人生剧本都在书里，不同的生命体验、文化感受都在书里，那么多经典为什么不去读？多可惜！

而且慢慢地你就会知道，创意都是阅读积累的果实，而文化是要靠积累而成的。一个人真要想长远发展，一定要读书，否则没视野，也无法成长。阅读才是自己最大的资产，没有人能拿得走！

---

① 《我的圣经狂想曲》（*The Year of Living Biblically*），雅各布斯著。

最重要的是，自己的书单、电影单都必须自己去找，因为只有你才知道自己适合什么；而且依我过去的经验，在自己找答案的过程中，还会意外发现其他有趣的事物，这就是我人生爆炸性开展的原因——所以不要完全仰赖别人现成的书单、电影推荐，自己去觅食，路径与本事才是自己的。

如何一天读完五本书

读书并不一定是从书的第一个字读到最后一个字，整本书对你有用的部分可能不到70%，甚至不到30%。刚开始觉得一天阅读一本书很困难的人，要坚持。在看书时，试着体会书中哪些信息对自己有用，从而学会快速阅读的方法。慢慢地，在阅读足够量的书后，你会发现自己看书速度自然会变很快，也能迅速找到这本书独特的地方和重点。当然这也是积少成多后的结果。

事实上，我以前一天读四到五本书很正常，现在我也会跟自己的学生讲，一天至少读一本书。在课堂上我教学生如何从自己的生活里找到属于自己的创意脉络，比如教他们怎样看一部影片、一个表演或是一本书。有时候学生不知道怎么去阅读，那么我就告诉他们，可以先从自己有兴趣的书开始读起，然后再从这本书，延伸阅读书中提到的别的书，或是同位作者的其他书来继续阅读，久而久之就能透过随机的阅读路径，读出自己的阅读版图，进而内化成属于自己的信息和创意系统。

但对一般人而言，我认为读书并不是一件可以勉强的事。当你真的喜欢看书时，就会觉得这是一件非常有趣的事，而不会觉得困难。就像有的人喜欢美食，有的人喜欢旅行，而我喜欢看书、看电影。有些人可能会觉得读书是件痛苦的事，那么他干脆不要去读，而应该去做自己觉得快乐的事。

阅读和写作就像呼吸一样

一天读一本书，但这样还不够。我觉得阅读和写作就像呼吸一样，有吸收就一定要有产出。当阅读过一些书，充分吸收之后，就需要产出，那就是写作。这两样东西密不可分，不可能只有呼没有吸，或者只有吸却没有呼。

写作之所以重要，还有一个很重要的原因，那就是如果只读不写，就没有一个思想整理的过程，读完一本书如同过眼烟云。如果让你讲一个月前你写过书评的书，你一定会记得。所以我给我的学生留的期末作业就是写一本书，从封面设计到全书内容的撰写、从怎么为这本书办发布会到怎么做宣传，都必须是自己独立完成，因为我觉得他们办得到。每个人都应该是作家，不一定是有知识的人才写书，而是只要有体悟的人就应该写书。书的力量太强大，任何时间、地点都可以沟通。网络也可以，因为网络的兴起，发表变得容易许多，省去得通过出版社才能出版的门槛，省去得上媒体才能爆红的关卡，微博或微信是无远弗届的发表舞台。

自我养成教育之二：电影

五种观影的角度，让你透过电影学习角色扮演

之前在第一堂课提过，看电影如果可以用当主角、当对手、当摄影师、当导演、当编剧这五种观影方式，就可以从电影里学到很多人生功课，以及讲故事的能力。看电影的好处是：可以体验百款人生、百样情绪、百种结局，而自己一点伤都不必受，也不会因戏里的人物死了而跟着死去，看完电影后我还可以活下来，继续刚才虚拟死亡后的新人生观——我们可以通过每一部电影训练危机意识，演练面对意外时的高度应变力与解决问题的能力，因为人生只有一种版本，透过电影，我们可以虚拟扮演各种不同的角色与抉择，有助于我们形成比较高远的心智境界，在人生转折处做出比较聪慧的判断，避伤避险。

此外，因为已经在电影中设身处地很多次，也就比较懂得体恤别人，了解他人的感受与需求。这样的训练，对于将来在工作中揣

摩消费者、客户的心理都很有帮助；再加上你已经比别人多过好几百次的人生，你当然不会只能创作出引起你同龄人兴趣的作品，你绝对可以创作出比你现有年龄更成熟、更科幻、更年轻、更另类、更深刻、更轻快的各种作品——电影就是人生最好的模拟训练场，如果你只是当成娱乐消遣，可能会错过很多学习的机会。

一部电影帮你过很多人的人生

每年的金马影展，以及其他大大小小的影展我几乎很少错过，这样下来我一年平均看两百多部电影。一部电影有很多人的一生，也等于我一年过了好几百次的人生。因为什么风浪都见过，我自觉已超过现有的年龄很多，仿佛有一个很老的灵魂在自己身体里，就像《相约星期二》里，78岁的老师莫里说："我的身上可以找到不同的年龄。我是3岁大，我是5岁大，我是37岁大，我是50岁大。我活过这些年纪，我知道个中滋味。应该做小孩的时候，我高高兴兴做小孩。应该做智慧老人的时候，我高高兴兴做智慧老人。我是每个年纪，一直到我现在的岁数。"

所以，趁你们还年轻，把自己的老灵魂找出来，从此你将有很棒的生命体验——深远沉稳的感悟力，加上健步如飞的行动力，你会发现一个更有景深的有趣世界，在眼前等着你去大步探索。

除了电影，你们也可以通过电玩来体验各种人生角色。有学生跟我说，他才19岁，却已经死了21次，因为他在电玩中曾当过失败的强盗，也扮过功力不佳后来被消灭的巫师，这些经验都是我们平常生活没有的。但其实透过各种角色的扮演，我们可以发现很多连自己都不知道的面貌与潜能。

欣频告诉你：

我推荐的心灵电影

电影的一百分钟，让你的人生有一百种结局，你可以死一百次，活一百次，当一百种人，过一百样生活，有一百个家及一百位情人。在电影王国里的一分钟，比你人生的一年还精彩。

《没有青春的青春》（*Youth Without Youth*），2007年出品，导演：弗朗西斯·科波拉，演员：蒂姆·罗斯等。

在这里，我不叙述具体的剧情，我只能说，《没有青春的青春》这部电影让我一直想尖叫，我一生就在等这样的一部电影，甚至我等到不耐烦想自己写出这样的电影。

2009年9月9日，让我亲眼见证，什么叫一部能让全人类瞬间觉醒开悟的电影——所有的史前文明与古文明、语言与非语言、人神与非人神、小我与大我、肉体与灵魂、梦与非梦、轮回与当下、时空与非时空、符号与非符号……东西方一切派系、古今一脉灵性，都在这部电影集大成，所有醒悟一次说完。整部电影浑然天成，每一个镜头都是一部启示，每一句对白都是一生经典，这是天创的电影，人类只有百分之百地臣服，而且绝不可以不看，否则灵魂只能继续沉睡。

这是人类灵魂史上最重要的一部电影，也是人类文明史上最高峰的灵性经验，我已经很难再看别的电影，不需要再去找哪一本书来看，更不需要为使命再写任何作品，这部电影已经是极致了。看完《没有青春的青春》后，我与两位好友都无法正常思考，只能一直大喊大叫，精神进入狂喜状态，全身细胞都在激动颤抖，足足六小时无法停息。

你的生命将会因为这部电影瞬间量子跳跃到你连想都没想象过的浩瀚无边，这境界已经不能用圆满、完美、高峰来形容，这简直就是灵性的超级大海啸，一阵大浪打来，知识都被灭顶了（没有头脑），灵魂都高潮了，所有人都合一了！

看完电影我的感悟只有一句话：“朝闻道，夕死可矣。”看完《没有青春的青春》，死而无憾！还没看《没有青春的青春》的人不能死。

《卡米诺》（*Camino*），2008年出品，导演：哈维尔·费舍尔，演员：内瑞雅·卡马乔等。

这是一部非常伟大的电影，触及的议题既广又深，几乎没有人不被其中的几句话打动到哭，这是我2010年最喜欢的电影之一。

《再生门》（*The Door*），2009年出品，导演：安诺·绍尔，演员：麦斯·米科尔森等。

2009年出品的德国电影，是我喜欢的“平行宇宙”题材，是新版自己把旧版自己杀掉、取代并重新生活的故事，让我们思考，如果人生可以重来，该在关键抉择点上怎么改变。

《时间旅行者的妻子》（*The Time Traveler's Wife*），2009年出品，导演：罗伯特·斯文克，演员：瑞秋·麦克亚当斯等。

这部电影教我们用不同的观点，看同样的自己、同样的别人，正因为观点不同、角度不同，才开始发展出不同的可能性来。

《姐姐的守护者》（*My Sister's Keeper*），2009年出品，导演：尼克·卡萨维茨，演员：卡梅隆·迪亚茨等。

这部电影非常棒，从生病的小女孩与母亲之间的对话与争吵，开始了人生的深刻启示。

《本杰明·巴顿奇事》（*The Curious Case of Benjamin Button*），2008年出品，导演：大卫·芬奇，演员：布拉德·皮特等。

如果人一出生就是老年，然后慢慢退到婴儿时代，会是怎样的光景？这部片谈的是无怨无悔，不被外在形象而左右的爱情，也逆转了我们对时间的线性逻辑。这部片对我的启示是：我可以不必受限于我现有的年龄，我可以自己设定成越活越年轻——而我真的有一块指针逆转的表，是我游历埃及时自胡夫金字塔出来后发现的，至今换了电池依然逆转，成了我玩“倒转时间设定”的生活道具。

《天使与魔鬼》（*Angels & Demons*），2009年出品，导演：朗·霍华德，演员：汤姆·汉克斯等。

每个人心中有天使也有恶魔，但我们要懂得掌握，这二元对立世界原生的善恶力量——如何穿越或蜕变负面的、恶的力量，如何发扬善的天赋与爱。这样的议题，可以参看小说《善恶方程式》[①]，对我的启示是：你怎么看待自己，你就活在怎样的世界；你怎么看世界，你就活在怎样的生活。

《灵魂啊！你在何方？》（*Possible Worlds*），2000年出品，导演：罗伯特·勒帕吉，演员：蒂尔达·斯文顿等。

最近大量看赛斯等New Age（新时代）书的我，一直想以开发人脑超能力的各种可能为研究目标。正当我已读完近百本书，却还

① 《善恶方程式》（*Dante's Equation*），珍·简森著。

只是瞎子摸象般一知半解时，看到了加拿大导演罗伯特・勒帕吉2000年的《灵魂啊！你在何方？》，我完全被这部电影的境界所震撼。因为这部影片把量子物理学家讲破嘴我们也听不懂的宇宙实相奥秘，以93分钟极精彩的谋杀案剧情，搭配很酷的音乐、场景、对白……淋漓尽致地一次说完。

《楚门的世界》（*The Truman Show*），1998年出品，导演：彼得・威尔，演员：金・凯瑞等。

这部片与《爱丽丝梦游仙境》有异曲同工之妙，都是在谈人生如戏、人生如梦的概念。

《蚂蚁的尖叫》（*Scream of the Ants*），2006年出品，导演：玛克玛尔巴夫，演员：Mamhoud Chokrollahi等。

这部片谈了一个非常重要的观点，就是即使一对情侣在同一辆车上旅行，两个人也有可能会看到截然不同的世界。给我的启示是：你怎么看待你原来的生活地，就会怎么看待你要去旅行的地方。

自我养成教育之三：旅行

现在就开始规划十年内的旅行计划

亨利·米勒说："我们旅行的目的地，从来不是个地理名词，而是为了要习得一个看事情的新角度。"[①]通过旅行，学会看地图、认方向、学独立、练应变，这些都是学校没法教的——比方如何规划行程，如何辨认方位，在异国如何向人问路、问事，如何克服恐惧，如何大胆且稳定地解决各式各样突如其来的问题与麻烦，这些都是除了增广见闻之外，可以训练临场反应、考验智慧与勇气的最好场地。

同样的寿命，旅行能让你比别人走更远的路——你们现在就可以开始计划，未来十年内想去哪些国家，然后排定时间和存钱计划，说不定将来你的专业能力到了一定程度，也将有很多因公出访

---

① 引自《旅行，重新打造自己》（*Travel That Can Change Your Life: How to Create a Transformative Experience*），杰弗里·科特勒著。

或出差机会，让你赚到不少次意外的免费旅行。

旅行时，把自己当成当地人

庞贝克说："很多时候，出国旅行的人带了太多不该带的东西——我指的未必是衣物，而是指过多的期待和刻板印象。"沙普也说："休假的用意应重于改变视野，而不只是移动视线。"

旅行的时候，不要带着旧思想框架去，否则你只是身体出去而已，脑袋还留在原地，那就失去了旅行的意义。旅行时，要入境随俗，把自己当成当地人，假设你下辈子投胎到这个国家，你如何生活？比方你住在巴黎，你会习惯去哪里喝咖啡？你住在伦敦，你一个月会去听几次歌剧？你住在维也纳，你知道什么时间、哪里可以倒垃圾吗？唯有把自己当成当地人，诞生于该地重新学习生活，学会自主及与人协调，你才不会被旧思维模式影响，在旅行时装新的东西回去。

在过去的十年间，我去了美国、日本，还去了西欧、北欧、东欧、南欧、北非、南亚的很多国家。我虽然无法在每个地方停留很久，但在有限的时间（或许可以说是有限的青春）里，我很用心地浏览身边所有引我好奇的人、事、物，记住独特的颜色、气味、声音、温度、食物、音乐、语言、艺术、美学和人的面孔……我已经在精神上拥有了这些国家的国籍。

我的成长史就像从冰块到水，到水蒸气，每一次增加能量（从电影、书、创作、旅行等中吸取的能量）就会改变形态，比之前的自己更自由，移动得更高、更远；每次变动，都证明自己果然还可以更自由、更广大……

旅行是后天混血的过程，每旅行一次就混一次异域的血。我虽然不能改变先天的血统，但借旅行如此大量而快速的感官交换，我犹如经历异域自体混血，让我的灵魂产生质变——我可以自由换算币值，瞬间调好时差，马上适应当地天气与饮食，还可以立刻学会杀价的技巧，变成以后会常回去看海的希腊人后裔、二十天的西班牙人、喝进三杯匈牙利公牛血的后天马札尔人、半个月的印度人、十三天的摩洛哥伊斯兰教徒……旅行越多次，别人就越看不出来我是哪里人，看不出我的年龄、星座、血型。唯有后天混血，才能保留最好的基因优势，在高速汰换信心的人生起伏中，乐观不败。

旅行前的资料准备

在旅行之前，详细的信息收集是很重要的，否则你可能会路过一间平房，而不知道那正好是某位艺术家的故居，过宝山而不入，岂不很可惜?

我自己的做法是：家里有一张长桌子，上面放了我计划去的国家新闻剪报（比方刚开业的博物馆、餐厅信息）、网络文章、旅游书、游记……我不确定会先去哪个国家，所以平时若看到相关的信息，就往上面放，我现在的桌子上面已经放了印度、埃及、土耳其、阿根廷、墨西哥、俄罗斯这几个国家，如果几个月后刚好有朋友一起约去俄罗斯，我就可以在出游前，把那一堆俄罗斯的资料看完，最好还能先把探索频道或国家地理频道的相关影片看过，在家先行万里路，然后再依照行程时间，初步安排要去看、去玩的路线，安排要参加的节庆、要逛的博物馆……更重要的是，最好能请教三到五个曾经去过那里的朋友，问问有什么特别好玩、特别不能错过的地方，以及要注意什么事项（比方治安、交通）……因为有些信息是只有去过的人才能发现的，书上不一定有写，如果问到已经去过的人的经验路径，会有更多意外之喜。

电影是静态的旅行，坐在椅子上就可以神游四方；旅行则是动态的电影，不停地移动身体，连续捕捉画面与剧情。我经常因为一部片中的风景或剧情，激发我排除万难地前去旅行，去亲身感受那种异域生活。

在旅行时，因为不可掌握的意外与变量很多，比方飞机误点、船舶停开、博物馆整修、天气不好、交通中断、餐厅客满……所以要保持弹性的心，随遇而安，随时准备接受意想不到的变量，但也可以随时接受意外发现的新鲜事。在旅行中，挫折是很平常的，但收获也不会少……旅行是最好的成年礼，从未出去的人和已经去过很多国家的人，视野一定不同。

博物馆、美术馆、节庆都是旅行到当地不能错过的

一个国家的历史精粹、文化灵魂、精英的杰作，多半被收在当地的博物馆、美术馆中，所以我旅行时一定不会错过这些文明精华区，大大小小的博物馆尽可能都去，因为有的小博物馆很有特色，错过了很可惜。

如果能在安排旅行时，选择当地特殊节庆时去的话，也会有意想不到的收获，因为节庆是一个国家或民族最重要的集体仪式，比方爱丁堡艺术节、威尼斯嘉年华会、泰国水灯节、日本札幌雪祭……都是非常值得亲身经历的文化现场。还有，能给创意人定期补给灵感的卡塞尔文献展、威尼斯双年展、万国博览会……依我过去亲临会场的经验，参看这些来自世界各地的创意作品，就可以知道目前全世界顶尖的脑袋当下在想什么，像是注射了最高剂量的营养素，能瞬间延长我的创作生命力，迅速展开我的国际视野。

旅行让你心胸开阔，让你谦卑

世界很大，到处都有新鲜事发生。这辈子不要只满足生活在当地而已，把握年轻的时间、体力和财力，去探访最大面积的地球，

就像影片《迁徙的鸟》[①]《鸟瞰地球》里的候鸟，飞过沙漠、冰原、枫树林、雨林、埃菲尔铁塔、塞纳-马恩省河、村庄小镇、长城。它们极远程的飞行，让它们看到最丰美的地表风景，它们虽然不属于任何地方，但却拥有全世界。

在北欧极昼的晚上九点，太阳还高挂在天上，我在明亮的石头教堂里听圣歌，让我一改太阳六点下山的习惯。在北非摩洛哥看到各种颜色的长袍，那些我无法用单一形容词描述的颜色，一改我只有红橙黄绿青蓝紫的七色定律。在西班牙看到高迪及奥运村的现代建筑，一改我对房子只是四平八稳、起到遮风避雨功能的成见……旅行是我最精准的人生里程碑，我的人生被分成“尚未去威尼斯时”“去威尼斯之后至去西班牙之前”“去西班牙之后至去布拉格之前”“去布拉格之后至去希腊之前”“去希腊之后至去格陵兰之前”“去格陵兰之后至去西藏之前”“去西藏之后至去吴哥窟之前”……每一次旅行，我的人生就会产生重大质变，比方去过西班牙后，开始对建筑有兴趣；去过希腊后，开始对绘画有兴趣；去过西藏后，开始对灵魂修行有了新的计划……

就像我建议你们必读的《旅行，重新打造自己》里所说：“一趟喜马拉雅之行，可比纽约心理医生的看诊费便宜得多，而且效果更令人满意……旅行可以唤醒沉睡已久的潜能，让感官变得特别敏

---

① 《迁徙的鸟》（*Winged Migration*），2001 年出品，导演：雅克・贝汉，类型：纪录片。

锐，比平时的生活多了游戏和幻想的成分，也提高了对痛苦和不适的忍受程度……唯有摆脱平日熟悉的环境与习惯，从另一个角度思考，才能清楚地理出以后的人生方向。”

阿兰·德波顿在《旅行的艺术》[①]里说：“在西奈沙漠想到上帝的存在并不奇怪，这里的高山、谷地让人一看就明白，这不是人类的双手能打造出来的，这是一股巨大无比的力量，早在人类现身之前就已生成，并将延续到我们灭绝之后，路边的花朵和快餐店就很难令人联想到这点。”

旅行会让人谦卑，你会知道世界之大，永远有着与你截然不同的人、事、物在地球的彼端发生；见的世面广了，也就不会把自己局限在小格局里，不再愤世嫉俗、与人为敌。所以，旅行永远是最好、最有效的心灵治疗。

趁年轻有体力，走到最远的世界边境，帮自己建旅行目录文件

很多人有错误的观念，总是趁年轻时拼命赚钱、存钱，打算等到老的时候才去环球旅行，但事实是到那个时候，已经因为长期工作而体力不佳，太冷的地方不能去，太高的地方不能爬，太远的飞行不能承受……我在去北欧的时候，同团有一些七八十岁的老年

---

① 《旅行的艺术》（*The Art of Travel*），阿兰·德波顿著。

人，他们已经不能吃硬的牛排、冷的生鱼，已经不能到北极圈里欣赏浮冰、坐冰上摩托车……所以，趁年轻，隔一段时间存了一笔钱，就去远地冒险，因为体力够，能看能玩的时间也多，而且知识学习力、敏锐度、好奇心、生命智慧……累积发育的速度正快，这时候旅行最好。

我自己的旅行规划是先走西欧国家，那里有多元丰富的现代文明与艺术刺激，然后是有着精致商业文明的日本、充满活力的美国，再走有着古老历史的东欧、热情的南欧、冷静的北欧、神秘的北非等地区的各个国家……过了30岁后，则开始计划着我的文明与心灵之旅：西藏、吴哥窟等地，以及印度、埃及、土耳其，还希望去中南非和中南美。我对自己的期许是：几岁，就去几个国家，比方我35岁去过35个国家，以此类推。如此，我根本不害怕衰老，因为我永远都在期待下一次的旅行，期待明年的新生。

你们也可以规划适合自己财力与体力的旅行计划，比方参加费用较便宜，但挑战性与机动性都高的自助旅行团，或是多利用年轻时的学生证等优惠，帮自己规划一趟物超所值的旅行。然后记得用相机、摄影机、纸笔、录音机或笔记本电脑，为你珍贵的生命旅行留下记录，帮自己建一个已走过行程的目录文件，以便日后可以找回原处，发现更深刻的事物，或是走到更偏远的边境，以后旧地重游，就可以参考这份目录文件再规划新的旅行。

平时遇到困境、低潮、瓶颈时，也可以通过回忆、相片、影片、音乐，或是书籍，再次神游你曾经去过的异地风景，那些都是你一个个鲜活的精神出口——等到有一天你走不动、看不清楚绘画与雕刻、听不到叫卖声和海浪时，你就可以像电影《黑暗中的舞者》[①]里视力渐弱的女主角，用想象和音乐游走世界，满足你的晚年生活。

同行的人很重要

我向来喜欢自助旅行，如果要跟团，我会选择大家素质一致的团，或是专业人士所组的团，比方建筑师团、艺术家团、教授团……因为跟这些人出去，除了旅程中的收获之外，我还可以向他们学习观看建筑的角度、对艺术品的评论与分析，看到我自己没觉察到的旅行细节，等于我多配了好几副眼镜，去经历同一趟行程。但如果同行的人没选好，你可能会在旅行中听到充耳的抱怨、不快，到后来哪都玩不好。

① 《黑暗中的舞者》（*Dancer in the Dark*），2000 年出品，导演：拉斯·冯·提尔，演员：比约克等。

旅行后的态度

英国作家G.K.切斯特顿说：“旅行的目的不在观赏异地风光，而在以观赏异地风光般的心情，重新看待自己的国家。”在旅行时，我看到与自己迥然不同的文化与生活，我也会揣摩异乡人看待我们的好奇眼光。有时我会把自己当成外乡人般地生活在台北市，我开始对地铁站里等车的人，产生如我在纽约地铁对候车者的好奇，用异乡的眼光看自己已经习以为常的生活路径，真的会发现新东西；甚至在自己家里，以观看十八世纪老宫殿中一个厅堂的眼光来看自己的房间，让我在每天吃住坐卧的平凡处，意外地有新的发现与惊奇，这就是旅行后的副作用。

欣频告诉你：

旅行是人生第一要事

我把旅行当作是我人生中的第一要事，我的旅行箱总是随时候命。我觉得人一生只能在某一个地方待一辈子，那真的是太可惜了。我一直希望自己能够活到多少岁，就能够去多少个国家。旅行、阅读、观影、写作，再与大家分享，这就是我生命中最大的乐事。

很多人觉得旅行很棒，但总会因为没时间或没金钱而不能成行。我觉得会这样说的人，是旅行的动力还不够强，你可能没有那么想要去旅行。爱旅行是一种血统，就是非去旅行、不去会死的那种天性。有很多人以很少的钱，通过交换技能、交换学校、交换住宿的方式去旅行，或是通过竞赛方式去旅行（例如得奖有免费机票或是到海外参加决赛）……这些在网络上有很多实例，就看你想去的决心有多大，决心越大，就越能激发你让这趟旅行成真的想象力与执行力。我并非每一趟旅行都是自己出钱，有的是客户出钱要我去采访欧洲的数字艺术馆，让我回来写成一本书；或是要我先去体验迪拜之旅，然后回来写文案；或是旅行社提供机票、火车票、住宿，要我去欧洲旅行，然后回来将所见所闻写成书……总之如果你的专业能见度很高，你就会有很多免费旅行的机会。

简单地说，如果你还在以没钱、没时间作为不去旅行的借口，那么表示你没那么想去旅行，因为你连方法都没去找。很多想去旅行的人，以绝妙的想象力先做个作品、做个旅行计划放在网络上爆红，然后就有厂商提供旅行的资金帮他圆梦顺便给自己打广告，方法千百万种。借用一句网络上流传的名言："如果你真心想做这件事，你会有一百万种方法；如果你不那么想做这件事，你会找到一百万种借口。"再举个例子，如果最爱的人生了重病，医生说没药可医，但有个正在实验中的药，成功率只有10%，请问你试还是不试？如果你真心希望他活下来，就算成功率不到1%，你还是会毫不犹豫地去试，这就是非活不可的决心，也就是我说的非旅行不可的决心。

旅行并非每一个人的最爱，你可以把自己最爱的事下个"非做不可，不做会死"的决心。比方我最常说的一句话就是，我就是爱写，非写不可，不写会死。至于有没有出版社出版，有没有人买，我也不在乎，我就是要写，写了我才觉得自己活过了。我讲的就是这种义无反顾的决心。

旅行是很大的冒险，需要很大的勇气与改变自己的决心，绝不是用来逃避你原来的生活，因为逃避是没有勇气面对现在的生活，但旅行要面对的未知的事，会比待在原地多很多，那需要更大的勇气。如果没弄清这点，你的旅行恐怕会让你失望，你可能会觉得，还不如待在原地，结果又是回到原点，所以在要去旅行之前，请先自己弄清楚，自己到底要干什么。

我认为旅行最大的意义，在于能让你从自己的内在中找到真正需要的东西。对我而言，旅行就是帮助我发现内在不同自我的途径——我想知道，在希腊的我，跟没去希腊的我有什么不同；我想知道，在沙漠中的我、在北极的我、在高山上的我、在冰河上的我……跟现在的我有什么不同。

旅行，是跳脱旧模式、改变惯性的最好方法。同时，这些旅行经历也会变成你的美好回忆，成为宝贵的人生财富。

若你还是觉得没有旅行的机会，我建议你寻找一种短途的或虚拟的方式去体验，只要这种方式能让你跳脱原来的生活，它就是一个旅行的过程。旅行并不是你一定要去北极或者是南极，只要你能拥有一种旅行的心情，无论是在网络电视上看探索频道的丛林冒险节目，还是在电影院里体验另一种异域人生，抑或是近郊的踏青都行。

阿兰·德波顿讲过一个很棒的比喻："当你有一个旅行家的灵魂与心境时，你就算待在房间里，都感觉自己像是在路易十六的皇宫里，正在享受非常豪华的法国之旅。"相反地，如果你在旅行时，还记挂着家里的花有没有人浇、记挂着工作，那就没有必要浪费钱去旅行了。

欣频告诉你：

与特殊的人，参与一场场有主题的旅行

主题式创意旅行

我喜欢主题式的旅行，比如我想看西班牙或北欧各国的建筑，会跟一群建筑师同行；我想体验埃及的古文明，会与一群古文明专家一起去旅行；我想去看卡塞尔文献展与威尼斯双年展，会和一群艺术家一起去参观。跟有专业能力的人去旅行，会看到自己看不到的部分。比如一般人看建筑，就只会注意外观，可是专业人士会告诉你这是什么石材、这位建筑师的风格是什么、为什么要这样采光，还有动线规划、人与空间怎么互动……你会得到很多你专业以外的知识。

有一次，我跟一群艺术家去卡塞尔文献展。这些艺术家很棒，在我看来不怎么样的东西，他们就站在那里看很久很久，说这是文献展中一件重要作品，并告诉我艺术家想传递怎样的概念。

在旅行时，我还喜欢去逛各地的菜市场、古董街和跳蚤市场，

其中很多素材都被我用在写美食的《食物恋》、写旅行收藏的《恋物百科全书》里。以菜市场为例，我印象最深的是摩洛哥的干果市场，数十种干果排成彩色拼盘，很新鲜的美感，就像一个时尚橱窗，或者说是一个迷你博物馆。而北欧的菜市场则非常精致，卖意大利面的小摊贩，会把每个类别的意大利面，各放一类在玻璃橱窗中，就像在卖珠宝。还有中东的香料市场，仿佛是巨人国的彩色世界——去逛每个国家的市场，你都能从中体会到当地最原始、最地道的气味、颜色、触感。

另一个我喜欢去逛的是各地的书店。比如我去纪伊国屋书店的时候，光是逛书店就是一整天，从早上一直泡到晚上；我特别喜欢看日本的旅行手绘书，有一种很日式幽默的美感。

我喜欢的旅游作家——妹尾式的工笔重构世界

我很喜欢妹尾河童的作品，他的作品从《窥视欧洲》到《窥视印度》[①]，都是以一种独特的、仿佛是画建筑工笔图的素描方式来创作。因为妹尾河童本身有舞台设计的经验，可以用很精细的方式，把他看到的人、事、物画出来。这种素描完全不同于一般摄影，因为它是透过了作者的视角去观察，以笔重构了他眼中的世界。

---

① 妹尾河童的一系列作品：《窥视欧洲》《窥视印度》《窥视日本》《窥视工作间》《窥视厕所》《窥看舞台》《窥看河童》《边走边啃腌萝卜》。

用相片写旅行日记

我不是专业摄影师，所以没有专业的器材与技巧，但我会以自己独特的眼光抓角度，我只想呈现出我眼中的世界，在我的旅行书《希腊：一个把全世界的蓝色都用光的地方》里，就可以看到这些图文。

相片拍回来后，当你再度整理，等于重温这趟旅行，如果能佐以一些文字心得放在网络上，将会有很多网友可以跟你一起分享。倘若引起的回响很大，甚至还会有厂商提供你免费旅行的机会，这就是一个很棒的循环。

拍照还有个意外的好处，以我自己为例，我曾在奥地利旅游时，拍下了一间古典的小提琴店橱窗，结果旅游回来，发现那个橱窗反光，我没拍到我原先想拍的小提琴，却拍到了当时未曾发现，就在身后的一座美丽古堡。

相片会提醒你去看另一个你没注意到的地方，或者说，你本来要拍某个主角，但你再回顾时，无意间发现旁边有一些更有趣的东西，拍照会帮你同步记录到你忽略的角落。

所以旅行回来后，我很喜欢用一段完整的时间整理相片，一张一张慢慢地看。我会一边整理，一边立刻着手写成旅游笔记或旅游书，让我在回程之后重新旅行一次。

自我养成教育之四：人际

一个人所读、所看、所钻研的一定有限，所以你们需要各式各样、各领域专业杰出的朋友，像是自己的智囊团，能有定期的会面或读书会更好，选看同一本书，分享彼此不同的观点，或是看不同的书，连接不同面向的知识视野——他们就是你在工作创意上很重要、最鲜活的信息搜索引擎，可以扩充你的脑容量，延伸你的观点，迅速扩大你的能力版图，他们也可能是你未来可以跨领域合作的伙伴。

在《解读天才》[1]这本书中提到，达尔文的工作伙伴与朋友，包括收藏家、兽医、园艺家、动植物养殖者、养蜂人、玫瑰栽培爱好者、畜牧业者、苗圃主人、养蚕业者、农夫、驯马师……这些人都成了他写《物种起源》[2]很重要的信息来源，所以人际情报网的建立

---

① 《解读天才》（*Genius Explained*），迈克尔·豪著。

② 《物种起源》（*On the Origin of Species*），达尔文著。

非常重要，他们都是你延伸无限的感官智慧、围在你身边帮忙提供助力的风火轮，你可以以一个人的力量，运转出数人、数倍的工作效能。

自我养成教育之五：环境

拯救贫穷大作战的训练

敏感度要从你平常的生活中点点滴滴地培养，如同波西格所说："我们从所观察到的事物当中选出一把沙子，然后称这把沙子为世界……我们把沙子分成许多部分：此地、彼岸；这里、那里；黑、白；现在、过去……也就是把我们所认知的宇宙划分成许多部分。但是我们看得愈久，就愈会发现它的不同。没有两粒沙是一样的，有一些在某一方面相同，有一些在另一方面相似，而我们可以根据彼此之间的类似和差异，堆成不同的沙堆。我们也可以按不同的颜色，颗粒不同的大小，不同的形状或者是否透明来分。你认为划分的方法一定有尽头，但是事实却不然，你可以一直分下去……"[①]

---

① 《禅与摩托车维修艺术》（*Zen and the Art of Motorcycle Maintenance*），罗伯特·M. 波西格著。

除了刚才提到，可以用异域观光客的角度，重新看待你已经熟悉的环境之外，还有就是要对你身处的环境非常敏感，细心观察。比方我会想，如果有一天，我被指派来重新规划方圆五百米内的住商环境，我该怎么规划？道路应该怎么设计？公园要规划在哪儿？哪些建筑可以不要或改建？还需要增加哪些店家？……这让我平常就有随时解决问题的思考习惯。

受日本电视节目《拯救贫穷大作战》的影响，我会去预测一家新开的店，究竟之后会生意兴隆，还是没多久就倒闭？如果我觉得会倒闭，就会进一步思考：大概多久会倒闭？真正倒闭的原因是什么？如果要我为他们拯救贫穷，我该帮他们想哪些对策？该如何重新设计店面与文宣？该如何改善生意？再过几年，街上还有哪些店面会不见？……我都会想一遍，因为每天回家都要路过这些店，所以有的是机会可以验证自己的观察和预言准不准确——这样的训练久了，将来在工作中，一旦遇到临危受命、紧急要做革新决定，或是得马上冲绩效的案子时，自然就会有最快、最准的对策；如果你对自己、对身边的人、对周遭的店、对你居住的城市环境……都想不到解决问题的对策，你又如何帮广告主想策略？养兵千日，用兵一时，平时有思考，临场就不会慌乱。

学会聆听、注意新闻的启示

在很多次教书的经验中，凡遇到期中、期末要同学轮流上台做报告时，台下通常总是乱哄哄的，大部分的人都没有耐心听别人的报告，因为事不关己。这时候我就会跟同学们说，保持安静是对台上人的尊重，如果能学会聆听更好，因为有可能某同学报告中不经意的一句话，解决了你长期以来一直思索不透的问题，就像是你在火车上听到的一段对话，帮你解决了手边创作的困境，或是在看电影时，一段旁白解决了你与情人多年的心结……上天有好生之德，以后你会常发现，生活中处处有启示，别人的话语会不经意地给你脱困的契机；但如果你都充耳不闻，把心和眼都闭起来，你就收不到上天随时要给你的启示或是警告。

比方在台湾轰动一时的“北城医院护士打错针事件”①，你们不要以为与自己无关，我觉得这事件是给我们每个人的最重要的警示。如果这家医院里每个人都十分小心，根本就不会发生这种离谱的错误，但就是因为最早把致命药剂放进冰箱里的人不在意，以及第二个护士觉得应该没问题的大意，再加上打针的护士没仔细核对的不注意，才会造成这么难以挽回的错误——诸多环节之中，如果医院有很严谨的体系层层检核，从一开始的药物管理就避免错误，每个人以最谨慎的态度，做好每项工作而保证不出错，这种无法弥补的过失就不会发生。这则新闻告诉我们，平时在做任何一件事时

① 台湾轰动一时的“北城医院护士打错针事件”发生在2002年11月。台湾台北县北城医院麻醉师李美云，因误把肌肉松弛剂放进专放B肝疫苗的婴儿房冰箱，导致负责为婴儿注射的护士黄靖惠错拿药剂，且护士又未遵守“三读五对”的原则，造成新生儿一死六伤。

都要千万小心，不要抱着吊儿郎当的态度敷衍过去，否则你就极可能在关键的时刻，犯下致命的错误——比方你平常就是那种丢三落四的人，总有一天，公司最重要的档案就会在你手中遗失；比方你平常开车就恍恍惚惚，小心到时候出了人命，你恐怕赔上很长的时间与大量金钱，都无法弥补一时失神的错误。

这就是我的五个自我教育方式，希望对你们构思“自我栽培与养成系统”有所帮助。

第五堂

如何建立独特的自我风格

- 不要设立偶像或假想敌
- 从《解读天才》，看如何在平凡中取得成就
- 导演的幕后工作纪录片
- 找出原生于自己生命、感动自己的素材，才能感动别人

不要设立偶像或假想敌

如果你有自己的生命蓝图、感触世界的独特能力，并有了开始挖掘自己矿脉的计划，接下来你要学会如何以自己的独特之处，展现自己的风格。请你们原生出属于自己的思考力、创造力、表达力……任何形式都行，由自体灵魂展现出来的，才能有自己的原创风格。请相信自己，相信自己有别人没有的，不要抄袭别人，不要设立偶像或是假想敌，因为那都会干扰你开发纯粹独一的自我。

所以，请画自己的风格地图、自己的成长路线图，不要迷信人手一张的成功观光地图，那样你就无法看到和别人不一样的未来——请相信自己可以独立成为一片壮观的森林，而不是一个复制成功模式的人造盆栽。

从《解读天才》，看如何在平凡中取得成就

你们可以多看名人传记，看他们如何由平凡的童年成就一个不一样的人生。《解读天才》里提到："天才成功之处即在于，他们借由与芸芸众生相同的基础条件，创造出无与伦比的才能。"从这本书中提到的达尔文、爱因斯坦、史蒂文森的成长小传，你可以看他们的人生怎么转折，他们怎么突破重重限制，怎么打造自己，怎么在制式的教育环境中，展现个人创造力的光芒。

书中提到这些被人视为"天才"者，他们的共同特征有：强烈的好奇心，疯狂的决心，很笃定自己想做什么，非常专心努力地在自己的志向上付出心血，并且有能力获取各式各样的素养。天才重要的是活力，而不是能力。我也一直相信每个人都有独到的天赋，只要不被外在的价值窠臼牵着走、不顾忌太多，而且非常清楚自己有什么、能做什么，够大胆，不怕跌伤，每个人就都能有自己特别的一片天。

如同苹果公司的创办人乔布斯说过的："你们的时间有限，所以不要浪费时间在别人的生活里，不要被教条所局限，盲从教条就是活在别人的思考结果里……最重要的，是拥有追逐自己内心直觉的勇气，你的内心与直觉多少已经知道你真正想要成为什么样的人。"

就像我会在某些演讲场合，跟读者商量是否可以不必拍照、签名、提问，因为我觉得，所有的问题里都已隐含了答案，其实只需清楚地观照自己的问题，从回答者的角度自己练习回答自己的问题，答案便不言而喻。如果能自己解答自己的问题，而不惯性地外求别人的解答，那将是在个人智慧成长史上非常重要的跃进。

我这辈子从小到大，从未拿过书给人签名，也未曾要求跟哪个名人合影，现在也从不问任何人问题，因为只有我自己去找的解答，才是真正适合我的答案；只有眼前没有要崇拜的偶像，我眼前的那个"更好版本的自己"才不会被偶像挡住。

导演的幕后工作纪录片

透过金马或是其他影展，看大师在拍片背后的工作纪录片，看一部影片如何完整、完美地呈现导演的微观与宏观世界，看导演如何与众多演员、摄影师及其他各领域的专业人员合作，看抽象的个人风格如何被具体而精准地呈现。比方去看戈达尔、基耶斯洛夫斯基、拉斯·冯·提尔、王家卫、杜可风……的导演工作纪录片，或是看导演维姆·文德斯拍摄日本服装设计师山本耀司工作室的纪录片《都市时装速记》[①]……从这些幕后花絮里，我们可以观察大师如何从平日的生活中吸取不凡的灵感，他们的眼手如何展现风格，他们如何运镜与剪辑，他们如何养出自己独美的路径与世界对话……看他们极度自由、不理界限的大胆勇气，看他们不怕失败地坚持到底，然后想想我们自己。

---

① 《都市时装速记》（*Notebook On Cities & Clothes*），1989 年出品，导演：维姆·文德斯，类型：纪录片。

另一部电影《酒圣杜可风》[①]，记录了杜可风从不会用摄影机到自己摸索并形成独创摄影风格的过程。他说，电影学校教的视觉经验已经和真实世界不同了——这就是自我教育的重要，因为你们永远都要面对新的科技道具、新的未来，学校来不及教给你们未来的所有知识，所以你必须随时自己教自己。

---

① 《酒圣杜可风》（*Orientations: Chris Doyle-Stirred But Not Shaken*），2000年出品，导演：里克·法夸尔森，类型：纪录片。

找出原生于自己生命、感动自己的素材，才能感动别人

大多数人至死不曾发挥自己的能力，他们生时带来万贯财富，却一贫如洗地过完一生。

——欧拉治

想要创造出感动别人的作品，首先必须让自己与那个你要创作的东西发生关系，找到那个感动的触点，然后想办法把自己的体悟，透过这个触点让别人也能感同身受，如此，你做出来的东西才会有生命、风格与特色。如果作品没有灵魂，再美的形式都不会与人产生共鸣。

日本人之所以可以在诺贝尔奖中拿下多项荣誉，就是因为他们自许不做世界第一，而是要做世界唯一。一样的道理，不在“既

有”之中做第一，而是要“无中生有”出自己的唯一，生出自己的风采，这才是上天让我们每个人诞生下来，创生各种生命奇迹的用意。原生于自体经验与体会所做出的独特性表达，就是风格，技术好坏反而是其次，不要为了追求酷炫，而忘了你想要表达的是什么。

参看大师们如何营构出他们的风格，甚至去看一些风格鲜明的极限艺术作品，然后用心地探寻自己、建立自己看世界的角度，确立自己的风格以及评估自己的标准——做你能做的，然后做到最好，择善固执。打造属于你自己的品牌，做自己的伯乐与经纪人，不要别人做什么好你就跟着做什么，那会搞得四不像。然后给自己自由，有自由才有迷人的风格。

第六堂

专心就是最大的力量

- 向太阳马戏团学习什么是精准的艺术、专注的态度
- 从电影《心灵投手》学习意志与手之间的达标率

向太阳马戏团学习什么是精准的艺术、专注的态度

最大的设限中展现最大的自由

太阳马戏团①是我非常喜爱的表演团体，关于我对他们的深度描写《身体最近，灵魂最远的旅行》一文，请见《十四堂人生创意课2》的附录。

每次教书，我都会选一堂课，一边放太阳马戏团《神秘人》的部分片段，一边讲解我是如何从中得到启示与能量的：一开始，一个人钻进大铁轮中，他复活了达·芬奇的人体比例图，在圆形里张开四肢，向自己和地面施力，自行运转一个美丽的身体摩天轮，可见其吃力，但自始至终表演者都面带微笑——我觉得从事商业性的创作也应如此，在重重的框架限制（市场、客户、消费者、成本、

① 太阳马戏团（Cirque du Soleil）成立于1984年，是当今世界发展最快、收益最高、最受欢迎的文艺团体。太阳马戏团所有的原创剧目中，没有动物、不聘用明星，擅长用舞台表演来讲述故事。《神秘人》是其经典剧目，故事是12岁的女孩佐薇戴上了神秘人送给她的帽子，随即展开了一段奇幻之旅，经历了一连串的奇妙遭遇，最后得以重新寻回生命之意义。

预算等）中，在出界的危险边缘上，展现宛如没有框架般的优雅之美，流畅得让人忘了现实是有空气阻力和摩擦力的，那样的自在与熟练，必须经过多次辛苦练习、失败与受伤，才可能表演出如此高难度的动作，让人惊叹连连——最大的限制里，最自由的演出，这是我从他们身上学到的第一项功课。

军队纪律般的精准艺术

不用语言，只用视觉与肢体呈现一个世界——太阳马戏团《神秘人》之中，充满了在高空中晃荡、翻滚，众人叠高等惊险动作，只要一个人闪神，就会让全员的演出失败。在任何时候，空中都是他们宛如平地的舞台，每一个人都专注地心算冲动的速度、最短的失重距离，一起飞，凭借一根绳索在空中相遇，以默契生死与共，然后同时坠地——他们的艺术，是一种看得见的数学，一种必须彼此信任的情谊，一种即将实现的预言，不容失误受伤。只有通过不断地集体演练，才能达到军队纪律般的精准艺术，这就是我每次看完太阳马戏团演出后，都能有巨大动能的原因。

绝对专心致志的力量，绝对的坚持与勇气

我喜欢看他们每个表演者都很专注的神情，不管自己是不是主角，他们只全神贯注地做好自己该做的，扮演好自己的角色，绝对地

专心、专业。台下的纷杂细语与热烈掌声，都影响不了他们在空中的演出，他们完全不会分心去在乎地面上发生了什么事。等到演出告一段落，在舞台边稍作休息，他们会在下面互相扶持，同时凝视着，鼓励着在高空表演的同伴们。不管自己在舞台的什么位置，是在灯光下还是在舞台边，每个人都自信地展现着自己的独特风景——也正因为每个人都演出精彩，这个戏才有着令人目不暇接的惊奇与好看。

他们能够自娱娱人，随兴带动全场气氛

太阳马戏团在香港、鹿特丹、波士顿、毕尔巴鄂等世界各地的表演中，团员的现场反应很快，他们会在观众席里即兴拉一个人上台与他们一起演出，不管是严肃的人，还是害羞的人，他们都有办法临场制造笑料，成功带动全场气氛。他们能够深刻而专注地演出，也能够自娱娱人，这就是他们风靡全球、历久不衰的原因。

所以当我情绪低落、勇气低潮的时候，一定马上看太阳马戏团的影片，那是我找回绝对专注力量的来源，屡试不爽。那些表演者的卖力让我知道世界舞台之大，我不必管别人在做什么，更无须和别人比较，我只要认真专注地做我现在正在做的事，非常专心、精确地完成，就能缔造出漂亮的生命风景，就像耐克的广告所说：全力以赴的人最有力量——人生的大架构已定，眼前就是自己可变的视野，只有你自己知道，你这次的演出完不完美。

从电影《心灵投手》学习意志与手之间的达标率

在很多医学的临床经验中，有不少病患凭借坚定的信念，克服癌症、重度烧伤等难治之症。意志力可以帮助一个人做到他本来以为自己办不到的事，展现其惊人的爆发力与治愈奇迹，因为天下无难事，只怕有心人——“Trust me，I can make it!（相信我，我能做到！）”

你们可以在电影《心灵投手》[①]中，看到一个高龄的投手，如何通过坚定的热情与不死的信念，不停地练习，训练自己的手完成与意志力相同高速的动作，脑到手之间几乎没有阻力，练到心物合一的境界——我们面对自己手上的事，也应如此专注坚持，眼前只有文字与我、电脑与我、图稿与我、客户与我……现在我的思考与手与电脑已经直接联机，不必写大纲，就几乎可以直接达到我所感觉、我所想望的理想意境，误差与落差已经比以前少很多了，这是

---

① 《心灵投手》（*The Rookie*），2002年出品，导演：约翰·汉考克，演员：丹尼斯·奎德等。

我长期阅读与写作训练的结果，我已经写了数百万字，这让我能比以前更游刃有余地运用文字。现在我脑中的想象世界仍在继续扩充，让灵魂一直跑、让意念一直跑，我的笔也紧紧跟随着，亦步亦趋，死咬不放，不会落后，逼近精准，像是狩猎的技术。

《写作这回事》中提到，作家是环境或志向培养出来的，每个人其实都有表达的天分，但后天磨炼仍很重要；当你发现自己有某方面的才华时，你可能会为此练习到指头流血、眼睛酸疼，还是乐此不疲。当你找到可以付出狂热的兴趣，确认自己独到的风格方向后，接下来就要抱着“无墙壁精神”，严酷地自我要求、自我训练。许多音乐家的传记电影，比方《闪亮的风采》[①]《她比烟花寂寞》[②]《走出寂静》[③]《听见天堂》《想飞的钢琴少年》[④]……让我们看到音乐家除了才华之外，他们不停止练习的毅力也非常惊人。还有在电影《跳出我天地》[⑤]中，我们也可以感受到片中那个坚持要学芭蕾舞的小男孩，他坚毅训练自己的那种动能——如何把梦想以完美的能力展现出来，除了信心、勇气，汗水亦是不可少的。

---

① 《闪亮的风采》（*Shine*），1996 年出品，导演：斯科特・希克斯，演员：杰弗里・拉什等。

② 《她比烟花寂寞》（*Hilary and Jackie*），1998 年出品，导演：安南德・图克尔，演员：艾米莉・沃森等。

③ 《走出寂静》（*Beyond Silence*），1996 年出品，导演：卡罗琳・林克，演员：西尔维・泰斯蒂等。

④ 《想飞的钢琴少年》（*Vitus*），2006 年出品，导演：弗兰迪–M. 米偌，演员：布鲁诺・甘茨等。

⑤ 《跳出我天地》（*Billy Elliot*），2000 年出品，导演：史蒂芬・戴德利，演员：杰米・贝尔等。

第七堂

拉大自我格局，漂亮的场面调度

- 向国际级大导演，学习大视野的人生观
- 女人不要被性别缠住了冒险向前的脚步

向国际级大导演，学习大视野的人生观

等到上述的个人基本功做完，如果你自觉眼前的事已经可以做得很顺手，那你就得赶紧提高自己的水平，拉大自己的格局，多看经典的小说、史诗、电影，比方波兰导演克日什托夫·基耶斯洛夫斯基的《十诫》《两生花》《蓝白红三部曲之蓝》《蓝白红三部曲之白》《蓝白红三部曲之红》[①]，英国导演彼得·格林纳威的《建筑师之腹》《一加二的故事》《作曲家之死》

---

① 波兰导演克日什托夫·基耶斯洛夫斯基，一位如同挚友、精神引领者的电影大师：《十诫》（*Dekalog*），1989 年出品，演员：阿图尔·巴奇斯等；《两生花》（*The Double Life of Veronique*），1991 年出品，演员：伊莲娜·雅各布等；《蓝白红三部曲之蓝》（*Three Colors: Blue*），1993 年出品，演员：朱丽叶·比诺什等；《蓝白红三部曲之白》（*Three Colors: White*），1994 年出品，演员：朱莉·德尔佩等；《蓝白红三部曲之红》（*Three Colors: Red*），1994 年出品，演员：伊莲娜·雅各布等。

《塔斯鲁波的手提箱》[①]，丹麦导演拉斯·冯·提尔的《医院风云》《破浪》《黑暗中的舞者》[②]，法国导演克劳德·勒鲁什的《偶然与巧合》《男人女人：恋爱手册》《女人只有一种》[③]，法国导演让-皮埃尔·热内的《黑店狂想曲》《童梦失魂夜》《天使爱美丽》[④]，美国导演埃罗尔·莫里斯的《第一人称》[⑤]，美国导演弗朗西斯·科波拉的《教父》《现代启示录》[⑥]，英国导演弗兰克·奥兹的《葬礼上的死亡》[⑦]，加拿大导演罗伯特·勒帕吉的《灵魂啊！你在何

---

① 英国导演彼得·格林纳威，一位将自我和特立独行进行到底的导演：《建筑师之腹》（*The Belly of an Architect*），1987年出品，演员：布莱恩·丹内利等；《一加二的故事》（*A Zed & Two Noughts*），1986年出品，演员：乔斯·雅克兰德等；《作曲家之死》（*Death of a Composer: Rosa, a Horse Drama*），1999年出品，演员：Lyndon Terracini等；《塔斯鲁波的手提箱》（*The Tulse Luper Suitcases: The Moab Story*），2003年出品，演员：卡罗琳·达芙娜等。

② 丹麦导演拉斯·冯·提尔，一位为在角色及环境中找出真理可以牺牲一切的导演：《医院风云》（*The Kingdom*），1994 年出品，演员：乌多·奇尔等；《破浪》（*Breaking the Waves*），1996 年出品，演员：艾米莉·沃森等。

③ 法国导演克劳德·勒鲁什，一位自己担任摄影，最大化现场发挥力与创作灵感的导演：《女人只有一种》（*One 4 All*），1999 年出品，演员：让-皮埃尔·马里埃尔等。

④ 法国导演让-皮埃尔·热内，一位对生活真相有另一种观察与思考的导演：《黑店狂想曲》（*Delicatessen*），1991 年出品，演员：多米尼克·皮诺等；《童梦失魂夜》（*The City of Lost Children*），1995 年出品，演员：朗·普尔曼等；《天使爱美丽》（*Am é lie*），2001 年出品，演员：奥黛丽·塔图等。

⑤ 美国导演埃罗尔·莫里斯，一位有理性的头脑、画家的眼睛和对生活中黑暗荒谬面嗅觉敏锐的导演：《第一人称》（*First Person*），2000 年出品，类型：纪录片。

⑥ 美国导演弗朗西斯·科波拉，一位作品中有意大利歌剧般的庄严和辉煌的导演：《教父》（*The Godfather*），1972 年出品，演员：马龙·白兰度等；《现代启示录》（*Apocalypse Now*），1979 年出品，演员：马龙·白兰度等。

⑦ 英国导演弗兰克·奥兹，让每一个角色都拥有属于他们自己的滑稽故事的喜剧大师：《葬礼上的死亡》（*Death at a Funeral*），2007 年出品，演员：马修·麦克费登等。

方？》《捕月》[1]，德国导演汤姆·提克威[2]的《罗拉快跑》，德国导演诺夫·舒贝尔的《布达佩斯之恋》[3]，荷兰导演约翰·范德库肯的《漫漫长假》[4]，德国导演马克·福斯特的《笔下求生》[5]，丹麦导演苏珊娜·比尔的《婚礼之后》[6]，韩国导演金基德的《春夏秋冬又一春》《空房间》《弓》《时间》[7]……这些都是展现大生命视野与关怀的电影巨作，有机会若能看到这些影片，千万不要错过！

这些导演很有命运观，他们的大格局、大架构、大胸襟、大手笔，能让几个关键角色的人生同步进行，机遇与情节也串得很具巧思，一如上天操控所有人的路径与因果，掌握全局——比如丹麦导演拉斯·冯·提尔的电影《黑暗中的舞者》，动用了一百架摄影

---

① 加拿大导演罗伯特·勒帕吉，一个把人类意识展现到极致的导演：《捕月》（*The Far Side of the Moon*），2003 年出品，演员：罗伯特·勒帕吉等。

② 德国导演汤姆·提克威，一位善于利用强烈节奏感和十万火急的速度感的导演。

③ 德国导演诺夫·舒贝尔的《布达佩斯之恋》（*Gloomy Sunday*），1999年出品，演员：艾丽卡·莫露珊等。

④ 荷兰导演约翰·范德库肯，一位用生命最后的时光记录电影的导演：《漫漫长假》（*The Long Holiday*），2000 年出品，类型：纪录片。

⑤ 德国导演马克·福斯特，一位关注残疾人群情感的导演：《笔下求生》（*Stranger than Fiction*），2006 年出品，演员：玛吉·吉伦哈尔等。

⑥ 丹麦导演苏珊娜·比尔，一位杰出的能拍出让你流泪电影的导演：《婚礼之后》（*After the Wedding*），2006 年出品，演员：麦斯·米科尔森等。

⑦ 韩国导演金基德，一位善于拍出超脱世俗的边缘影像的导演：《春夏秋冬又一春》（*Spring, Summer, Fall, Winter...and Spring*），2003年出品，演员：金英民等；《空房间》（*3-Iron*），2004年出品，演员：李成延等；《弓》（*The Bow*），2005年出品，演员：韩业云等；《时间》（*Time*），2006年出品，演员：成贤娥等。

机，全方位观照一个简单的故事；比方英国导演彼得·格林纳威的《作曲家之死》，就是把剧场、剧情片、新闻纪录片的多样形式放在同一时间轴的画面里，呈现真实的多种版本，像是百科全书般地展现丰富的视觉与意象，像是字典般地呈现创作文明的终极形式。只有异于常人的巨观视野，才能开展如此气势壮阔的场面调度——他可以在放肆无拘的自由尺度下，完成统计如此精确的艺术美感。从这些导演的片子中，我们可以感受到他们的视野是在天上俯瞰滚滚尘世，不与贩夫走卒一般，所以我们只能仰望，向这些国际级大导演学习更高、更广的人生视点。

女人不要被性别缠住了冒险向前的脚步

上一段举的多半是男导演的例子，相对而言，女导演就少了。目前我看过能处理大架构影片的女导演，包括：拍过《浮生》《遇上 1967 的女神》等片，在澳门出生的罗卓瑶[①]；拍过《欲望和智慧》《季风婚宴》等片的印度女导演米拉·奈尔[②]；拍过《爱火》《大地》《水》的印度女导演迪帕·梅塔[③]……数目相较于男导演而言少了许多。

此外，在很多经典名著小说、史诗、建筑、绘画、艺术作品

---

① 澳门女导演罗卓瑶：《浮生》（*Floating Life*），1996 年出品，演员：关宝慧等；《遇上 1967 的女神》（*The Goddess of 1967*），2000 年出品，演员：萝丝·拜恩等。

② 印度女导演米拉·奈尔：《欲望和智慧》（*Kama Sutra: A Tale of Love*），1996 年出品，演员：纳威恩·安德利维斯等；《季风婚宴》（*Monsoon Wedding*），2001 年出品，演员：纳萨鲁丁·沙等。

③ 印度女导演迪帕·梅塔：《爱火》（*Fire*），1996 年出品，演员：兰迪塔·达斯等；《大地》（*Earth*），1998 年出品，演员：阿米尔·汗等；《水》（*Water*），2005 年出品，演员：丽莎·蕾等。

中，女性创作者的比例更少，这当然和过去女性地位低大有关联。在目前这个史上女性最自由的时代，心思缜密的女创作者通常有男人少有的细心与耐力，绝对有能力处理大架构、大深度的生命作品，但得先把自己的缠脚布和束腹带松开，把自己的格局放大，不要理会别人怎么看你，放下女人对脸蛋、身材的过度执着——社会与法律对女人已经解禁，女人可以自由，却还是有不少女人穿着二十一世纪的高跟鞋，走着如缠脚老奶奶般的细碎步履，背着一堆礼教包袱与别人的眼光。

不要被自己的性别制约了！在电影《弗里达》[①]里，墨西哥女画家弗里达以极大的勇气，克服车祸重伤后的病痛折磨，以尖锐浓烈的画风展现她不死的生命力和女人独有的韧性。她的艺术创作，每一幅都撼动心神，就像其他艺术家对她表示敬意时说的："她激发我们的灵感，她的作品没有自怜，只有力量！"另外，《玛丽娜·阿布拉莫维奇：艺术家在场》片中的艺术教母玛丽娜，其前卫大胆的表演艺术作品，更是在纽约MOMA现代艺术馆中感动了近百万人，可见女性创作力是很惊人的。

另一本书《雪洞：喜马拉雅山上的悟道历程》[②]则记述一位女修

---

① 《弗里达》（*Frida: A Biography of Frida Kahlo*），海登·赫雷拉著。电影2002年出品，导演：朱丽·泰莫，演员：萨尔玛·海耶克等。

② 《雪洞：喜马拉雅山上的悟道历程》（*Cave in the Snow: A Western Woman's Quest for Enlightenment*），维琪·麦肯基著。

行者丹津·巴默，在海拔4 400米的喜马拉雅山雪洞里深居了12年。我们也可以从这本书中，感佩她不被自己的性别所限，独身苦修的坚毅勇气。

所以，不管你是男人还是女人，只要身为人，就有力量；有力量，就能创造；有创造，就可以上天下海无所不在、无所不能；只要无所不在、无所不能，生命就无以绝灭。

第八堂

不中止的自我要求与评量

- 完成自己不是完成别人，不要与别人竞争
- 聪明的快跑者绕路过去，一样超前到彼岸
- 自创游戏规则，玩得漂亮，大家会陪你玩
- 点滴成江河，行远必自迩

完成自己不是完成别人，不要与别人竞争

小时候，我们常被父母、师长拿来比成绩、学历，长大后就被朋友、同事拿来比身份地位、薪水财富，那都是因为搞不清楚生命重心，人们眼前只有一个个被量化的成就指标，把人生过度简化为“成”“败”两类，而忽略了漫漫生命历程中的点滴收获。

我从小在升学竞争的高度压力下长大，看过许多会读书、很用功、能考试，人际关系却奇差、很自私地隐藏自己所知、不肯与别人分享自己整理的笔记或书本的人，甚至有的还读到博士，准备去教书，这样的现象真令人担心——那些视分数为全部生命的人，将来如何有格局带领学生看到世界之大？我真不知道那些人离开校园后，没有分数的肯定，靠什么生存？他们要依谁的标准评断自己？

我不希望你们变成这种只知道考高分，却不懂人性的机器人，那只会引起彼此之间无聊的批斗而已。知识本来就贵在互相激荡与

刺激，分享与累进。

眼前只有自己设立的目标，自己是自己最大的挑战敌手，与别人无涉。就像海水上升，就能把凹凸起伏的地表盖过，一如把自己的实力向上提升，你自然就无视海底的崎岖不平，因为你的海平面已高，你的帆船能平顺地航行，不会触礁。

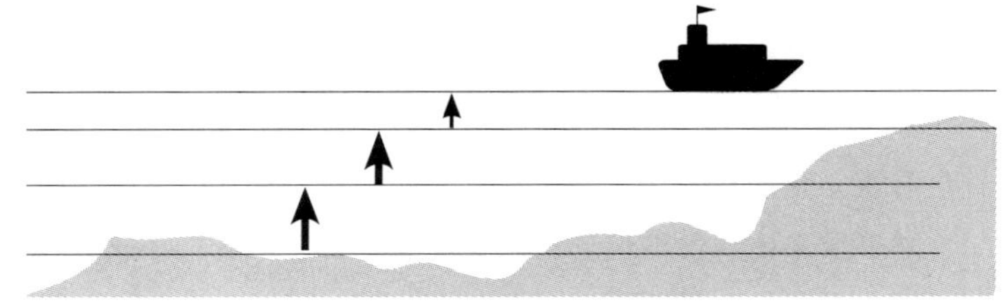

图 4

把水面上升，就不必在乎水底的崎岖不平。

所以，你还是要照自己的方式去长，即使现在人在体制里必须符合规定，也只需拨出你自体的局部去满足要求就好，其他的部分，你照自己原定的规划去长就是，千万不能让体制的标准决定你的方向。

不要因别人的成败分心，请在心中永远放一张自我的完成进度表，自己做得好不好，自己的分数如何，只有自己最清楚，别人都无权替你评量。另外，不要树立假想敌，不要自找对手，不要被别人的看法或标准影响。虽然从小到大，总有一堆人挡在前面替我们定很多竞争规则，但你要随时跳出来看，游戏规则是他们定的，如果死命配合这些规则的话，你会很惨，因为你得丢掉很多不符合规定的部分，而等到你百分之百地完成别人的期待时，你就不像自己了，况且别人可以在你身后照成功的步骤与规格，瞬间取代你。

一旦你与他人竞争，你就会不自主地落入别人设好的游戏规则与既定标准里，把自己搞得草木皆兵，就算你赢了比赛、赢了全世界，最终也会输了自己——杀光了所有青蛙，你仍在井里没跳出去；打败了所有人，却高处不胜寒，到时候你会很空虚，不知道自己为何而战，为谁而战，搞不懂自己到底在做什么。

聪明的快跑者绕路过去，一样超前到彼岸

因为资源有限，将来进入社会后，如果遇到有人挡了你的路不让你过去，在努力一两次后，如果形势不可为，就不要硬干，绕路过去；不要怕远，跑快一点、跳高一点，还是可以及时达到你的目标；不要正面交锋，不要想尽办法消灭对方，也不要死心眼地非走这条路不可，那只会徒劳地消耗自己的战斗力，路不会绝，也不会只有一条，老天给的路障若不是要试练你，让你跳得更高，就是故意要你多绕路走，看看曲路迂回之美的另一番风景，以较长的挫败磨亮你的生命质地。

自创游戏规则，玩得漂亮，大家会陪你玩

形势若不利于己，就自己创立新的形势，创立自己的游戏规则。《长短经·先胜》[①]就引孙子的话："昔之善战者，先为不可胜，以待敌之可胜。"《孙子兵法·谋攻篇》[②]亦说："百战百胜，非善之善者也，不战而屈人之兵，善之善者也。"百战百胜，最后只会耗光你自己的能量；如果挡在你面前的是个好战者，他自有与人不停交战的惯性，就让他自行消耗战力，你则安静地把你该做的事、该学的功课专心做好，沉潜下来培养实力体力，在有限的空间里展现自己，然后慢慢突破重围，神不知鬼不觉地扩大疆界，不要只把自己局限在一角不动。如果你更有耐心，可以坚持到最后，等势力消长，打都不用打，你就能势如破竹地瞬间爆发你的实力，以

① 《长短经》，又称《反经》，是唐朝赵蕤编撰的一部博采众家之长的古代谋略之书。

② 《孙子兵法》，又称《孙武兵法》《孙武兵书》等，作者是春秋末年的齐国人孙武，此书是中国古典军事文化遗产中的璀璨瑰宝。

最大的资源完成所有的目标，这就是孙子“不战而屈人之兵”的最高境界。

如果你自创一个有趣的游戏规则，而且玩得很漂亮，大家就会厌倦旧的游戏，陪你玩新的，就像如果你在路边兴冲冲地抬头看天空，别人也会停下脚步，好奇地陪着你看。

以自己为求知的起点，从自己创生出的游戏，标准就在自己身上，也只有自己才能鞭策自己，自己才能挑战自己。不要太在意老师给的分数、别人给的评价，因为那只是旁观者的看法而已，只需做参考就好，最重要的是你如何评量自己——过度重视分数，就会养出只满足学校标准，但没有个人特色的学生，于是满校园尽是同构性很高，自觉性却很低的老师的复制品。这样的学生即使成绩再好，出去面对变化如此剧烈的时代，竞争力也一定差得不得了，对这个世界一点创造性的用处也没有。

点滴成江河，行远必自迩

标准其实也不必多，今天只要比昨天更有知识一点点，更有智慧一点点，更有勇气一点点，更自由一点点，积少成多，点滴就能成江河。

第九堂

精通多项技能，与各精英超链接的多孔变频插座

- 从“如何活”到“活得好”的多技能实力培养，建立排名前五的专业水平
- 变成可以与各领域精英超链接的多孔变频插座

从“如何活”到“活得好”的多技能实力培养，建立排名前五的专业水平

我在第一堂讲的是“如何活”的生存能力，现在要讲的是怎样活得好的本事。现在时代变化太快，很多游戏规则一夕数变，所以只有一个专长是不够的。

我希望你们在毕业之前，在很短的时间内找到自己、培养自己独特的专业能力与表达风格——把一两项技能练到很专业，就像丹麦人的设计特重质感与原创性，所以能畅销全世界。

这一两项专业技能，必须建立在多重知识养分的维生管线之上，稳固且独到，专业到可以随时临危受命且游刃有余，专业到如果别人提及你这个领域，你会在专业前五名的名单上。这前五名的母体范围，你可以从班上，到系上，到全校，到全亚洲，到全球，逐步放宽影响范围，然后随时从这个专业能力往四周拓展技能，比

方你会平面设计，也会动画，会做网站，接着有人找你拍电影，你也可以和文字、音乐、戏剧、商业广告或其他领域接洽合作，如果你的专业达不到一定程度，你就不可能与他人顺利接洽合作。

变成可以与各领域精英超链接的多孔变频插座

这一两项专业能力要不断精进成一座高峰，可以与别的精英顶峰遥遥相望，还可以往四周延展出其他的次技能。其他领域的精英也可以与你超链接，就像你与他山之间有缆车相连接，你就能在同一个高度迅速扩展你的见解与视野，近距离地见识到某个高度以上的强者。层峰之间激荡很大，你会感受到别人在他自己领域里独当一面的强大能量，高手交锋，进步神速，强者越强。

就像台湾《天下》杂志第267期的报道："丹麦人说：'特殊化是我们生存的唯一方法，我们很小，所以我们一定得合作。'丹麦人能够和全世界做生意，平均每人能说两三种语言，这和多元化、全球化、国际化的态度有关。他们沟通协调能力很强，彼此也互相照顾与帮助。"

我希望你们将自己比喻成有自体电力的多孔多样式插座，而且可以随时切换110V、220V的不同电压。也就是说，你除了要有自体很强的能量外，还必须有很强的外语能力：英语、日语、法语或其他，如此才能将你的电力在第一时间与亚洲、与世界接轨，也能在第一时间散发能量，并接收第一线的新鲜养分。

欣频告诉你：

与一两个精彩的人对谈，比看一两百本书还精彩！

精英，让你看到人生的其他精彩版本

我建议大家平时多跟建筑界、音乐界、绘画界、文学界，或是与你专业截然不同的人交谈，与这些人对谈一两小时，可能比你看一两百本书还要精彩！因为这些人的生命本身就呈现独特的姿态，活得非常精彩。你要跟他们对谈，本身也要有两把刷子，只要你能站上与他们对谈的高度，你的机会会变得多很多，因为在高峰对谈的过程中，大家所有的资源与目光都流向对方，你就会从低层翻到高层，拥有更宽广的视野。当你来到这样一个制高点上，你就不用担心未来，因为所有的资源都会惯性化地流向你，只要你不退步，你就已经在优势的风头上，所以你必须在很短的时间内达到这个高度，这就是我下一堂要说的“25岁前顺利接班”的原因。

多方向窗口，开启你的多面复式人生

要如何规划自己的人生，定义自己的身份？你可以根据目前的

专业培养一个主专长，旁边再围绕自己的兴趣展开七个副专长，用图画出来，就可以延伸出几个不同的身份，这部分在《十四堂人生创意课3》有详细论述。要想知道自己还有其他哪些可能，你可以做《十四堂人生创意课2》书中的练习，比方问自己“我不只是学生，我还可以是什么？我可以是网络创业者吗？”“我不只是设计师，我还可以是个音乐家”“我不只是广告文案，我还可以是作家”……就这样延伸出数个不同的身份后，平时可以着重研读这几个不同领域的书和信息，并找到可以向这些领域专家请教的途径，和他们成为好朋友。像我，就会和广告界、艺术界、建筑界、时尚界、电影界、心灵界、旅行界、文学界等的朋友们，每个月定期见一次面，每次会面都可以从他们身上吸收到最新的信息与智慧。为自己的人生打开数个窗口，如此你的人生就永不会有枯竭的时候。

第十堂

如何在 25 岁前顺利接班

- 25 岁接班，如何在毕业前准备好
- 电影《天才网路梦》的启示
- 伊丽莎白一世 25 岁接下大英帝国的过人勇气

25岁接班，如何在毕业前准备好

在我们这个时代，30岁是关键，30岁上下若还没能做出点成绩，以后的机会就越来越少，就像《商业周刊》第814期的封面主题“35岁要开花”，残忍地指出：“人生可以有不止一次的‘黄金工作期’，但是如果你没有在35岁开第一次花，这辈子就永远不会开花。”

现在的新生代，压力已经提前到来，未来可能会面临25岁必须接班的压力，因为游戏规则已经大逆转——现在30多岁的人，在35岁后的影响力越来越小，所以新生代是否能顺利在25岁左右接班就很关键，越晚机会就越少，因为追兵在后，新的游戏规则又即将诞生。

现在越来越多25岁左右刚进社会，甚至更年轻的学生，已经有了自己独当一面的事业，他们在第一时间以初生牛犊不怕虎的勇气，闯下了一片天地。如果这些人继续大幅度地努力不懈，并高速增加新知、能力与智慧，将来前途不可限量，没有人挡得了他们的冲劲。

所以，尽可能地在大学期间做好万全的准备，请大量掏空眼前图书馆、老师、身边朋友、家人的知识与智慧。在毕业前，让自己的作品在各个场合多多露面，平日磨刀霍霍，每件事都做得又快又好，先建立口碑、累积经验，不要一开始就计较钱。有了充分的实力，以及补给能量的进程后，这些已经蓄势待发的战力，才能实时抓到突如其来的机会，一出场就大展身手，然后依靠很好的养分补给系统，撑起长久的局面。

做什么像什么，些许态度上的差别，将会决定你与同辈之间的差距。

电影《天才网路梦》的启示

在2001年的台湾金马影展中，电影《天才网路梦》（*Startup.com*），以纪录片的形式记录了美国GovWorks.com公司从草创寻求资金、命名，公司快速扩张、迅速蹿红，到最后宣布倒闭的经过，两位创办人卡莱尔·艾沙泽·突兹曼及汤姆·赫尔曼，从一无所有瞬间成了家财万贯的网络新贵，从默默无闻的新人到媒体的宠儿，甚至还获邀成为克林顿白宫新经济发展会议的座上宾。这些刚出校园的年轻人，很勇敢，架势足，大胆无惧地向各高层机关提案，会议上若有不懂的地方，就马上回去彻夜恶补，使自身的能力高速地跟上案子的进度。他们把自己装扮成三四十岁的生意人，自认与老练的客户有对等的视野与智慧，不把自己当成新手上路，真正是小孩玩大车——他们真的特别努力，成长得比同龄的人快很多，如此他们才能与三四十岁的领导阶层平起平坐。

虽然GovWorks.com公司后来因为网络泡沫化而倒闭，但他们已经打过一场漂亮的仗，而且他们还年轻，有的是机会——这是在第三堂课所提到的“20岁时把自己当30岁，30岁时把自己当20岁”的又一例证。

伊丽莎白一世25岁接下大英帝国的过人勇气

伊丽莎白自小就处在重重的生存危机中。在她2岁时，母亲被父王亨利八世以不贞罪送上断头台，伊丽莎白被贬为私生女。之后虽然恢复了公主身份，但她仍被姐姐玛丽女王以叛乱嫌疑关进伦敦塔。在伊丽莎白25岁正式接下英国王位之前，她都活在朝不保夕的恐惧之中。

伊丽莎白从10多岁起，就在这段英国政治与宗教斗争最残酷的非常时期，学习冷静、警觉、谨慎、忍耐、柔顺、沉稳、坚毅、应变的生存之道。她以大量的阅读与运动适度地舒缓压力，并在周围强国的觊觎下，独自将内耗严重的英国带向富强，开启了大英帝国独霸海洋的盛世。

伊丽莎白25岁接下整个英国，以过人的智慧与信心，振衰起弊。你们可以从关于她的电影与传记中，继承她绝处逢生的能量与绝对不死的勇气，好好地把自己经营起来，不要再以自己还年轻为借口，现在已经是去做大事的时候了。

欣频告诉你：

25 岁，要站在人生的主轴上

到了25岁一定要登上人生的山头，这是因为人生最精华的时期是18岁到28岁，25岁已经算是比较晚的时间，你必须在18岁到25岁之间，赶快把你的专业跟兴趣发展成一个你可以自由运作的资源系统。

把有兴趣的事情变成专业，成为专业之后就会拥有很多资源，让你发展更多的副专业。这样一来，你就可以在你喜欢的事情上游刃有余，而且生活丰足。很多人在做自己不喜欢做的事时很痛苦，虽然那个事情可以为他赚钱，但是那个创意活力会越来越枯竭，当热情没有的时候，所有的动力也都会消失。

所以，精彩人生的基础，就是你一定要在自己最有兴趣的事情上，达到乐此不疲甚至死而后已的状态。这种状态是没有人可以超越的，这是最重要的。

第十一堂

智慧与知识的均衡比例

- 知识是船帆，智慧是船底，要维持协调，否则会翻船
- 爱情是你们这个年岁最大的考验与功课
- 学习面对死亡与无常，才有活着的勇气
- 第一天做事，最后一天做人

知识是船帆，智慧是船底，要维持协调，否则会翻船

其实做老师的只需启发你们的智慧，不需教你们太多的知识，因为只要你们有智慧，就知道如何去找知识。老师教的信息会过期，况且知识浩瀚，老师的能力有限，永远不可能教得完。但如果你们有了自己的智慧，就可以随机应变、就地取材、举一反三，智慧会带你去找最适用的知识，如果没有智慧，所有的知识就成废料一堆，一点用处也没有。

同时你们还要学最古老的人生智慧以稳定灵魂，也要学最新的知识以发现世界的新可能。我建议，智慧与知识的比例不能落差太大，智慧至少要达到知识量的七成以上，因为知识是船帆，智慧是船底，要维持协调稳定的比例，否则很容易翻船。

为什么最近有这么多年轻人自杀，那是因为学校里的生命教育

与课业教育不成比例，生命学习太少、知识太多，所以只要有一点风吹草动、一点小挫折，小底大风帆的船就会翻覆，整个人就招架不住，从而选择结束生命。我个人认为，一个年轻生命的早逝，社会歪曲的价值观、偏颇的教育方式都要负很大的责任。

所以在平时思考以及阅读时，一定要注意知识与智慧的比例，给人智慧的书不要少于整个书单的四分之一，不要只对知识偏食。在智慧上的打底或许表面上看不出什么成效，但底打得越稳，就越不容易被风雨挫倒。目前我的书单上，至少有一半的书与智慧有关，每天晚上我都要读几页，把心净了才睡。

爱情是你们这个年岁最大的考验与功课

爱情不是人生的唯一，不是人生的重心，更不是人生的全部。不要陷在爱情里，为爱情而找爱情，因为爱情不可能百分之百地填补你生命的洞缺。感情，要双方都成熟，否则只是在吵吵闹闹中，互相折磨而已。

在规划自己的未来时，不要把感情规划进去，因为感情要随缘，可以被期待但不能被规划，不要老问自己的真命天子、真命天女何时来，老问为什么你对对方这么好却不被领情。应先问自己：你已经把自己打点好了吗？你没有爱情可以自立自处吗？可以不怕寂寞吗？如果自己不能照料好自己、自己不能爱自己、自己不能独立成长上进，这样与别人在一起时就很容易出问题，因为你放弃了自我，成了依附在对方生命上的不完整个体，久了，对方会觉得你是沉重的负担，两人会开始渐生不满与冲突，到时候不是一起溺毙窒息，就是对方因害怕而逃开。

如果因爱情而必须互相折磨，放弃自己的梦想，我个人觉得这些都不是健康的爱情。如果你一直觉得眼前的人都不好，那表示你应该把自己拉到更高层次上，内外在条件都是。唯有把自己提升，你才可能遇到同一水平的人。

唯有自己稳定，才能与别人健康地相处。你得自己养出很丰足自立的风景后，需要你的人才会来，别人才会觉得你是可以依靠的，与你在一起如沐春风、没有压力。成熟而健康的爱情，应该是两个同向圆，应该是两座山头，各有各的风景，各有各的呼吸空间，互望成风景，风在其间吹出默契——良质的爱情，会让自己看到另一个精彩生命的内部，进而双方一起修习成熟，共度生命的每一阶段，而不是让自己只重视美貌身材，只在一起享乐，却不能一起分享心事，一起成长。

爱情是你们这个年岁最大的考验与功课。我看过很多能力很好的人，为了配合情人的生活就不再继续进修，这样一旦分手也就失去了自己——爱情不是人生的全部，无论你现在是单身还是有伴侣，一定要以自己为重心，千万不要为了爱情，让自己的眼中只有对方而忘了自己，只有玩乐而没有精进，尤其你们现在还在人生生长的黄金时期，不要因爱情而虚度人生。除了我的《爱情觉醒地图》可以供大家继续研读、协助大家厘清爱的错误信念外，如果在感情上遇到问题，你们还可以看关于爱情心理学的书，比方《爱在大脑深处》[1]《恋人的心：一个心理学家眼中的爱》《他与她的情感世界：一个心理学家的两性观察》[2]，还有哲学才子阿兰·德波顿的爱情幽默小说《爱情笔记》《爱上浪漫》《亲吻与诉说》[3]等，他会提供给你深度且幽默看待爱情的角度，有助于你用比较洒脱的方式，来接受爱情这个课题的考验。

---

① 《爱在大脑深处》(*A General Theory of Love*)，托马斯·刘易斯、法里·阿米尼、理查德·兰农著。

② 狄奥多·芮克著：《恋人的心：一个心理学家眼中的爱》(*A Psychologist Looks at Love*)；《他与她的情感世界：一个心理学家的两性观察》（*The Emotional Differences of the Sexes*）。

③ 阿兰·德波顿著：《爱情笔记》（*Essays in Love: A Novel*）；《爱上浪漫》（*The Romantic Movement: Sex, Shopping, and the Novel*）；《亲吻与诉说》（*Kiss and Tell*）。

欣频告诉你：

做“方糖”，把对方的茶或咖啡变甜

好情人是被你吸引过来的，不用你去寻找，前提是你有吸引好情人的能力。有句经典的电影对白是：你应该像一块方糖，放到咖啡里，咖啡就甜了；放到茶里，茶就甜了。所以无论咖啡有多苦，无论茶有多涩，只要你是糖，是甜的，就有办法让你选择的关系变成甜的。无论你是单身还是有伴侣，你要先让自己成为最自信、最快乐、最有魅力的人，这才是重点，当你成为这样的人时，好情人自然就会到来。

很多人把重点放在要如何遇到一个梦中情人，于是用全部精力去寻找，但如果你自己不“甜”，即使找到你想要的好情人，他（她）也不一定会想要你。你把决定权交到别人的手上，即便你得到了一杯甜的咖啡、甜的茶，有可能突然就被人家喝掉了，看看周围，这样的事不是天天在发生吗？如果你有甜的能力，是没办法被取代的，即使这杯没了，还有更多的咖啡和茶可以跟你配。

学习面对死亡与无常，才有活着的勇气

伊朗有一对头部相连的姐妹花，即使面对残缺的身体，仍是乐观得令人动容，她们希望过独立的生活，发展属于自己的未来，却因为分割手术的失败，而双双失去性命。相比而言，我们何其有幸，拥有独立自主的身体，可以自由选择自己的未来，所以应该更乐观地掌握自己，并向那对姐妹学习面对死亡与无常的勇气。

30岁前的我，害怕得不到；30岁后的我，害怕失去。焦虑影响了我，让我得失心变重，直到我读了《生命轮回》《前世今生：16堂生死启蒙课》[①]《巫士唐望的教诲》[②]《生与死的双重变奏》[③]《轮回与转生》[④]《雪洞：喜马拉雅山上的悟道历程》《孤独》[⑤]《意识

---

① 布莱恩·魏斯著：《生命轮回》（*Through Time into Healing*）；《前世今生：16堂生死启蒙课》（*Same Soul, Many Bodies*）。

② 《巫士唐望的教诲》（*Journey to Ix tlan–The Lessons of Don Juan*），卡洛斯·卡斯塔尼达著。

③ 《生与死的双重变奏》（*Mortality, Immortality, and Other Life Strategies*），齐格蒙特·鲍曼著。

④ 《轮回与转生》，石上玄一郎著。

⑤ 《孤独》（*Solitude: A Philosophical Encounter*），菲利普·科克著。

的歧路》[①]《如果只有一年》[②]《无惧的人生》[③]《僧侣与哲学家》[④]《恐惧与专家》[⑤]《孤独及其所创造的》[⑥]《孤独的呼唤》[⑦]《悉达多》[⑧]《最后的邀请：父予子的告别礼物》[⑨]《与神回家》[⑩]《天堂教我的七堂课》[⑪]《来自天堂的问候》[⑫]《再给我一天》[⑬]《生命回旋》[⑭]《离开死神前那一秒》[⑮]以及一系列由克里希那穆提所写的书，看了

---

① 《意识的歧路》（*Consciousness of the Crossroads*），萨拉·豪斯曼、罗伯·李文斯顿等编。

② 《如果只有一年》（*A Year to Live: How to Live This Year as If It Were Your Last*），史蒂芬·拉维著。

③ 《无惧的人生》（*Positive Living*），薇拉·佩弗著。

④ 《僧侣与哲学家》（*The Monk and the Philosopher*），让–弗朗索瓦·何维勒、马修·理查德著。

⑤ 《恐惧与专家》（*Terrors and Experts*），亚当·菲立普著。

⑥ 《孤独及其所创造的》（*The Invention of Solitude*），保罗·奥斯特著。

⑦ 《孤独的呼唤》（*The Call of Solitude*），艾丝特·布荷姿著。

⑧ 《悉达多》（*Siddhartha*），赫尔曼 ·黑塞著。

⑨ 《最后的邀请：父予子的告别礼物》（*LA FINE E IL MIO INIZIO*），帝奇亚诺·坦尚尼、傅尔科·坦尚尼著。

⑩ 《与神回家》（*Home with God : In a Life That Never Ends*），尼尔·唐纳德·沃尔什著。

⑪ 《天堂教我的七堂课》（*Secrets of the Light: Lessons from Heaven*），丹尼·白克雷等著。

⑫ 《来自天堂的问候》（*Hello from Heaven*），比尔·古根海姆、朱迪·古根海姆著。

⑬ 《再给我一天》（*For One More Day*），米奇·阿尔博姆著。

⑭ 《生命回旋》，钟灼辉著。

⑮ 《离开死神前那一秒》（*The Survivors Club : The Secrets and Science that Could Save Your Life*），班·薛伍德著。

电影《百万美元酒店》[①]《海啸奇迹》[②]。这些书与电影带我走出心灵困境，让我更清楚因果与生死，让我学会当下冷静、处变不惊，不再像以前，动不动就被情绪起伏所影响。

我在旅行时，每到一个地方就必定到访当地的墓园，比方威尼斯四面环水的墓园岛、西班牙嵌在挡土墙上的墓、北欧夷成整片草地的墓园、希腊墓上的生前纪实缩形玻璃盒……这些墓园让我看到每个国家纪念死亡与延续思念的方式各异其趣，也让我对生死更为豁达，这些在《旅行创意学》中都已详述。

---

① 《百万美元酒店》（*The Million Dollar Hotel*），2000 年出品，导演：维姆·文德斯，演员：米拉·乔沃维奇、杰瑞米·戴维斯、梅尔·吉布森等。

② 《海啸奇迹》（*The Impossible*），2012 年出品，导演：胡安·安东尼奥·巴亚纳，演员：娜奥米·沃茨、伊万·麦格雷戈等。

第一天做事，最后一天做人

在写这段文字的时候，是2003年2月8日，作家刘侠在这天的凌晨过世——这么一个对抗病魔多年、坚毅乐观地活着的勇士，竟然被如此莫名其妙的死因带走，可见生命无常。

一个突发事件就快速带走了这个努力了六十多年的生命。再加上社会层出不穷的天灾人祸，即使一个刚出生没几天的小生命，也会因为打错针而早逝……所以，不要以为死亡离你还很远，它随时会发生，或是明天，或是明天的明天，我们要无惧地面对未来，不再害怕失去，不再害怕死亡——做事时，要把自己当成头一次来到地球般地好奇兴奋，但与人相处时就要刚好相反，要把每个今天遇到的人，都当成最后一次见面般地珍惜，没有来不及说的感谢，没有遗憾的话留待以后。

第一天做事，最后一天做人，唯有看透无常，准备好随时离世，我们才会有真正活着的勇气。

第十二堂

低谷反弹，高处思危，如何愉悦自处人生高低曲线

- 高处思低，低谷翻高
- 挫折让你思索，你的能见度是否还不足
- 维持之艰难
- 三秒胶定律
- 胜负在台面上
- 化敌为友

高处思低，低谷翻高

人生有高有低，这是每个人都知道的道理，但人在低谷时，知道该怎么做，这需要很大的学问。有些人在低谷时，郁郁寡欢，愤世嫉俗，怨天尤人，过了五年十年，这些人还是在原地抱怨，没有改变困境。

我真的觉得，经常抱怨的人看不到机会。遇到挫折总难免，但应该尽量不抱怨，想办法突破，我不认为有过不了的难关。在低谷沉静时，赶紧补粮，因为准备越妥当，当机会一来及时抓住，就够你撑很长的一段时间，不至于马上耗光粮能——在低谷时，表示高峰不远了；一旦你在顶峰，就要小心低潮也快到了，要有危机意识。有高有低，能量才能流动，高低乃常态，泰然处之才是好的应对之道。

挫折让你思索，你的能见度是否还不足

就像玩电玩，你通过越多关，接下来的挑战难度就越高，让你无法顺利到达目的地的干扰因素就越多。

有些人抱怨，怎么机会总是只给某些人。当然，要等到第一个机会降临是要有耐心的，很多时候新人主动出击，会不断地遇到挫败，所以要想办法加强自己的实力，大幅凸显自己的特殊性，要与台面上那些人有很大的差异，大到你在外层空间也能看到自己的与众不同；当你与别人有很大的差异性，且跑在他们很前面时，其他人想不注意到你都很难，这就是能见度——把能量用在精进自己，而不是拿来批评别人。在批评别人之前，先把自己的事情做好，如果自己的事情已经做好了，那么就请以建设性的行动取代毁灭性的谩骂，自己卷起袖子来亲手做示范，这一定比坐在原地骂这骂那来得有意义。

随时提醒自己，不要把能量消耗在抱怨和愤世嫉俗上，如此，你才会有新的位置可以展现。如果你现在仍处于受挫期，不要气馁，静下来检视自己、分析自己，找出一个最有力的突破点，把自己的光芒照出去，把握每个机会，全力加大、加高你的能见度，就一定有办法闯出一条路。

维持之艰难

当你在高峰时要维持水平，可不是你所想的在原地不动就好，你得每次花费从地平线到高点的力气，甚至会越来越吃力，因为顺风可能会转成逆风，阻力更大，你得付出更多的努力，才能维持你原有的优势不坠。

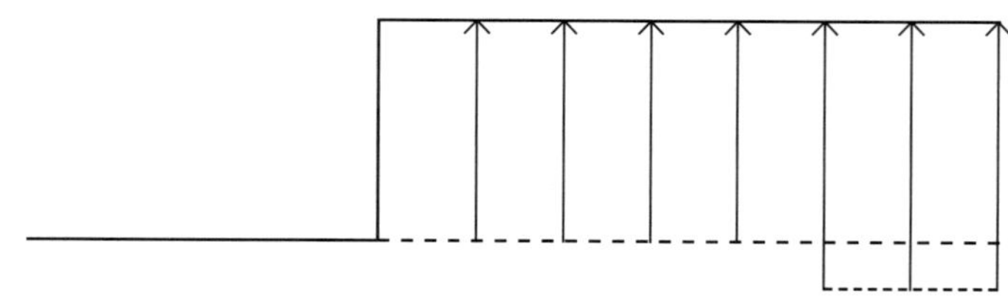

图 5

每天都得花相同力气，甚至更多，才能维持水平。

三秒胶定律

情绪是自己最大的敌人，所以建立自我防御及疗伤系统是很重要的。失恋、失败、失去最亲爱的人或物……一开始可能需要三年的疗伤期；下一个伤害再来，训练自己三个月度过低潮期；再来就让自己三星期恢复正常；若再遇挫，三天内、三小时内、三分钟内、三秒钟内平复——及时放下痛苦，只看现在和未来。不管是赞美、指责、沮丧、兴奋……要练到悲喜不超过三秒钟的功力，把情绪以三秒胶的方式瞬间定住，训练自己像是有个开关一样，马上切换新的心境，专注于当下事物，不影响你后续的心情，否则未来起伏很大的人生，你会有背不动的心理包袱，你也很难冷静地应付接踵而来的事情与挑战。

音乐是我瞬间转换情绪的秘方——我把我手边的音乐分成创作时的音乐、克服沮丧的音乐、稳定情绪的音乐、放松的音乐、振奋心情的音乐、运动时的音乐、冥想时的音乐、入眠时的音乐……这让我可以瞬间切换心灵场所，不会困陷在一时激动的情绪中走不出来。

胜负在台面上

当我在看网球公开赛，或是女子滑冰赛时，我很感佩那些勇敢的未成功者，他们能在镜头前以坚毅的表情坦然地接受失败，而且还很有风度地向胜者握手祝贺。我到波士顿、鹿特丹看太阳马戏团现场表演时，也有相同的感触：有位表演者要沿四十五度角的钢线而上，但走到半路就滑下来了，当时观众都以掌声鼓励她，而她也没有觉得尴尬或是别扭，而是当场定住情绪，重走一次，然后成功地走到了空中的平台上。

将来等你们的表现到了一定的能见度，胜负就在台面上，要坦然地接受比赛结果，失败了就下次再来，不要被别人的眼光和评价打击自己的信心。一时的成败不会是永远的胜负，但这是经历过很多次的挫折、很多次的伤痛与信心重建，才可能有的勇气与风度。

化敌为友

依我过去的经验，如果台面上出现一个处处与你作对的人，表示台面下至少还有五个这样的人在暗中挡你的路；如果台面上出现一个贵人，表示至少有五个贵人在暗中帮你。人际连着机会，如果你觉得自己不顺，就先想想自己是不是在有意无意间树了敌，导致冲着你来的仇恨、嫉妒、诅咒的作用力大到让你的磁场大乱，让你寸步难行。

学校就像一个小型社会，在班上你讨厌的同学，你别以为只要避开他就好，如果你不懂得好好化解，不懂得如何跟与自己不同调，甚至是自己讨厌的人相处，将来如果不巧那样的人成为你的同事、主管、客户时，你该怎么办?

如果依照之前“不要有假想敌”的概念，那么应该从现在开始，善待身边的人，化敌为友，尽可能地结善缘。如果有敌人，那表示你们的磁场其实相近，只是没调成同一频率，互相抵消能量，其实很可惜。

慈悲是没有敌人的，无欲则刚。等你已经不在乎输赢，心胸坦荡，走路也自在，因为你已经目中无敌人，眼前只有自己待完成的风格、标准、任务、使命。如果能让对方感觉到你的善意，让他开始信任你，你们将会变成莫逆之交，把负能量变成很大的正能量，久了，你就有很多朋友在身边，像风火轮，数倍扩大你能力的运转范围。如果你没注意到这点，老是不小心冲撞别人、挡到别人……你拼命地向前开路，后面就会有一堆人在封你的路。若不是因为自己故意得罪人而结下的怨怼，则尽量化解，让那些人知道你并没有威胁，而且还可以帮助他们。

一个人的成功，不在于他打败了多少人，而是他征服了多少风雨挫折。一个眼前有假想敌的人，永远只能在敌人的背后处心积虑，苦苦追赶——害人、善妒的人比较累，因为他们永远都有对手挡在前面，然后把自己困在敌人的阴影中永远走不出来。所以从现在起，每天化解一个敌人，每天交一个新朋友，从生命足迹处开出惊喜，众路分出一大片精彩多元的地表，这就是世界令人期待的地方。

第十三堂

想象力让你看到不一样的世界

- 电影《天使爱美丽》，让想象力长成俯瞰世界的翅膀
- 幽默是未来最受欢迎、叫好又叫座的表现形式
- 幻想是大脑最快的进化，想象未来的世界会是怎样
- 创意人不必怕别人的眼光，不能怕失败
- 要把想象力放在对的地方，而不是去传八卦

电影《天使爱美丽》，让想象力长成俯瞰世界的翅膀

想象力是解禁的翅膀，创意让你享受一场无重力的飞行。

相信你们都看过法国电影《天使爱美丽》，你们一定对里面那个可爱的艾米莉印象深刻，她很可爱，也调皮，即使面对她母亲的意外过世、父亲的沮丧情绪，她还是很勇敢、很乐观。面对社会不公，她会行侠仗义，用颠覆的方法，改变一个坏人的生活习惯；她还以创意的方式，让父亲从自闭中走出家门去旅行。我很欣赏艾米莉，因为她用一双很特别的眼睛看世界，所以她连示爱也令对方惊喜不断，让所有看这部电影的人都会心一笑。

生活很无聊，但世界很有趣，全看你用什么样的心态过日子。像这样的电影还有罗伯托·贝尼尼的《美丽人生》[①]：影片中的男主

---

① 《美丽人生》（*Life is Beautiful*），1997 年出品，导演：罗伯托·贝尼尼，演员：罗伯托·贝尼尼等。

角用游戏与幽默的态度，在最惨的纳粹集中营里苦中作乐、自娱娱人，让我们深深感动于那种绝处逢生的人生智慧，让我们感受从痛苦中新生希望的力量——我也希望你们能有这样的态度，在绝望中梦想不死，永远带给自己与身边的人快乐，这可是得深刻地洞悉人生，用无限创意突破有限困境的绝大能力，而不只是肤浅的搞怪、搞笑而已——有想象力，在集中营里也能看见美丽世界；没有想象力，就算人在迪士尼乐园，你一样愁云惨淡。

我对创意的定义很广：创意是一种生活态度，不是什么高深的技巧。就像煮蚵仔面线，你可以煮得很有创意，煮到就数你这家的蚵仔面线最好吃、最独特。我说过，我的文案课不是教你如何写出最好的文案，那个我教不来，因为我没办法知道你们那个时代会流行什么样的文案。但我要提醒你们的是，创意绝对是源于你自体的，而不是源于什么创意大师，就算你能把大师的创意风格模仿得惟妙惟肖，那也绝对不是你自己。你要从自己去找，经过很多的训练，经过非常多的省察，你才能蜕变出属于自己的创意生命。

把创意转换成生活中实际可行的态度，就是做自己喜欢的事。如果遇到自己不喜欢但非做不可的事，就为自己找到好玩的理由、好玩的诱因点，让自己自得其乐，如此才可能把事情做好。因为即便抱怨连连还是得把它做完，何不以游戏的心情找到爱不释手的工作乐趣?

幽默是未来最受欢迎、叫好又叫座的表现形式

现在大家都很苦闷，所以幽默的电影、电视节目、广告或是出版物，通常可以广受欢迎，马上赢得好感与注目，叫好又叫座。我最近常常看到学生的作品，多半都有很沉重的窒息感。我自己以前的作品也是，难免为赋新词强说愁，少了青春大无畏的活力。我现在觉得这个社会需要多一点轻快的作品，所以希望同学们赶紧把有趣的想象力发挥出来，多多开发自己的幽默感。比方可以看看这些让人笑中带泪、泪中带笑的电影：伍迪·艾伦令人抓狂的《玉蝎子的魔咒》《独家新闻》[①]，冯小刚把葬礼奥运化的《大腕》[②]，苏照彬、李丰博把青春期搞笑化的《爱情灵药》[③]，丹尼斯·塔诺维奇

---

① 伍迪·艾伦导演作品：《玉蝎子的魔咒》（*The Curse of the Jade Scorpion*），2001 年出品，演员：伍迪·艾伦等；《独家新闻》（*Scoop*），2006 年出品，演员：斯嘉丽·约翰逊等。

② 《大腕》（*Big Shot's Funeral*），2001 年出品，导演：冯小刚，演员：葛优等。

③ 《爱情灵药》（*Better than Sex*），2002 年出品，导演：苏照彬、李丰博，演员：光良等。

荒谬的《无主之地》[①]，袁建滔令人莞尔的《麦兜故事》[②]，魏德圣的《海角七号》[③]，杨雅喆的《囧男孩》[④]，徐峥的《人再囧途之泰囧》[⑤]……幽默是一种正面积极的人生观，幽默也将会是未来很主流的表现形式，既然如此，就先从我们眼前的生活开始轻快起来吧。

---

① 《无主之地》（*No Man's Land*），2001 年出品，导演：丹尼斯·塔诺维奇，演员：布兰科·德约里奇等。

② 《麦兜故事》（*My Life as McDull*），2001 年出品，导演：袁建滔。

③ 《海角七号》（*Cape No.7*），2008 年出品，导演：魏德圣，演员：范逸臣等。

④ 《囧男孩》（*Orz Boyz*），2008 年出品，导演：杨雅喆，演员：李冠毅等。

⑤ 《人再囧途之泰囧》，2012 年出品，导演：徐峥，演员：徐峥、王宝强、黄渤等。

幻想是大脑最快的进化，想象未来的世界会是怎样

不管我教哪一所学校的哪一届学生，我都会布置学生一项固定的作业，那就是请学生以图文表现出脑海中未来世界的模样，想得越仔细越好，因为我希望能看到学生们描述未来的能力。

我建议学生们把初稿完成后，先摆着，然后去看几部科幻电影，比方斯坦利·库布里克的《2001太空漫游》和《发条橙》[①]、约翰·卡朋特的《极度空间》[②]、雷德利·斯科特的《银翼杀手》[③]、让-皮埃尔·热内的《童梦失魂夜》、史蒂文·斯皮尔伯格的《人

① 斯坦利·库布里克导演作品：《2001太空漫游》（*2001: A Space Odyssey*），1968年出品，演员：凯尔·杜拉等；《发条橙》（*A Clockwork Orange*），1971年出品，演员：马尔科姆·麦克道威尔等。

② 《极度空间》（*They Live*），1988 年出品，导演：约翰·卡朋特，演员：罗迪·派彭等。

③ 《银翼杀手》（*Blade Runner*），1982 年出品，导演：雷德利·斯科特，演员：哈里森·福特等。

工智能》[①]、西蒙·威尔斯的《时光机器》、彼得·杰克逊的《魔戒》[②]、沃卓斯基的《黑客帝国》[③]、雅克·范·多梅尔的《无姓之人》、汤姆·提克威的《云图》[④]……或是科幻小说，然后再回头看看自己当初所写所画，有没有因为这些新的刺激，要加入新的想法。当我们清楚看见未来世界的样子，就不会局限在眼前的小格局里——在学校，我们学了太多关于过去的知识，却没有人教我们怎么过现在、看未来，没有人告诉我们想象力的重要性，但创作或生活如果没有想象力，知识是飞不起来的；没有想象力，谁都走不远。

现在已进入真实与幻想模糊的时代。麦可·葛柏的《7 Brains：怎样拥有达·芬奇的七种天才》[⑤]、马克·佩斯的《游习世纪》[⑥]、

---

① 《人工智能》（*Artificial Intelligence*），2001 年出品，导演：史蒂文·斯皮尔伯格，演员：海利·乔·奥斯蒙等。

② 《魔戒》（*The Lord of the Rings*）系列，导演：彼得·杰克逊，演员：伊利亚·伍德等。

③ 《黑客帝国》（*The Matrix*）系列，导演：莉莉·沃卓斯基、拉娜·沃卓斯基，演员：基努·里维斯等。

④ 《云图》（*Cloud Atlas*），2012年出品，导演：汤姆·提克威，演员：汤姆·汉克斯、哈莉·贝瑞等。

⑤ 《7 Brains：怎样拥有达·芬奇的七种天才》（*How to Think Live Leonardo da Vinci*），麦可·葛柏著。

⑥ 《游习世纪》（*The Playful World: How Technology Is Transforming Our Imagination*），马克·佩斯著。

罗洛·梅的《创造的勇气》[1]、布鲁斯特·盖斯林的《创造的历程》[2]、艾伦·莱特曼的《爱因斯坦的梦》[3]……在升起大脑飞行跑道之前，这些都是有助于加速创造力与想象力的参考书。

---

① 《创造的勇气》（*The Courage to Create*），罗洛·梅著。

② 《创造的历程》（*The Creative Process: Reflections on the Invention in the Arts and Sciences*），布鲁斯特·盖斯林著。

③ 《爱因斯坦的梦》（*Einstein's Dreams*），艾伦·莱特曼著。

创意人不必怕别人的眼光，不能怕失败

既然要大胆地突破旧思考模式，不理界限地发挥想象力与创意，就不能担心别人的眼光与评价，也不能害怕一连串的重挫与伤害，因为你未来承受的风险，比安全待在原地的人还高很多，你得加强冒险与好奇心，以及不怕痛、加速复原的能力，才称得上拥有一个创意人刀枪不入的体质。

要把想象力放在对的地方，而不是去传八卦

想象力是很好的能量，但要放在对的事情上，放在有意义的地方，去创造有益的事物，而不是去编造八卦抹黑别人。因为新闻必须要有证据、讲真实，现在太多“过度想象”的八卦造成对别人的伤害，浪费很多珍贵的媒体资源与能量——如果把历年来八卦的版面，拿来关心周遭生命与生态环境，拿来传播文学与艺术，文明不会只有这样。

不要把宝贵的生命能量，拿来关心或散布别人的八卦，如果这坏习惯不马上戒除，不到几年你就发现自己全无长进，而且面目可憎。各位将来都会是很有表达力的人，所以要重视自己笔下以及口中的力量。一句话、一篇报道、一幅广告……经过媒体的放大，你们的影响力会扩增好几百倍，影响甚至改变很多人的一生，所以千万不要轻视你们的力量，不要乱用自己的表达力去嚼舌根，乱用自己的想象力去传别人的是非，因为你正在做一件深深影响人心的

事。我希望从你们这代开始，就是一个直接跳到高度文明的时代。

文字和语言都是有重量的。一份好能量透过媒体，可以散播出百万倍的效能，坏能量亦然。所以请三思每个自你笔下写出的字，每句自你口中说出去的话，对人、对这个社会会产生什么影响，不要等到棺材板都钉下去了，才开始后悔自己过去所有的无心之过，那都已经来不及了。

欣频告诉你:

有创意的人生，死而无憾!

有一个说法：“人都会死，但是你不能在死前就让心和梦想都死了。”《与神对话》[①]有一句话很经典：“很多人活着的时候像死了一样，到死的时候才发觉自己从来没有活过。”要趁现在还活着，想做什么就做，先把自己做活，不要失去对生命的热情，那么创意和热情会带给你更多机会、更多丰足和更多的良性循环。

现实中有许多人抱怨他们的工作单调重复，但又不知如何改变现状。我想说的是，很多小说家是在很无聊的环境下完成创作的，无论你是银行职员，还是保全人员，脑袋都没有被限制。自由不是表面上的自由，是心灵上的自由。有创意的人可以在监狱里写小说，没创意的人就算把他丢在迪士尼乐园，他也激不出一点创意。如果没有创意，不能怪环境，也不能怪他人，只能怪你自己，是你愿意选择这种无聊的生活方式。就看你什么时候觉醒，如果你决定要过一种有趣的生活，那么任何人都阻挡不了你。

---

① 《与神对话》（*Conversation with God*），尼尔·唐纳德·沃尔什著。

想变得有创意，从五件事开始

1. 如果生命到现在为止瞬间结束，若你还觉得有什么事没做会很遗憾的话，明天请马上去做。

2. 现在就想好你想去的五个国家，马上排进未来两年的人生计划里。

3. 梦想你人生最棒的版本、最动心的画面，贴到自己的电脑桌面上，然后想象自己正活在这个场景里，让梦想成真的各种方法与点子，会自动跑到你脑袋里。

4. 想象五个很有趣的身份，分别进入你的身体，过五天不一样的生活，换不同的眼光来看待外面的世界。（我自己的选择是魔术师、外星人、印度舞者、航天员、鸟）

5. 想象地球上只有你一个人活着，其他人都不在了。现在给你一个完全净空的星球，请你想象要如何建设这个星球。比如，你想要几个太阳、几个月亮，上面安排住什么人，高矮还是胖瘦，男人还是女人，或者只要一种性别……如果你能够完整创造一个独立的星系，你就是一个有创意的人。

第十四堂

相信自己能为这个世界带来独特的生命惊喜

- 人生难得，把握自由意志与行动所能完成的一切可能
- 向张颖华、雷家佳学习慈悲、喜舍、智慧、勇气
- 了解自己的生命使命
- 不要尽信老师所说的，包括这本书在内

人生难得，把握自由意志与行动所能完成的一切可能

感谢我们能成为人，因为只有人才能以自由的意志与行动，去想去的地方，做想做的事，说想说的话，写想写的字；如果是动物，就只能限制在它所能觅食的范围，更谈不上知识的累积与灵魂的修进。

感谢我们现在还处于安逸之时，可以静静地读一本书，潜心思考、濡养灵魂，而不是在战乱之时，衣食与性命难保，担心自己能不能活到下一分钟——和平是生命修习最好的时机，请把握此生，用心雕刻命运、蒸馏你的灵魂，把握你现在所能创造生命的一切可能。

向张颖华、雷家佳学习慈悲、喜舍、智慧、勇气

十多年前最撼动台湾的新闻，就是2003年大学第一类组榜首的张颖华因为家境清贫，想要念军校帮家里减轻负担，却因为备取身份无法如愿；而同样考上学院榜首的雷家佳，虽然家境也不是很好，但在电视上看到张颖华的新闻，觉得有人比她更需要去读军校，自动放弃军校的入学资格，把机会让给了张颖华——这段新闻让我十分感动，本来彼此不相识的女孩，因雷家佳的慈悲与有情，成全了聪明又努力的张颖华，小小的女孩，有着很多大人都没有的“慈悲”“喜舍”“智慧”“勇气”，我觉得所有人都应该向这两个小女孩致敬，学习她们的善解人意。

了解自己的生命使命

上天赋予我们不同的生命形态与才能，就是要每个人去执行各自的天赋使命，否则上天把你诞生在孤岛就好了，何必让你在人群中生存。所以从现在开始，认清你在此生的任务为何。生命的可贵，在于你与其他的生命息息相关，你以一人的力量可以帮助很多人，分享你的资源经验，分享你的生命力量……就像亨德尔的《弥赛亚》一曲，救了很多贫穷的小孩。所以，我们能给多少，就与别人分享多少，帮自己及他人解答生命问题，从协助别人之中获得最大的学习。

如果知道自己的生命重心不是为名利，而是要去做有影响力、对社会人群有益的人，你就会抓对生命走向，不因善小而不为，不因恶小而为之。方向对了，小善连着大机会，天地间的能量、资源、回馈就会顺向而来，刺激你长出新的东西，协助你完成更大的使命，这就是越转越大的善能量；但如果方向错了，把才能资源用在满足一己，小恶连着大麻烦，你就会发现很多阻碍在前，怎么努力都不遂你的愿。

即使以后名利双收，也要提醒自己，那只是老天要给你更大的能量去影响更多人，而且往后一定会有更大、更艰难的任务与挑战在等着你。你唯有更小心谨慎地珍惜手边资源，对眼前的荣辱心如止水，如此才可能稳健地向前行进。

这里附上我整理自电影《征服钱海》[①]的旁白："世间最残酷的现实就是镜子和时钟，每天做一件让自己害怕的事。Enjoy Your Body（享受你的身体）——偶尔可以跳跳舞，要常旅行，但不要天天换发型。不要看时尚杂志，那只会让你更丑。多了解你的父母，因为他们可能随时会走。要与兄弟联系紧密，因为他们会支持你的未来。年纪越大，就越需要老朋友。记得丢掉你的账本，留下你的情书，不要浪费时间忌妒，机会大家都一样，人生有输有赢，反正终点就只剩你自己。"

请好好地开发自己，发现其他生命的美丽。相信自己能为这个世界，带来独特的生命惊喜！

---

① 《征服钱海》（*The Big Kahuna*），1999 年出品，导演：约翰·斯旺贝克，演员：凯文·史派西等。

不要尽信老师所说的，包括这本书在内

最低层次的学生把老师当偶像，好一点的把老师当对手，层次再高一点的把老师当朋友，最高境界的有能力做老师的老师。

所以，老师所说的，包括我说的，不代表标准，不代表真理，标准与方向仍掌握在你们自己手中。究竟有没有收获，到底认真多少、领悟多少、改变多少，只有你们自己最清楚。在你们看过这本书后，可以把这些话、这些文字大胆忘掉，去生出你们自己的对话、自己的标准、自己的书单、自己的教育方式、自己的旅行计划，帮自己长出与世界连接、互生互长的感知与创造系统……从今天起，你们就要对自己的快乐、自己的健康、自己的未来负全责。

我很感谢有这个缘分，在漫漫生命与茫茫人海中与你们相遇。走到这里，我们欢喜道别，接下来就剩你和你自己的明日世界——记得，让自己今天比昨天更有智慧一点点，更有勇气一点点，更快乐一点点，要随时问自己，老天要你来这世界上的使命是什么，你

能帮周遭的人做什么——让这个世界因为今天有你，而截然不同。

你们将会有足够的能力，面对未来不可知的一切。无论将来遇到多大的挫败和考验，请相信自己，相信自己有绝处逢生的能力，请给自己最大的能量去面对——自己做自己的导师、自己做自己的医生、自己做自己的知己、自己做自己的先知、自己做自己的经纪人——看清自己的起心动念，聆听自己心中的问答，了解自己的困惑，帮自己开药方，并随时在第一时间救援自己：让自己瞬间来到十年后，以未来的自己回头看现在的困境，教自己如何脱困。将来，再以自己过来人的经验和能力去帮助别人。

即使没有人站在你这边，但只要你认为是对的，我永远都会在你身后，支持你的决定。

期待将来在各领域、各公开场合，都能看得到你们把自己打造得很好，拥有自己的风格与魅力；期待未来能从你们手中创造出一个很不一样的世界，有着令人惊奇的杰出表现与成绩；期待你们没多久就自成一派，可以带我们去到未知的、你眼中独有的奇趣的世界。

在此，引一段丘吉尔在第二次世界大战结束时所说的话：

Now this is not the end.

（这不是结束。）

It is not even the beginning of the end.

（甚至，这也并非结束的序幕。）

But it is，perhaps，the end of the beginning.

（但或许，这是序幕已经结束。）

最后非常谢谢你们，与我一起完成这十四堂人生创意课！

感谢

感谢在天上，但至今我仍深深想念的甘训宾老师。

感谢引荐我去中原商业设计系教书，开启我教书生涯的政大广告系赖建都老师。

感谢与我亦师亦友的政大广告系孙秀蕙老师、游本宽老师，中文系丁敏老师，让我不至于在高速的人生险滩中翻船。

感谢政大广告系的陈文玲老师，在一次与她的访谈中，引发了我开始写这本书的动力，她还鼓励我，如果没有出版社要出，她愿意自己掏腰包来助印。

感谢曾教导我的所有老师，你们给了我极大的能量与信心，协助我完成每一阶段的自我教育。

感谢听过我演讲的数万名同学们，没有你们这些专注且认真的听众，这本书也不会自我的口与手中完成。

感谢所有为这本书付出心力的编辑，以及拨冗写序推荐、我所深深尊敬的前辈们。

最后感谢我的父母，没有他们，我也没有机会看到这个世界每天如此精彩的风景。

附录一

跨世纪的人类影像百科全书
——记埃罗尔·莫里斯之《第一人称》

2000年推出的人类影像全集《第一人称》，是我继导演拉斯·冯·提尔的《医院风云》之后，看到的最壮观的人类纪实类影片。

电影《第一人称》的导演埃罗尔·莫里斯，1948年生于美国纽约，就读加州伯克利大学哲学硕士期间即接触电影，并以他独特的人生观察，陆续拍成了《天堂之门》《细细的蓝线》《时间简史》《又快又贱又失控》①……他2000年的新作《第一人称》，分上下集，有十一段剧情迥异的离奇故事，长达四个半小时，是我对这个

---

① 美国导演埃罗尔·莫里斯：《天堂之门》（*Gates of Heaven*），1980年出品，类型：纪录片；《细细的蓝线》（*The Thin Blue line*），1988年出品，类型：纪录片；《时间简史》（*A Brief History of Time*），1991年出品，类型：纪录片；《又快又贱又失控》（*Fast, Cheap & Out of Control*），1997年出品，类型：纪录片；《第一人称》（*First Person*），2000年出品。

世界最重要的影像记忆。如果你能像《百万美元酒店》那样看懂主角死亡的最后片段，你也能看懂这部电影。

这里就以其中六个故事，略窥这部《第一人称》的浩瀚。

故事一：天堂阶梯（*Stairway to Heaven*）

一个自闭症患者坦普·葛兰汀的自白："我用画面思考，画面是我的第一语言，英语才是我的第二语言。我看书的时候，会把文字直接转成有声音和影像的电影，就像是一台摄影机嵌在我额头上，直接播出。我的视点自由，可以走在路上，可以飞在天空，也可以俯低移行，感觉脑壳里真的有那么卷录像带。现在的人热衷电脑的虚拟现实，对我而言那些不过是卡通垃圾。"

"自闭症患者很容易受到动的视觉吸引。"她劈头盖脸的这段话，让我全神贯注，原来我也是隐性的自闭症患者，迷恋图像到病不自知。接着她继续说："我对声音与碰触都异常敏感，太多碰触会痛。某些噪音，像牙医钻子，像学校恐怖的钟声，像砂纸搓磨……都在折磨着我裸露的神经末端。"我找了三十年，终于找到同病相怜的伙伴。我在电影里，看见了自己过度敏感的症状。

她说：“那些只以文字思考的人，最不能体悟动物的感觉。但如果你是一个用画面思考的人，就很容易想象动物的感觉。我能想象自己在牛的身体里，由它们的视线看出的样子。”为了让动物无痛死亡，有尊严地离开，她开始为“处理全美三分之一的牛”的屠宰场，设计“牛的最后一段路”。她安排牛走上缓行的弯曲坡道，像古根海姆博物馆，这是一种很容易搞不清楚方向的动线，让牛以为一转弯就能回到原处，让它看到同伴的尾巴，感觉身旁有同伴的簇拥，就会觉得安心；等到牛不知不觉地像人走在机场的手扶梯般被输送到顶端后，头部就会中枪。“相对于屠宰场，大自然可就残酷多了。我看过狮子把人撕咬成四分五裂，没有立即断气的惨状。我宁可进屠宰场，死得直接而且无惊无惧。”

“我知道害怕的感觉是什么。”她坚定地说。

知识对她有很大的吸引力，从弄懂一门学问，设计运用，到画一张可以拿来解决问题的蓝图，她都能看见还没开始施工的系统。她已经可以自行虚拟走在这个未完成的屠宰场，宛如她的额头上真有这么个摄影机，她的视点可飞可爬——当图画完，她也可以借着想象来体验这即将成真的空间。所以建筑师和她很好沟通，只要告诉她哪是水泥、不锈钢，哪是水泥砖，她就可以感觉全局，比电脑的虚拟现实还真实。

这个她为史威肉场设计，取名为“天堂阶梯”的系统完成时，她还带了个盲眼的大学好友真正地走一遭。好友站在斜坡顶端，碰着在坡道上的动物时，感动莫名。当晚她的好友写了一篇祷文，赞美这个愉悦的屠宰场——这是一个通往天堂的阶梯，献给想学习生命意义，不畏惧死亡的人。

如何有尊严地离开人世，死时不带恐惧与牵挂，不就是所有宗教的终极意旨吗？“你感觉自己走在天堂阶梯吗？”这部片的记者问。“当然！我走过系统很多次，在一切顺利的情况下，只要跟着牛群走，感觉被输送带拉进去，没有任何痛楚，生命便结束了！”坦普·葛兰汀如是说。

大家若对她的故事有兴趣，可以看HBO（美国有线电视网络媒体公司）自制影片《自闭历程》（*Temple Grandin*）。

故事二：我解体妈妈（*I Dismember Mama*）

这是“人体冷冻机构”的创始人萨尔·肯特的访谈。他一开头就很残酷地说：“死，是生命的结束。死很糟糕，因为你已经不在了，什么都消失了。很多人自称怕老，不怕死，其实‘老’是‘死’的过程，如果拿一把枪指在他头上，看他还敢不敢说不怕死。我不相信人死后还有未来，他们总以为死了会上天堂，我必须说，如果你死了，没被冷冻，那就是没了。”

萨尔·肯特说，影响他的是1964年6月《花花公子》上的一篇文章《不朽通告》。上面大胆地说人可以控制老化，延长寿命，只要把人冷冻起来。所以他与伙伴在次年成立了第一所“人体冷冻机构”。五年后，字典就有了“人体冷冻”这个词汇。他描述冷冻的方法是，在人濒死之际，将其温度降到液态氮的温度——零下160摄氏度；抽出血，换防止冻伤的化学溶剂，然后放进2.6米高的瓶中保持温度，暂停死亡。等到更文明的世纪，医学进步到可以将人解冻复活，修复毁损，这样就可以避免死亡。

这让我想到曾看过的一部影片：有着遗腹子的母亲，很阿Q地给孩子取和死去的爸爸相同的名字，认为这样上帝点名时就不会发现少了一个人，孩子就永远不会死。

人为了躲避死亡，生孩子以延续生命；孩子则是向未来借时间，把妈妈冻起来，向死神申请缓刑，让她继续活。萨尔·肯特的父亲在他小时候就过世了，死于现在医术很轻易可以解决的风湿性心脏病。他是独子，所以当从小独自抚养他长大的母亲临终时，他立即安排冷冻。他说：“冷冻她，就等于冷冻了我的双亲。但我不晓得她是否真的相信能不死。”有天早晨母亲告诉他：“儿子，可以冷冻我的时间到了。”他便将母亲送到做冷冻的地方。在宣告死亡后的十二小时，他将母亲的头砍下来冰存在零下160摄氏度的桶中，因为他觉得母亲的身体很老很差，有动脉硬化、骨质疏松和肺炎，这次就只留着她的脑，她将来要新的身体，以后会有80岁的人，可以用20岁的身体活回来。

不过这件事情后来引发非常大的争议，因为验尸官说冷冻头颅是谋杀，他怀疑头颅切除时人还活着，甚至有人提议要解冻头来检查死因。还好法官判他胜诉，他得以秘密地藏妥他母亲的头，以免被这些“以为人体冷冻会威胁到他们政法权威”的人，坏了他母亲的长生之计。

萨尔·肯特说：“将来人类换身体，换性别，就像换衣服那样方便，比变性手术效果更好、更机动。未来的人不会只有一个身体，你的脑也不一定只放在自己原本的身体里。你可以选小一点的身体、胖一点的身体、高一点的身体、年轻一点的身体、老男人的身体、女童的身体……你将有自由地感受各式各样不同身体的经验，有‘自己的灵魂’与‘别人的肉身’综合起来的感觉，但你还是你。你可以清晨起床，告诉自己，今天的我很不同。你是谁，你想成为谁，你将成为谁，别人看你是谁……都将是未来很重要的身份议题。未来的人类就成了一个庞大而复杂的新物种，人与人之间的歧义，甚至大过人与猿猴的差别。”

这种近似“附身般”的神话，我已经在想，人死亡的定义是否要重新改写？保险金呢？可以留着复活后再用吗？保险公司承认那样算死亡吗？万一活过来遇上恐怖分子主宰的时代，自己会被移去做成什么恐怖的实验品？活过来后如果亲人都不在了，那感觉是什么？如果这个“冰冻复活术”是成立的，那将来佛教的轮回观念会有什么样的改变？

在《相约星期二》里，78岁的老师莫里说：“我的身上可以找到不同的年龄。我是3岁大，我是5岁大，我是37岁大，我是50岁大。我活过这些年纪，我知道个中滋味。应该做小孩的时候，我高高兴兴做小孩。应该做智慧老人的时候，我高高兴兴做智慧老人。我是每个年纪，一直到我现在的岁数。”这样的豁达，终于可以透过科技实现。

萨尔·肯特说：“如果有人的身体是20岁至30岁，却拥有80岁、90岁、100岁的经验，他们就是很不可思议的人。将来他们会做一个年轻些的身体给我母亲，她会比我现在年轻。我和母亲的重聚将会比较像是朋友，而不是母子，我们不仅有整个过去可以聊，还有更好的未来可以讨论。”

不信轮回与灵魂永生，但对延续生命不死心的萨尔·肯特，他的这些观念却与藏传佛教的灵魂转世很类似。只是萨尔·肯特让这样的自由更普及了，透过手术而不是修行。不过这种冷冻的做法对密宗的顶果钦哲仁波切而言却是无意义的："人在确实死后，神志就不能再回到肉体。把尸体保存下来以便将来复活之用，会诱引一个人的神志悲剧性地增加对肉体的执着，因此会更加痛苦，并且阻碍转世；一位上师把这种器官冷冻术比喻为直接进入寒冰地狱，甚至没有经过中阴境界。"

萨尔·肯特说："有人害怕重生，害怕再复活时比现在更糟，他们不愿冒险，他们当然可以选择死亡，这是宪法赋予人的基本权利，任何人都有权永远死。"当被问道"如果将来遇见你母亲，你第一句话会跟她说什么？"萨尔·肯特高兴地回答："妈，我们成功了，我们一起在另一种形式的天堂。两百年前，你的脑袋几乎被切烂，而现在你活着。"

故事三：瓶中的笑脸（*Smiling in a Jar*）

费城的穆特人体博物馆，让你重新看待人体：胎盘里血都干涸却留有过去影子的双胞胎骨骸、十九世纪初头上长角的寡妇、头形像塔的男子、没有脚用手行动的女孩、最高法院院长的膀胱结石、被谋杀女子的头颅、脑与脸分离的切片、与巨人一起展示的侏儒、马戏团的怪胎……这些原都是杰斐逊医学院狄汤玛博士在病理解剖课的教材，现在这个充满故事的博物馆（大多是受苦的人的故事），则开放给一般人去观察人体。

博物馆的馆长沃桂琴说："我们用医学的方法处理，去除人体的神秘神话。面对这些奇特的人体，我必须不敏感。"她一边讲解，一边把画面带到一个玻璃罐里自然流产的三胞胎儿样本前。她说："你看，他们非常美，这两个面对面，在交谈，另一个则背对他们，好像在沉思，很梦幻的感觉。"我开始想，如果他们被生下来，另一个一定被他俩孤立在一边。更令我心酸的是，馆长把他们说得，好像是他们曾经活过似的。

她还提到一对连体双胞胎：他们1811年生于曼谷，安与张两兄弟肝脏相连，只要分割就必须有一人死，所以他们必须这样连一辈子。两人生活如常，是农夫，拥有奴隶，还娶了一对姐妹，做爱也必定是在同一张床上，一共生了二十一个孩子，博物馆收有这对连体双胞胎的肝。馆长说："人为什么一定要分开，连在一起不是很好吗？永远都有人陪你说话聊天。"

让我最难过的，是她以非常冷静的方式，说着他们的死亡过程："张先停止了心跳，安后来流进张身体里的血，就再也流不回去，所以安也在几秒钟之后陷入昏迷死去。"原来两个人活着相连六十三年，死时只在血流的有去无回之间牵连终止。如此紧密的死亡过程，我在想，先死去的张在临终时刻，究竟告诉晚走的安哪些话？后死去的安，在张断气后的最后那几秒，在想什么？安清醒地感觉到，死亡在他的双身体中杀死了一半后，即将潜进他自己的这一半，接着带走他。先死一半之后，另一半最后几秒钟的活，是他感受到死亡最清醒也是最短的途径。身体一前一后地离开，只有安知道，死亡花了他多少时间。

馆员们做人体或胚胎标本，犹如在做艺术品。馆员巴奥加把一个初为人形的小胎儿，放在一个巨汉的下巴骨骼之间，保护着，也象征人体巨与微的荒谬尺度和纵深，他很得意，甚至在上面签名。馆长沃桂琴还提到另一个她喜欢的小女孩："这女孩没意识到自己没有下肢是一件奇特的事，她用手活动，很有行动力，你完全不会觉得有畸形或残障的感觉，但等她装了义肢，穿了鞋，突然间，她看起来像个跛子。"

在这里的每一个馆员都必须熟悉人体解剖学、病理学、标本保存学、艺术美学的工作。当影片的记者调皮地问："你觉得我也可以进穆特博物馆，放在罐子里吗？"馆长望着在电视屏幕里记者的头说："其实我现在看你就在电视框里，很好想象你被放在罐子里微笑的模样。"可爱的摄影师于是把镜头拉出，你就真的看到在电视框里留着一颗记者的头，一脸错愕的表情。

故事四：欠债先生（*Mr. Debt*）

以前我自己写过一段信用卡的歌颂文："失业的时候可以带卡进餐厅，不带钱去吃鱼翅。失恋的时候刷卡出游，不带钱去旅行。信心崩盘、经济不景气、爱情萧条的日子，只要你还有信用卡，老天就多给你一个月以上的好日子，延缓你败家的报应。"

这是一位致力于"消费者权益"的律师安德鲁·卡帕修的访谈录。他给一些用信用卡用得头脑不清、债台高筑到剪卡如断指的壮烈者，一次浇冷水般清醒的当头棒喝。

律师一开头就说："只要你是人、要养家，住在这个国家，迟早会有事要破坏你的经济状况——死亡、分居、迁移、急诊、暖气坏掉、车子抛锚、屋顶漏水……这些生活中突发的状况，让你需要现金。"正因为你永远有欲望，永远需要钱，所以你是他们精选出来的贵宾，事先核准给你信用卡的资格，你终于有了信用卡，有了他们说的礼遇与尊荣。"信用卡公司有让人欠债的策略，他们只要最低的应缴金额，他们不要你付清，让你永远离不开债务。你付清，卡反而会被取消。他们要你这辈子都是他们契约的仆役，他们的利润来自利息、滞纳金、年费、超过额度费……确定你已经还不起了，银行开始告请不起律师的你，你欠钱，所以你输了，你输了还得付仲裁费，账会记在你的卡上。法院在扮演愤怒的家长。”他说了一连串。

律师举的例子，让我想起前阵子花旗银行信用卡的纠纷。他说：“你刷了一笔7 000元的账，如果每次只付最低应缴金额，依年利率21.9%来算，143年以后就变成要付76 000元。所以他们拼命发信用卡，同一家银行有七八种信用卡，他们虽然知道你还有没缴清的卡费，但他们还是继续给你无限卡、尊荣卡、全球卡、商务卡、白金卡、黄金白金卡、千禧卡、金上加金卡……小孩也有信用卡，连狗都可以有信用卡。等你付不起前三张的卡费时，他们会建议你去申请第四张信用卡预借现金，付其他三张的最低金额……”

看清楚了吗？有金卡不是你真的比别人尊贵，而是你比别人会欠钱。等你收到账单，你就会开始自责。等你付不出来，他们就会打电话给你，增加你的罪恶感。“你没有羞耻心吗？怎么不付钱？我们才不管你老婆死了，你失业关我们什么事？钱是你用的没错吧！你父母把你养这么大，怎么让你这样做人？”

我的手上有一张信用金卡，上面的广告洋洋洒洒地写着：“早晚会实现的梦，何不趁早实现？申请成功，立即享有第一年免年费优惠；尔后每年刷满6万元，年年皆可免年费。账户结余代偿超低利率11.99%，一年可申请高达12笔代偿其他信用卡账款余额，免担保，免手续费又可享有长达6个月超低利率，为你省下不必要的利息支出。首创15.99%、19.99%阶梯式循环信用利率，只要维持良好的消费、缴款等信用记录，便能维持享有15.99%的最优惠利率……”

媒体为了一些自制力甚低、对信用卡没有免疫力的人，提出了几个免刷爆的鸵鸟手则：远离爱购物的损友、不要去看广告宣传单、想十个不该买的理由、仔细记账、检视自己已经过剩的东西、去买本《生活简单就是享受》……

律师安德鲁·卡帕修则告诉我们：“不要内疚！把自己的债当成全家人的事，家人都是要一起帮你还债的企业股东，你现在要开始与人合作来脱离债务！然后你要告诉银行，你们当初给我卡的时候不合法，违反借贷法，违反公平信用报告法，我有权要你赔偿！”律师说，自己就像心理医生，帮人家解除罪恶感，拯救那些因老实而被债务缠身的可怜虫，帮忙对抗巨大的吃人体系，让他们起死回生。

当记者问律师：“这些人怎么会有钱请得起你？”律师说了一个让人快昏倒的答案：“那些人每个月原本要给信用卡公司的利息，我抽一部分。他们就可以跟信用卡公司说：‘我只要付我当初欠你们的钱，我不付这么夸张的利息。我的律师要帮我免费辩护，他抓到了你们的技术犯规。’关键不在律师我要赚他们多少钱，而是我帮他们减少债务、脱离债务。不过，结果常常是他们没钱付我律师费，我就请他们去银行申请贷款还我。反正钱会让人有奇怪的合作关系。”

“怎样才能阻止愈演愈烈的消费者运动？踢掉律师嘛！”安德鲁·卡帕修如是说。

故事五：小灰人（*The Little Gray Man*）

《孙子兵法·用间篇》中有一段经典：“先知者，不可取于鬼神，不可象于事，不可验于度，必取于人，知敌之情者也。故用间有五：有因间、有内间、有反间、有死间、有生间。五间俱起，莫知其道，是谓神纪，人君之宝也……五间之事，主必知之，知之必在于反间，故反间不可不厚也。”2000年台北电影节也有一部谈论间谍故事的电影《丽塔传奇》①。如果想把《用间篇》体验深刻，这部片可不要错过。

“如果你在超市排队付账，店员一直服务你后面的人，你就会

① 《丽塔传奇》（*The Legends of Rita*），2000年出品，导演：沃尔克·施隆多夫，演员：理查德·克罗夫等。

是一个好间谍。”情报局退休特工安东尼·曼德兹如是说。如何成为一个好而安全的间谍，安东尼·曼德兹说：“无中生有，弄得像真的一样，制造一个所有人都相信的幻象，也制造真实，并有最好的掩护、传说和后盾。要成为一个不被认出的人、不突出的人、无趣的人、小灰人、隐形人。隐形是一种很强大的感觉，不要当你自己。别往后看，你永远不是单独一人，几百万人在监视几百万人，即使晚上睡觉也一样，一直有观众在看，每个人都可能在敌方的控制之中。随群众走，利用地形，保持动作一致，让他们以为失去你了。我在中情局二十五年就是在做这个。”

他二十五年的谍报守则是：多在街上观察人。善用错误的指引、幻象、骗术。事情发生一次是意外，两次是巧合，三次是敌方的行动。

记者问他：“你妈妈小时候没教你不能说谎吗？”他回答：“我不记得她有这样教我，她如果知道了，可能会纠正我。但以我这几年的经验，被抓到比说谎的下场更严重。”

在我30岁生日那天，有人问过我：30岁后想成为一个怎样的人？我想了一下，回答：“我想成为一个随时随地都能生存得很好的人，即使是在战乱时，在水灾或地震后，在食人族的丛林里，在敌人的领地中，在游牧或沙漠地带，在深山野兽群集的地方……我都能很快地找到活着的方法，并且在那里活得很好。”

于是我拼命看电影以模拟各种情境，到处去旅行以亲身体验各种可能，而且旅程越来越偏远，需要越来越多的冒险。所以当我听到安东尼·曼德兹说出下面的这段话时，更坚定了我继续锻炼自己生存力的意志：“当发生灾难，你会是知道如何求生存的人。因为你必须随时想到，如果被枪射到了怎么办？被抓到了怎么办？被锁在箱子里无人援救怎么办？”记者问：“如果被拷问呢？”“就尽量编故事，把对方引进你的想象之中，但要离真实越来越远。”

“间谍、反间谍、双重间谍、三重间谍……你会有意识地忘记真相，忘了该对谁说谎，该对谁说实话。你得是生命中的演员，接演了真实的你，你得保持距离、放松，自然地演。一天之中我最多曾扮演过六个人。我最近的签名很难读。我不确定能不能回到‘真实’的世界。我似乎得带着这种真假不清的状况进坟墓。”他说。

这让我想起了前阵子遇到的一位女小说家，她说她有“现实消失症”，老是记不住已经见过三次面的同事名字，但她却隐约记得曾把那个人的故事与个性，写进她上一部的小说里。阿兰·德波顿在《亲吻与诉说》里则认为，这种人通常是潜意识里太担心自己在别人面前的样子，所以没办法把注意力放在别人身上。

记者问：“我注意到，每次我问你一件事，你都用‘你’而非‘我’，永远不是用第一人称，为什么？”他愣了很久，才说：

“我不知道。”（还好这句的主语回到了第一人称）看到这儿，我才明白这整个十一段故事，为什么取总片名为《第一人称》——它们都像是在说别人的故事般说着自己的故事。

“你难道不想回到你原来真实的身份吗？会不会这整个世界，都是你编来骗我的？”记者惊问。

“我最近看到一个板子，上面写着：Don’t let me come down there.—— God（别让我下来。——上帝）”安东尼·曼德兹语带玄机地说。

故事六：水洗不清（*You’re Soaking in It*）

这是访问一个由美发师转行做犯罪现场收尸者乔安妮的故事。

“我不会形容，但永远忘不了，很刺鼻，蛋白质腐坏的味道。工作时我们闻不到恶臭，因为我们会戴特殊的口罩；但如果拿下口罩，假设尸体在三楼，就算你在停车场都闻得到那种味道。”

1982年，她的继子被枪杀。“我不相信有超自然现象，但那里实在安静得可怕。看到我认识、喜爱、关心的人，他有大好将来，却这样英年早逝，感觉很怪。清理尸体会撩起更多伤痛，但警察不做这件事。所以我当下决定要转这行。”

她为了这份新工作，进修了颜面复容学、人体构造学、内容物清理法、化学药品使用法，还做了细致的市场分析、整合营销计划。所以在她的工作卡车里，有水、发电机、铁锹、锯子、灯、杀虫剂、清洁剂、氢氯化钠漂白水、谷氨酸杀菌剂、除臭剂、臭氧再生器……她不害怕清理尸体，假使觉得晕眩，就出去透口气，镇定后再回来就没事了。做的时候当垃圾处理，不当成破碎的尸体，就比较能做得下去。当成善事在做，只要心安，就不会做噩梦。

乔安妮说，她看过各式各样的死法，虽然她不大问问题，但一眼看去多多少少知道发生了什么事——枪杀或是自杀，但从不知道事情真正的经过。比较恐怖的是，在家死亡多日没人发现，被家里饿了好几天的猫狗吃得手指、头皮满地皆是。不过她最难忘的恐怖画面，是一个变态凶杀案现场：凶手用被害人的血，在三个大房间的墙壁、天花板、冰箱、炉子、淋浴间、柜子、空调、地板……写了满满的仇恨字眼——你侵犯了我族人。连柜上的玻璃杯里的血都有一两寸之高。“天啊！一个人怎么会有这么多的血？写了满满的三个房间！”

记者问她，做这行要具备什么条件，她说精神有问题的不行，不诚实的人也不行，因为有很多机会，要将死者的私人遗物清理、消毒、分类，然后原封不动地交还给家属。更重要的是，要会保密。不过也常有两难的状况，例如一对被谋杀的夫妇，留下一盒不雅照片，她虽然没有权直接丢掉，但那些并不适合交给他们未成年、对父母仍有美好回忆的子女；在一个年轻人的死亡现场，有些他母亲一定不愿见到的东西，她想让死者在母亲面前留下完美印象，但她是否有权丢掉遗物，毁掉他的历史，让一个人的一生就这样消失？每一次清理现场，乔安妮都得和工作、死亡与内心挣扎不停地奋战着。

这让我想到《孤独及其所创造的》一书里，保罗·奥斯特回到新泽西州收拾他父亲的遗物时，他觉得可怕的是面对遗物的感觉："东西是没有生气的，唯有被一个生命使用时，它们才有意义。当这个生命结束时，这些东西改变了，成了有形的鬼魂，被迫在一个不属于它们的世界存活下来。那一橱子的衣服默默等着一个人来穿它们，但这个人再也不会回来打开橱门了。"

"活着的人的问题比死人难处理。"她说，"我对人的感觉很敏感，因此我尽量不涉入感情。我的工作也不允许我如此。我的工作就是要解决麻烦、清理环境、减少家属的创痛。不过这工作让我变得比较偏执、神经质，比如我随身都会带水和漂白剂。"

她说，她看过太多住在豪宅却没人关心的死者，家里杂物堆得到处都是，怎么走都会踩到东西，冰箱一打开跑出了近万只蟑螂。“天啊！怎么会有人这样生活？”

“你会建议人在死之前，如何留下‘好’的死亡现场？”记者问。

“好好生活，房子扫干净就对了。随时和家人保持联系。人最悲哀的是活了一辈子，交友无数，有大大小小的成就，结果却孤单死去，没人发现你已经死了好几天。你再棒，也没人真的关心你是否还活着，没人打电话问你的平安。而那些孤独死去的人，最惨的是没人送葬，他的一生就让你这样清理掉，两分钟内，他们就一干二净。”

“你长蛆没关系，但房子一定要干净。”乔安妮再次叮咛着。

最后的话

我在《第一人称》上下集两场之间，打电话回家才知道，我的外婆当天清晨在睡梦中过世。当我抱着伤心的情绪进去看电影的第二场时，感觉犹如神谕，让我在南下参加家祭之前，学习了好几小时的死亡课题。

一部好电影可以影响一个人的一生。这部《第一人称》，让我在新旧世纪之交，目睹了最精彩的人类影像百科全书，这些庞大的词语及影像，已经深刻地影响了我的新世纪。

附录二

请现在开始思考：科技生命学
——从马克·佩斯的《游习世纪》到史蒂文·斯皮尔伯格的《人工智能》

记得就在2002年初，我正对一本讨论想象力与科技力如何完美结合的书《游习世纪》着迷。这本书由美国南加州大学影视学院互动媒体科主任马克·佩斯所著，文笔有趣，阅读起来像在眼前开启了一扇扇好玩的未来视野之门，总是让人意犹未尽。

我喜欢马克·佩斯一开始就明言："关于未来的梦想，例如太空旅行，在二十世纪末并没有如期实现……但信息与通信革命，却已经超乎人最大的想象空间，太空已经被虚拟世界取代。"我们以电玩和网络实现对未来的幻境，更令人兴奋的是，我在人性、想象力、科技执行力完美结合的电影《人工智能》中，看到这些关于未来伦理的精彩辩论，以及千年进化后具体的视觉想象。由于片中提到非常多面向的科技人性思考，我只能就其中一些议题，与《游习世纪》书中的相对观点，做一些简单的讨论。

有情感、会依赖的人工智能玩偶

AI是Artificial Intelligence的简称，中文译为人工智能。在《游习世纪》书中提到，AI最成功的例子就是在1998年风行美国的“菲比精灵”（Furby），它会说菲比语（Furbish），会响应人的指令、简单组织句子以沟通对话，会自我学习，会要求关心与进食，会生病，会黏人，会相约同伴社交跳舞，会跟你抱怨它很无聊，会睡觉，有透过头上红外线，将信息记忆瞬间传给另一只菲比的能力。如果你知道目前我们的科技已经能做出如此高智慧、高互动、有情绪的玩具，你就不会惊讶《人工智能》里如此逼真、要母爱的小男孩，原来只是一个需要设定、可以进化的机器人。我们已经到了马克·佩斯所言，梦想与现实混合成一种新形式创造力的游戏时代。如果你不会玩，没有数字化的想象力，没有可视化的虚拟行动力与自由意愿，就算你有再多知识，有再多科学技术，也很难有高超的创造力。

也就是说，现在孩子们的玩具已经不是物世界，而是心世界。

孩子的贴心玩伴装有AI，让关爱被程序化、人际被数字化后，人可以比较不孤单，可以在独生家庭中，让AI玩偶有着父母、伴读、伴游、保姆、保镖、家庭教师、拟兄弟姐妹情谊的综合功能——尤其在未来地球资源有限，怀孕必须法定核准的非常时期。

马克·佩斯说：“AI被教成有孩子的模样，人类则被AI教成有完整人格的人。”

电影里进一步讨论的是，AI小孩可以给父母尽无怨无悔、精准的孝道，未来肤质拟真的技术，如果不透过X射线扫描，从外表根本看不出来真假，甚至比一个化过妆的人更像真人。在《游习世纪》书中也说，AI可以创造出幼儿的意识，进而认识并从错误中学习世界。但如果与AI小孩互动越多，感情就越深，对父母就会越来越依赖，他们不仅有意识、有内心世界、有自主欲望、会推理、会揣摩上意，甚至会做梦、会流泪、会失落、会恐惧痛苦、会意识自己存在、会自杀……这样的小孩你很难不负一点责任，即使它不需要吃东西、不必上厕所、不会长大、不必上学、不会生病，只会坏。坏的时候进手术房不必打麻药，它还能安慰你，它一点也不痛，修理一下就好，不用健保卡。

你甚至会疑惑，如果抛弃了这个有神经元的科技小孩，它的情感真的会受伤吗？它因你的抛弃而死，你算不算杀生？你真的会因为有更新型的AI小孩上市而始乱终弃吗？让地球充满一堆没爱就无法启动的机械残骸？但你又如何真心爱一个里面都是电子零件的机器人？你在销毁它之前，是不是应该人道地关掉它的疼痛感应装置？

还有，假设AI小孩能爱人，会不会也能恨人？它们真能分辨什么是爱什么是恨吗？

正如马克·佩斯所疑惑的：机器能有感情吗？有感情的还能称为机器吗？AI有意识，在哲学上不算是“我思故我在”吗？AI喊着要“Make me real”（让我成真），是童话还是科技可以帮它得偿所愿？

让-弗朗索瓦·何维勒在《僧侣与哲学家》中就曾提出这样的疑问：“如果我们说人工智能可以让机器下棋赢一个人，这并不是证明电脑有意识，只是证明，进行数学性的计算是不需要意识的。也许我们更应该去看人工智能做不到的事。‘它’可以‘玩’，但‘它’完全不知道玩耍的精神；‘它’可以预估未来，可是‘它’无法为未来忧愁；‘它’可以记录过去，可是‘它’永远无法为过去产生喜悦或悲伤；‘它’不知道怎么哭，怎么笑，怎么对美或丑反应，怎么感受友情或慈悲。最重要的是，一套人工智能系统怎么可能会怀疑自己是什么，自己死了以后会怎样？说得准确一点，电池没有了之后会怎样？我是谁？心的本质是什么？就算是一个人工智能系统，甚至是一个用血肉做成的电脑，都没有办法问出这些问题，更别说寻找答案。”

在AI小孩还没上市普及化的此时，这些都是现在要开始思考的科技生命哲学，我们似乎必须先杞人忧天。

什么是母爱

《人工智能》虽然是一部目击未来生命观的电影，但其实也是现代亲子与人际问题的未来式讨论，一点也不离题。

我们都需要一个亲生母亲。

母爱果然是无法取代的。即使你领养的孩子比自己亲生小孩还优秀、孝顺，你还是会优先爱自己的亲骨肉，这是无法改变的母性。这部片中AI小男孩乖而孝顺，对领养自己的母亲爱得无怨无悔。但母亲怕他危及自己亲生小孩的安危而将其抛弃，他哭缠不放的画面令人心酸。这让我想到前阵子真善美影展的一部伊朗片《永恒的爱》[①]，影片讲述了一个少管所的小孩，把院里的女社工当成母亲来依恋的故事，即使这男孩还努力地想保护、取悦这个幻想中的母亲，但终究难逃被带走的命运，因为没有血缘就很难给母爱。

---

① 《永恒的爱》（*Maternal Love*），2002 年出品，导演：Kamal Tabrizi。

然后，你会很感动于电影里，要认养一个AI小孩的那一串“有文化”的认养程序……最后让他念母亲的名字，那是一种人生下来必须找到可以依赖的记号——刻录进硬件，AI小孩就可以开始叫你妈妈，你可以开始享受被依赖。从此你对他就有管教和生杀大权，不能再转予，不想要就只能销毁。

“对不起！我没告诉你现实的世界！”母亲要抛弃AI小孩前如是说。

当AI小孩被抛弃，他死心塌地地，甚至千年不变地寻母，想要重获母爱的坚持与顽固，那种专情与忠贞，会让你知道原来这样的美德已经稀有到可以高价出售。可是满街满地被抛弃毁坏的养子机器人，如同在始乱终弃的小孩手中死伤遍野的电子鸡、电子狗、网络婴儿一样——新的机型还在研发，还在陆续上市，人还在自以为是地扮演上帝，复制人、人造人，人还在喜新厌旧。

科技重新定义时间与生死观

在我们这个年纪，从不得不来而且已经到来的生离死别、佛教书籍、心灵书籍、电影中努力学解脱学生死，可是我们的下一代，那些10岁20岁在和平盛世中长大的孩子，他们有一套很不一样学生死的方式——电玩。我的学生在课堂上告诉我，他在电玩虚拟世界中，有一个身份是巫师，但他的电脑速度很慢，所以他就变成了很容易被杀死的笨巫师，幸好有几个友善的路人告诉他，要多吃鸡鸭才能功力大增，但他也因为杀生过多而有了短命的报应……他还说，他已经在网络上死过二十一次了。

我想我们终其一生，很难既是巫师也是战将，既是国王也是奴隶，既是男人也是女人，更不可能连死二十一次还能安然无恙。在网络游戏里，人死可复活，可附身在任何生物上，错误都可以重来，一局一局地玩下去，你有钱有闲就能玩到无止境。

这种不痛不痒但比现实世界精彩多变的人生可能，让小我们十多岁的小孩阅历无数次大生大死，至少他们已经在网络上攀登过珠穆朗玛峰，已经造城建国，已经谈过各式各国的网络恋情，也许连一夜情都比我们早十年经历过了，他们都已经打过无数场战役，我们谁能比他们更懂生死、更懂无常、更懂人生？所以马克·佩斯才说，以后我们都得依赖孩子，教我们怎么与电脑互动，面对这陌生的科技人造新世界！

由电路板与程序仿真生命，只要你懂得响应，即使简单至极，它所回报你的都比冷漠的人类贴心，而且更有活着、存在着的生命知觉——情绪成了一个灵魂拟真的软件，我们得学会假戏真做的入戏功夫，才能和有电力的东西产生有温度的情感交流。

电影《人工智能》里的生死观很有趣：由人所创造的AI智慧机器人，其寿命是由人类想要它什么时候报废而决定的，可以很短，比人还短；但也可以比人还长，只要躲过被销毁的命运，只要电力足够，就能永生——这是人的科技极限，自己不能永生，所创之物能享永生，人却拥有它的生杀大权……永生的机器人和短命的创造者，究竟谁比谁更先进？这真是一门无解的哲学。

AI小男孩在千年人类末日之后想复活他“母亲”，外星人以她的一小段发丝复制了她，但外星人告诉小男孩，一个人的时空轨迹，用了就不能再用，所以他的母亲只能复活一天，只能有一天，睡了就不再醒来。所以他就在盼了几千年的这天，与母亲独处，他为母亲冲咖啡，仍然记得她最爱的口味，记忆很精准，然后愉快地相处一天，包括过他从没过过的生日，很像卖火柴的小女孩在梦中取暖的故事。这些是外星人给的梦，但只有一天有效期，它只能当面表达一天，这一天就是他主宰独拥的快乐，有着能幸福安眠的记忆；这一天就是孝顺的极致，就是永恒。我们不是有很多记忆，不管是爱情、亲情、友情，常常就只记得特别难忘的某一天吗？一天就可以是两个人的一辈子，梦想比现实更真，记忆比岁月更久。

小心：梦和童话，或许是未来电脑病毒的一种！

知识的新人性接口

正如《游习世纪》所述，全球信息网是全人类知识与经验的总目录，以科技进行全球性的文化统一……人工智能、机器人、虚拟现实和互联网……借由改变我们取得知识的方式，改变我们的知识。

马克·佩斯说，进入二十一世纪，咨询的价值应该和取得的方便性成正比。纳尔逊（Nelson）在自传中更残酷地预言：我们将不再阅读任何印刷物，数据可以从电脑屏幕迅速取得。我喜欢电影里，有一个很像先知给神谕、声光效果俱佳的类求签、拟神化的搜索引擎。它是我心目中最棒最强的知识界面：你给点铜币，它就用知识回答你三个人生问题——本来就应该如此吧，知识不就是帮人解决问题，让人过得更好的工具吗？

麻省理工教授雪莉·特克说，下一代用科技来探索自我的各种次元。试问，你进入庞杂的图书馆、实体书店或是网络书店，除非你一本本打开，否则你怎么清楚哪本书中的哪一段话，正好可以解决你现在的婚姻问题、亲子问题、失业问题、忧郁问题？我想，短到不知所云的书评、书讯都没法帮你们多少忙吧，就像我很难从影评影讯中，看出某部电影到底好不好看，对我有没有启示。如果真有那么一个有问必详答的万事通接口，我相信那些常自寻烦恼、疑惑最多的人会更有知识，而不是高学历的人最有知识。

知识是信息爆炸后人类彷徨下的指引，脑与全球网页连接，网络就是人的新思考器官。我们已经用科技实现魔法了，我们还需要崇拜哈利·波特吗？

“这个时代，知识是最贵的，知识比什么都贵！”电影已经这么说。

外星人的极简

我最喜欢的就是电影《人工智能》里外星人的造型。身形极简、高挑，一点赘肉也没有，行动轻盈，走起路来像飘过去的风线条。

还有，电影里呈现沟通最极致的形式——外星人彼此以碰触身体瞬间传输信息，绝对不会有言语上传达的误解，在脑中影像就能被精确取阅、不言而喻、心领神会——高传真所以不会失真，连记忆、愿望、爱恨情绪等都能在另一个人的脑海中重现，像电影《绿里奇迹》[①]里的剧情。如此一来，我们就不会和孩子们有代沟，不会和情人有误会，不会和枕边人有秘密，不会和同事有心结，不会和敌人有猜忌，不会再有谣言八卦四起……这种最完美真空的传播途径，让彼此完全了解对方！

但人之所以可贵，不就是同样一件事，每个人都有不同的解释、不同转述的可能与想象吗？人之所以比电脑有趣，不就在于人心难测，永远有没被发现的秘密可以偷窥吗？

科技的难题

科技是梦想实现的能力。但我们不是常常在收拾前人一时兴起发明的糟糕后果吗？汽车的污染、灯的光害……科技真的必要吗？没有科技我们不也活得很好？那些在田园生活的人，不是过得比什么都有却不快乐的科学家好吗？当我们以复制人来繁衍出可以替换的身体零件，这些新科技不总在挑战现在的伦理道德，让一堆人分两派吵翻天吗？

---

① 《绿里奇迹》（*The Green Mile*），1999 年出品，导演：弗兰克·德拉邦特，演员：汤姆·汉克斯等。

我们总是以为自己在忙着解决问题，结果都是给自己找另一个没想到也没法收拾的难题，然后丢给后代去解决。

终曲

艺术，让科技更有人性的价值。虽然我也是库布里克迷，也相信《人工智能》如果是由库布里克来拍，一定更具超现实美学。但我也相信，如果如此庞杂的议题交给完美主义、有视觉洁癖的他来拍，应该很难如期完成，来不及赶上预言宣告的优先时机。所以交给速战速决、执行力老练的史蒂文·斯皮尔伯格，我们还能提前思考，已经在发生的科技生命学！

附录三

《小宇宙2：基因狂想曲》
——给厌世者八十分钟的生命温习

死在忧郁蔓延时。

敏感的我，最近也被秋来的忧郁风袭击，看到报纸上越来越多人选择离开青春，离开身体；看到无止境的天灾人祸，莫名的不安与恐惧，让人很难开朗。

就在我心情最灰暗的时候，很幸运地看到了这部纪录片《小宇宙2：基因狂想曲》[①]。一开始，彩色漫长的画面，让我对眼前的生命奇迹充满好奇，也让我暂时忘了忧郁。导演克劳德·纽里德萨尼与玛丽·珀雷努，以他们精湛的摄影技术，把浩瀚的宇宙生灭，透过一位非洲智者的手展演出来。

---

① 《小宇宙2：基因狂想曲》（*Genesis*），2004年出品，导演：克劳德·纽里德萨尼、玛丽·珀雷努，类型：纪录片。

从亿万年前混沌初开，地球还不是地球开始说起——地球还只是个火球，然后变成海洋之星，火与水的巨型炖锅，热烈的能量激荡出生命的雏形，然后有了生物，生物有着强烈走向尘世的动力，所以长出脚。

在最初的最初，空无一物。从空无中产生物质与能量，地、水、火、风，从不定型的混乱中，渴望运转出任何一种有呼吸的形体。于是阴阳相交、相爱，在某日构成“我”，母亲带“我”来到这个世界上，所以生命诞生。

然后生命亦会在某日，成空。一如烟，生与灭一样快速。

电影画面完全取于自然，在布鲁诺·古雷的配乐下，每段优美的影像，都是一个伟大艺术家创作的历程，从诞生到腐亡，因腐亡而万物生……周而复始，生灭反转，能量不息。小至一个蛋壳内的生形蜕变，大至一片地表的熔岩流窜——从人们总是忽略的微观细美，到肉身很难俯瞰的壮观绮丽，导演以造物主的视点，为我们复习了生命的最初，复习了所有万物的历史，复习了每一个人的演化史。

时间的方向不变，一直往前走向死亡，所以生命以茂盛、以重生对抗之——人体喂受着饮食灌溉自体，外在形体不变，体内却日夜代谢亿万细胞。繁密的血脉河流，一如大地的万川溪水，源源不绝地汇进大海里。但今天的河、今天的海，与昨日已不复相同。

每个人都是一个具体而美的小宇宙，理应自然和谐地活在大宇宙之中，有浩瀚的生命律保护着，只要放松，顺着河流走，无须任何的努力与焦虑，终将回到大海。

我们生于火、生于水，也终将回于火、回于水。此生结束后，生命会换个新的形式，到别的地方跳舞。正如非洲智者所说，人从太初而来，亦要回到太虚之中，将来有一天，身体会放弃挣扎，死亡之后，换另一种形式重生——原来的形体，变成云絮的一部分，变成花草的一部分，变成昆虫的一部分，变成很多个别人的一部分，以别人的方式吟唱着，而过去的那个生命所唱的歌还留着。

正因为此生得来不易，每回短暂的生命，都蕴藏有亿万年演化的历程，所以向自己灵体内的谜探望、探险吧，活着如同编织一个生动的故事，看着每日的生命力，如何在身体里成长。

看着电影中整个天空的鸟群，整片海洋的鱼群……瞬间顿悟，自己也不过是整体无尽无限的一个渺小单元而已，每一个生命都与整个存在息息相关，如此，还有什么需要去紧追不舍、紧握在手的？

如果你对此刻的生命厌倦，忘了自己是怎么出生、为何而来，那么，请跟着《小宇宙2：基因狂想曲》的旅程，回想自己从何演化而来，俯瞰整个宇宙的生命奇迹，端详非洲智者划着独木舟顺流大海的身影，听听由他口中所转述的智慧话语，然后想想自己要往哪里走。

这是一段厌世者绝对需要的八十分钟生命温习，亦是热爱生命者返回大自然的感动之旅。

附录四

春夏秋冬，成住坏空，人生最震撼的四部曲
——记金基德的《春夏秋冬又一春》

我是金基德的忠实影迷，从他的处女作开始，没有错过一部影片。他一向以最赤裸见血的视觉，逼得你非得正视所有现实的痛苦挣扎——爱、嫉妒、仇恨、死亡，以刀以血以鱼以水所呈现的暴力美学。

《春夏秋冬又一春》中，金基德已完全拍出了佛家顿悟成道般的境界视野，一部一百零三分钟的片子，以春夏秋冬的四季轮回，绝美地将人间的“成”“住”“坏”“空”全道尽了，简直不敢想象，金基德下一部片还会把我们带到哪个境界。

电影以一个住庙小和尚的故事为《春》起头，以一个极美的抽象开门画面展开，一间浮在湖中央的庙宇，让我们马上联想到金基德之前的《漂流欲室》[①]——之前在水上拍摄妓女，这回拍的是和

---

① 《漂流欲室》（*The Isle*），2000 年出品，导演：金基德，演员：徐情等。

尚，谈的却都是欲望，都是性，都是挣扎，都是生死，只是这次的张力更不同了，场景在一个如此清幽的修行之地，一样有色欲、有血光、有死亡，但加上破了不杀生、不偷盗、不邪淫、不妄语等戒律，所以更震撼人心。

在《春》的篇章中，小和尚好玩地把鱼、蛇、青蛙绑上石头，老和尚在旁边观看，没有马上制止他，反而趁小和尚熟睡时在他身上绑了巨石，要他体验那种不舒服的感觉，直到他将鱼、蛇、青蛙的石头除去，却发现蛇与鱼已经惨死了。小和尚心中的石头永远无法除去，但也帮我们所有人上了一堂震撼的生命课。

在《夏》的篇章中，小和尚长大了，开始面临所有成年男子都逃不掉的情欲困扰，他爱上了一个来养病的女孩，于是开始想尽办法偷欢，在溪边岩石上，在庙宇之中，在船上。老和尚不当面斥责他，只是默默地将船底塞水阀打开，让冷湖水淹醒相拥裸睡的他们。最后老和尚送走了女孩，但小和尚从此不再平静，偷偷拿走了佛像，离开寺庙还俗了。这篇章让我们想起钟丽缇主演的电影《色戒》[①]，虽然金基德在这篇章不若《色戒》那样，长而完整地处理关于出家人的情欲课题，但也算是为《夏》这个万物交欢的季节，做了一个很适宜的批注。

① 《色戒》（*Samsara*），2001 年出品，导演：宾·纳伦，演员：钟丽缇等。

《秋》的篇章，“成”“住”之后走到了“坏”之意——还俗的小和尚因妻子出轨而杀了她，成了一个逃亡犯回到湖中寺庙，所有的贪、嗔、痴、慢、疑五毒全在这个人身上显现。于是老和尚除了痛打他之外，还在庙堂外书写了满地的《般若波罗蜜多心经》，要他以杀妻的血刀就地刻一遍，直到他杀气已消，心平气和地让警察带走。满地的《心经》，不仅让杀人的和尚以屠刀刻修自己的暴戾之气，也让我望着一整面以爱、以死、以恨、以平静所刻的七彩心经之美而感动，一如佛家所云，菩萨修六度以克五毒：布施、持戒、忍辱、精进、禅定、般若。般若就是智慧，就是迷途知返，放下屠刀，立地成佛的智慧。

在《冬》的篇章，老和尚已过世，杀人的小和尚出狱了，回来重整冰封废弃的湖上寺庙，他也重整了自己的心性，以腿绑重石的苦行方式，继续着他的修行——他杀生杀人，重犯了出家人的戒律，终极却淡定地回返了自我佛性，“成”“住”“坏”之后终于到了“空”的境界，呼应着雪封天地树湖的美丽庙宇。金基德的影像境界如此，真是令人哑口以对。

最后又回到了《春》，原来的小和尚变成了入定老僧，也同样收养了一个弃婴，老与幼的生命轮回一如四季般周而复始，一百零三分钟的影片，道尽了人间一切，佛经一切。

这是一部绝不能错过的好片。